普通高校应用型本科"十三五"规划教材

PUTONG GAOXIAO YINGYONGXING BENKE SHISANWU GUIHUA JIAOCAI

大学物理实验（一）

熊泽本　张定梅　李传新○主　编

西南交通大学出版社

·成　都·

内容提要

本书根据教育部高等学校物理学与天文学教学指导委员会制定的《大学物理实验课程教学基本要求》，并结合多年的物理实验教学实践，在修改实验讲义的基础上编写而成。其主要内容包括测量误差及数据处理的基本知识以及力学、热学、电磁学、光学和近代物理实验中的基础实验。

本书可作为高等学校理工科各专业的实验教材，也可作为物理学专业和从事物理实验教学的教师和科技人员的参考资料。

图书在版编目（CIP）数据

大学物理实验. 一 / 熊泽本，张定梅，李传新主编.
一成都：西南交通大学出版社，2017.9
ISBN 978-7-5643-5768-9

Ⅰ. ①大… Ⅱ. ①熊… ②张… ③李… Ⅲ. ①物理学
－实验－高等学校－教材 Ⅳ. ①O4-33

中国版本图书馆 CIP 数据核字（2017）第 224369 号

大学物理实验（一）

熊泽本　张定梅　李传新 / 主　编

责任编辑 / 牛　君
助理编辑 / 李华宇
封面设计 / 何东琳设计工作室

西南交通大学出版社出版发行
（四川省成都市二环路北一段 111 号西南交通大学创新大厦 21 楼　610031）
发行部电话：028-87600564　028-87600533
网址：http://www.xnjdcbs.com
印刷：成都蓉军广告印务有限责任公司

成品尺寸　185 mm × 260 mm
印张　15　　字数　375 千
版次　2017 年 9 月第 1 版　　印次　2017 年 9 月第 1 次

书号　ISBN 978-7-5643-5768-9
定价　42.00 元

前言 *Preface*

物理实验是物理专业的基础课程之一，是为理工科学生开设的全面系统和独立设置的必修实验课程。物理实验的任务是通过实验培养学生发现、分析和解决物理问题的能力，让学生系统地掌握物理实验的基本知识、基本方法和基本技能。

本书根据物理实验教学要求，从培养 21 世纪创新人才的目标出发，重视传授知识与能力、提高素质与增强创新意识等并重，加强实验技能训练，结合作者多年的实验教学实践，在修改实验讲义的基础上编写而成。为了使学生能系统地掌握物理实验的基本知识和基本方法，将不确定度及数据处理放在前面集中介绍。不确定度及数据处理是物理实验课的重要教学内容，也是学生实验中的难点，是学生耗费精力较多的地方，直接关系到后续实验的顺利进行。因此，本书用了较多的篇幅对其进行介绍，并且在不同的实验中对测量误差的估计和数据处理方法提出不同的要求，为学生进一步理解、掌握误差理论提供帮助。

本书在编写过程中，首先注意到了独立设置物理实验课程的必要性与教材体系的完整性，主要内容包括测量误差及数据处理的基本知识以及力学、热学、电磁学、光学和近代物理实验中的基础实验；其次，遵循实验能力培养的规律性，对基本知识、基本仪器和基本方法等部分力求详细介绍，并按不同层次由易到难，逐步加强对知识的灵活应用，能力的综合训练；再次，注重实验教学的各个环节，每个实验都编写了思考题，促使学生认真准备、积极思考，加深理解实验目的、原理等内容；最后，注重计算机在实验教学中的应用，对一些数据的处理、图线的拟合、线性回归等问题使用计算机进行处理。

时值本书出版之际，要特别感谢荆楚理工学院物理教研室的所有老师们，这套教材的编写是大家共同智慧和汗水的结晶，是荆楚理工学院几十年物理实验教学经验的总结，更是这几年教学改革成果的体现。在主编和编委会的参与和指导下，大家集体讨论教材编写方案，以具体分工、个人执笔的方式完成书稿，参与编写的老师有：熊泽本、张定梅、李传新、蒋再富、付承志、黄兴奎、周仙美、杨小云、曾令准、王红、钟明新。各部分编写人员名单附在各自编写部分之后。

本书的编写是我校精品资源共享课程建设项目之一，得到了校、院领导和各界友好人士的热情鼓励和帮助，编写中参考了许多兄弟院校的有关教材，出版时西南交通大学出版社给予了大力支持，在此一并表示衷心的感谢。

由于编者水平有限，书中难免存在不足之处，敬请读者批评指正。

编　者

2017 年 6 月

目录 *Contents*

理论部分

实验部分

理论部分

绪 论

一、物理实验的地位和作用

物理学研究的是自然物质的最基本、最普遍的形式。物理学研究的运动，普遍地存在于其他高级的、复杂的物质运动形式之中。因此，物理学所研究的物质运动规律，具有最大的普遍性。物理学从本质上说是一门实验科学，物理规律的研究都以严格的实验事实为基础，并且不断得到实验的检验。用人为的方法让自然现象再现，从而加以观察和研究，这就是实验。实验是人们认识自然和改造客观世界的基本手段。科学技术越进步，科学实验就显得越重要，任何一种新技术、新材料、新工艺、新产品都必须通过实验才能获得。由实验观察到的现象和测出的数据，加以总结和抽象，找出内在的联系和规律就能得到理论。实验是理论的源泉。理论一旦提出，又必须借助实验来检验其是否具有普遍意义，实验是检验理论的手段，是检验理论的裁判。麦克斯韦提出的电磁理论（他预言电磁波存在）只有在赫兹做出电磁学实验后才被人们公认；杨振宁、李政道于 1956 年提出基本粒子在"弱相互作用下宇称不守恒"的理论，只有在实验物理学家吴健雄用实验验证后，才被同行学者承认，从而才有可能获得诺贝尔奖。然而，人们掌握理论的目的是在于应用它来指导生产实际，促进科学进步，推动社会前进。当理论在实际中应用时，仍必须通过实验，实验是理论和应用的桥梁。任何一门科学的发展都离不开实验，这便使实验物理课有了充实的教学内容。物理实验是主要基础课程之一。

任何物理概念的确立，物理规律的发现，都必须以严格的科学实验为基础。物理实验的重要性，不仅表现在通过实验发现物理定律，而且物理学中的每一项重要突破都与实验密切相关。物理学史表明，经典物理学的形成，是伽利略、牛顿、麦克斯韦等人通过观察自然现象，反复实验，运用抽象思维的方法总结出来的。近代物理的发展，是在某些实验的基础上提出假设，例如，普朗克根据黑体辐射提出"能量子假设"，再经过大量的实验证实，假设才成为科学理论，实践证明物理实验是物理学发展的动力。在物理学发展的进程中，物理实验和物理理论始终是相互促进、相互制约、相得益彰的。没有理论指导的实验是盲目的，实验必须经过总结抽象上升为理论，才有其存在的价值，而理论靠实验来检验，同时理论上的需要又促进实验的发展。1752 年，富兰克林利用风筝把天空的电引入室内，进行室内雷鸣闪电实验，证实了雷电与电火花放电有同样的本质，进而找出了雷电的成因，并且在此基础上发明了避雷针。这个简单的实验事实，足以说明物理实验在物理学发展中所起的重要作用。

物理学发展到当今的时代，与实验的关系就更为密切，而且在许多边缘科学的建立过程中，物理实验也起了重要的桥梁作用。物理实验在探索和研究新科技领域，在推动其他自然科学和工程技术的发展中，起到的重要作用是不可低估的。自然科学迅速发展，新的科学分支层出不穷，但基础学科就是数学和物理两门，物理实验是研究物理测量方法与实验方法的科学，物理实验的特点是在于它具有普遍性 —— 力、热、光、电都有；具有基本性 —— 它是其他一切实验的基础；同时它还有通用性——适用于一切领域，把高、精、尖的复杂实验分解成为"零件"，绝大部分是常见的物理实验。在工程技术领域中，研制、生产、加工、运输等都普遍涉及物理量的测量及物理运动状态的控制，这正是成熟的物理实验的推广和应用。现代高科技发展，设计思想、方法和技术也来源于物理实验。因此，物理实验是自然科学、工程技术和高科技发展的基础，科学技术的发展离不开物理实验。

二、物理实验课的目的和任务

1. 大学物理实验课的目的

（1）通过对物理实验现象的观测和分析，学习运用理论指导实验，分析和解决实验中的问题和方法。从理论和实际的结合上加深对理论的理解。

（2）培养学生从事科学实验的初步能力。通过实验阅读教材和资料，能概括出实验原理和方法的要点；能正确使用基本实验仪器，掌握基本物理量的测量方法和实验操作技能；能正确记录和处理数据，分析实验结果和撰写实验报告；能自行设计和完成不太复杂的实验任务等。

（3）培养学生实事求是的科学态度、严谨的工作作风，勇于探索、坚韧不拔的钻研精神以及遵守纪律、团结协作、爱护公物的优良品德。

2. 大学物理课的具体实验任务

（1）通过对实验现象的观察、分析和对物理量的测量，学习物理实验的基本知识、基本方法和基本技能，加深对物理概念和规律的认识，对物理学原理的理解，为后继课程打下基础。

（2）培养和提高学生的科学实验素养，要求学生具有：

① 理论联系实际和解决实际问题的能力；

② 勤奋学习，认真实验的良好学风；

③ 主动研究和积极探索的创新精神；

④ 遵守实验室守则，注意仪器操作要领，爱护仪器的优良品德。

（3）培养学生组织有关中学物理教学、指导中学物理实验的基本能力。物理实验课的进行程序大致可分为：提出问题，确定方案，选择仪器设备，安装调试，观察测量，记录数据，总结分析写出科学论文（实验报告）。每个实验环节都有一定的基本要求、基本技能训练。科学实验基本技能的训练贯穿于实验的全过程中，实验方法各自分散在不同的实验中。因此，实验课有它自身的体系，要达到学会实验、掌握基本技能的目的，就要认真进行每个实验环节的训练，并且在不同实验中学习实验方法。

（4）培养学生做好实验的能力。

① 实验前要做好预习。预习时，主要阅读实验教材，了解实验目的，搞清楚实验内容，要测量什么量，使用什么方法，实验的理论依据（原理）是什么，使用什么仪器，其仪器性能是什么，如何使用，操作要点及注意事项等，在此基础上，回答好思考题，草拟出操作步骤，设计好数据记录表格，准备好自备的物品。

只有在充分了解实验内容的基础上，才能在实验操作中有目的地观察实验现象，思考问题，减少操作中的忙乱现象，提高学习的主动性。因此，每次实验前，学生必须完成规定的预习内容，一般情况下，教师要检查学生预习情况，并评定预习成绩，没有预习的学生不许做实验。

② 课堂认真进行实验，实验课一般先由指导教师作重点讲解，交代有关注意事项，扼要、简单地讲授内容，具有指导性和启发性，学生要结合自己的预习逐一领会，特别要注意那些在操作中容易引起失误的地方。

在实验进程中，首先是布置、安装和调试仪器。桌面上若干个仪器是否布置合理，读数是否方便，做到操作有序，需要动脑子，使仪器设备尽量能为我所用。为了使仪器装置达到最佳工作状态，必须细致、耐心地进行调试。这样很可能要花较多时间，切忌急躁。要合理选择仪器的量程，如果在调试中遇到了困难而自己不能解决时，可以请教指导老师。

调试准备就绪后，开始进行测量。实验时一定要先观察实验现象，通过观察对被验证的定律或被测的物理量有个定性的了解，而后再进行精确的测量。测量的原始数据要整齐地记录在自己设计的表格中，读数一定要认真仔细，实验原始数据的优劣，决定着实验的成败。记录的数据一定要标明单位。不要忘记记录有关的环境条件，如温度、压强等。如果两个学生同时做一个实验，既要分工又要协作，各自记录实验数据，共同完成实验任务。

在测量过程中要尽量保持实验条件不变，要注意操作姿势，身体不要靠着桌子，不要使仪器发生移动，或受到振动。如果遇到仪器装置出现故障，学生应力求自己动手解决，或留意观看教师是怎样分析判断仪器的毛病及怎样修复仪器的（可能当场修复的仪器）。测量完数据后，记录的数据要经指导教师审阅签字，然后再进行数据处理。如果发现数据错误时，要重新进行测量。

③ 写实验报告。实验报告是对实验工作的总结，是交流实验经验、推广实验成果的媒介。学会编写实验报告是培养实验能力的一个方面。写实验报告要用简明的形式将实验过程、实验结果完整、准确地表达出来，要求文字通顺，字迹端正，图表规范，结果正确，讨论认真。实验报告要求在课后独立完成，用学校统一印制的"实验报告纸"来书写。

实验报告通常包括以下内容：

实验名称：表示做什么实验。

实验目的：说明为什么做这个实验，做该实验要达到什么目的。

实验仪器：列出主要仪器的名称、型号、规格、精度等。

实验原理：阐明实验的理论依据，写出待测量计算公式的简要推导过程，画出有关的图（原理图或装置图），如电路图、光路图等。

数据记录：实验中所测得的原始数据要尽可能用表格的形式列出，正确表示有效数字和单位。

数据处理：根据实验目的对实验结果进行计算或作图表示，并对测量结果进行评定，计算不确定度，计算要写出主要的计算内容。

实验结果：扼要写出实验结论，要体现出测量数据、误差和单位。

问题讨论：讨论实验中观察到的异常现象及其可能的解释，分析实验误差的主要来源，对实验仪器的选择和实验方法的改进提出建议，简述自己做实验的心得体会，回答实验思考问题。

为了保证实验课程的正常进行，现在对实验报告提出以下 3 点要求：

· 课前要求预习实验内容，明确实验目的，了解实验原理，弄清实验步骤，初步了解仪器的使用方法，画好实验数据记录表格。未做好预习者不得动手做实验。

· 在测量时，应如实、即时做好实验数据记录（数据记录要整洁，字迹清楚，避免错记），不可事后凭回忆"追记"数据，更不可为拼凑数据而将实验数据记录做随心所欲地涂改。

· 实验报告要认真按时完成。

在做物理实验时，我们不是要一个塞满东西的脑袋，而是要一个善于分析问题的头脑，实验的目的和任务不仅要有知识，更重要的是将知识转化为能力！

第一章　测量误差及数据处理

物理实验的任务不仅是定性地观察各种自然现象，更重要的是定量地测量相关物理量。而对事物定量地描述又离不开数学方法和对实验数据进行处理。因此，误差分析和数据处理是物理实验课的基础。本章将从测量及误差的定义开始，逐步介绍有关误差和实验数据处理的方法和基本知识。误差理论及数据处理是一切实验结果中不可缺少的内容，是不可分割的两部分。误差理论是一门独立的学科。随着科学技术事业的发展，近年来误差理论基本的概念和处理方法也有很大发展。误差理论以数理统计和概率论为其数学基础，研究误差性质、规律及如何消除误差。实验中的误差分析，其目的是对实验结果做出评定，最大限度地减小实验误差，或指出减小实验误差的方向，提高测量质量，提高测量结果的可信赖程度。对低年级大学生来说，这部分内容难度较大，本课程仅限于介绍误差分析的初步知识，着重点放在几个重要概念及最简单情况下的误差处理方法，不进行严密的数学论证，减小学生学习的难度，这样有利于学好物理实验这门基础课程。

第一节　测量与误差

物理实验不仅要定性地观察物理现象，更重要的是找出有关物理量之间的定量关系。因此就需要进行定量的测量，以取得物理量数据的表征。对物理量进行测量，是物理实验中极其重要的一个组成部分。对某些物理量的大小进行测定，实验上就是将此物理量与规定的作为标准单位的同类量或可借以导出的异类物理量进行比较，得出结论，这个比较的过程就叫做测量。例如，物体的质量可通过与规定用千克作为标准单位的标准砝码进行比较而得出测量结果；物体运动速度的测定则必须通过与两个不同的物理量，即长度和时间的标准单位进行比较而获得。比较的结果记录下来就叫做实验数据。测量得到的实验数据应包含测量值的大小和单位，二者是缺一不可的。

国际上规定了 7 个物理量的单位为基本单位，其他物理量的单位则是由这 7 个基本单位按一定的计算关系式导出的。因此，除基本单位之外的其余单位均称它们为导出单位。如以上提到的速度以及经常遇到的力、电压、电阻等物理量的单位都是导出单位。

一个被测物理量，除了用数值和单位来表征它外，还有一个很重要的表征它的参数，这便是对测量结果可靠性的定量估计。这个重要参数却往往容易为人们所忽视。设想如果得到一个测量结果的可靠性几乎为零，那么这种测量结果还有什么价值呢？因此，从表征被测量这个意义上来说，对测量结果可靠性的定量估计与其数值和单位至少具有同等的重要意义，三者是缺一不可的。

测量可以分为两类。按照测量结果获得的方法来分，可将测量分为直接测量和间接测量两类；而从测量条件是否相同来分，又有所谓等精度测量和不等精度测量。

根据测量方法可分为直接测量和间接测量。直接测量就是把待测量与标准量直接比较得出结果，如用米尺测量物体的长度，用天平称量物体的质量，用电流表测量电流等，都是直接测量。间接测量借助函数关系由直接测量的结果计算出所谓的物理量，例如，已知路程和时间，根据速度、时间和路程之间的关系求出的速度就是间接测量。

一个物理量能否直接测量不是绝对的。随着科学技术的发展，测量仪器的改进，很多原来只能间接测量的量，现在可以直接测量了。比如电能的测量本来是间接测量，现在也可以用电度表来进行直接测量。物理量的测量，大多数是间接测量，但直接测量是一切测量的基础。

根据测量条件来分，有等精度测量和非等精度测量。等精度测量是指在同一（相同）条件下进行的多次测量，如同一个人，用同一台仪器，每次测量时周围环境条件相同，等精度测量每次测量的可靠程度相同。反之，若每次测量时的条件不同，或测量仪器改变，或测量方法、条件改变，这样所进行的一系列测量叫做非等精度测量。非等精度测量的结果，其可靠程度自然也不相同。物理实验中大多采用等精度测量。应该指出：重复测量必须是重复进行测量的整个操作过程，而不是仅仅为重复读数。

测量仪器是进行测量的必要工具。熟悉仪器性能。掌握仪器的使用方法及正确进行读数，是每个测量者必备的基础知识。下面简单介绍仪器精密度、准确度和量程等基本概念。

仪器精密度是指仪器的最小分度相当的物理量。仪器最小的分度越小，所测量物理量的位数就越多，仪器精密度就越高。对测量读数最小一位的取值，一般来讲应在仪器最小分度范围内再进行估计读出一位数字。如具有毫米分度的米尺，其精密度为 1 mm，应该估计读出到毫米的十分位；螺旋测微器的精密度为 0.01 mm，应该估计读出到毫米的千分位。

仪器准确度是指仪器测量读数的可靠程度。它一般标在仪器上或写在仪器说明书上。如电学仪表所标示的级别就是该仪器的准确度。对于没有标明准确度的仪器，可粗略地取仪器最小的分度数值或最小分度数值的一半，一般对连续读数的仪器取最小分度数值的一半，对非连续读数的仪器取最小的分度数值。在制造仪器时，其最小的分度数值是受仪器准确度约束的，对不同的仪器准确度是不一样的，对于测量长度的常用仪器：米尺、游标卡尺和螺旋测微器，它们的准确度依次提高。

量程是指仪器所能测量的物理量最大值和最小值之差，即仪器的测量范围（有时也将所能测量的最大值称量程）。测量过程中，超过仪器量程使用仪器是不允许的，轻则仪器准确度降低，使用寿命缩短，重则损坏仪器。

一、误差与偏差

测量的目的就是为了得到被测物理量所具有的客观真实数据，但由于受测量方法、测量仪器、测量条件以及观测者水平等多种因素的限制，只能获得该物理量的近似值，也就是说，一个被测量值 N 与真值 N_0 之间总是存在着这种差值，这种差值称为测量误差，即

$$\Delta N = N - N_0$$

显然误差 ΔN 有正负之分，因为它是指与真值的差值，常称为绝对误差。注意，绝对误差不是误差的绝对值！

误差存在于一切测量之中，测量与误差形影不离，分析测量过程中产生的误差，将影响

降低到最低程度，并对测量结果中未能消除的误差做出估计，是实验中的一项重要工作，也是实验的基本技能。实验总是根据对测量结果误差限度的一定要求来制订方案和选用仪器的，不要以为仪器精度越高越好。因为测量的误差是各个因素所引起的误差的总合，要以最小的代价来取得最好的结果，就要合理地设计实验方案，选择仪器，确定采用这种或那种测量方法。如比较法、替代法、天平复称法等，都是为了减小测量误差；对测量公式进行这样或那样的修正，也是为了减少某些误差的影响；在调节仪器时，如调仪器使其处于铅直、水平状态，要考虑到什么程度才能使它的偏离对实验结果造成的影响可以忽略不计；电表接入电路和选择量程都要考虑到引起误差的大小。在测量过程中某些对结果影响大的关键量，就要努力想办法将它测准；有的测量不太准确对结果没有什么影响，就不必花太多的时间和精力去对待。在进行处理数据时，某个数据取到多少位，怎样使用近似公式，作图时坐标比例、尺寸大小怎样选取，如何求直线的斜率等，都要考虑到引入误差的大小。

由于客观条件所限，人们认识的局限性，测量不可能获得待测量的真值，只能是近似值。设某个物理量真值为 x_0，进行 n 次等精度测量，测量值分别为 x_1，x_2，$\cdots$，x_n（测量过程无明显的系统误差）。它们的误差为

$$\Delta x_1 = x_1 - x_0$$
$$\Delta x_2 = x_2 - x_0$$
$$\vdots$$
$$\Delta x_n = x_n - x_0$$

求和

$$\sum_{i=1}^{n} \Delta x_i = \sum_{i=1}^{n} x_i - nx_0$$

即

$$\frac{\sum_{i=1}^{n} \Delta x_i}{n} = \frac{\sum_{i=1}^{n} x_i}{n} - x_0$$

当测量次数 $n \to \infty$，可以证明 $\dfrac{\sum_{i=1}^{n} \Delta x_i}{n} \to 0$，而且 $\dfrac{\sum_{i=1}^{n} x_i}{n} = \bar{x}$ 是 x_0 的最佳估计值，称 $\bar{x}$ 为测量值的近似真实值。为了估计误差，定义测量值与近似真实值的差值为偏差，即 $\Delta x_i = x_i - \bar{x}$。偏差又叫作"残差"。实验中真值得不到，因此误差也无法知道，而测量的偏差可以准确知道，实验误差分析中要经常计算这种偏差，用偏差来描述测量结果的精确程度。

二、相对误差

绝对误差与真值之比的百分数叫做相对误差。用 E 表示：

$$E = \frac{\Delta N}{N_0} \times 100\%$$

由于真值无法知道，所以计算相对误差时常用 N 代替 N_0。在这种情况下，N 可能是公认值，或高一级精密仪器的测量值，或测量值的平均值。相对误差用来表示测量的相对精确度，相对误差用百分数表示，保留两位有效数字。

三、系统误差与随机误差

根据误差的性质和产生的原因，可分为系统误差和随机误差。

1. 系统误差

系统误差是指在一定条件下多次测量的结果总是向一个方向偏离，其数值一定或按一定规律变化。系统误差的特征是具有一定的规律性。系统误差的来源具有以下几个方面：① 仪器误差，它是由于仪器本身的缺陷或没有按规定条件使用仪器而造成的误差；② 理论误差，它是由于测量所依据的理论公式本身的近似性，或实验条件不能达到理论公式所规定的要求，或测量方法等所带来的误差；③ 观测误差，它是由于观测者本人生理或心理特点造成的误差。例如，用"落球法"测量重力加速度，由于空气阻力的影响，多次测量的结果总是偏小，这是测量方法不完善造成的误差；用停表测量运动物体通过某一段路程所需要的时间，若停表走时太快，即使测量多次，测量的时间 t 总是偏大为一个固定的数值，这是仪器不准确造成的误差；在测量过程中，若环境温度升高或降低，使测量值按一定规律变化，是由于环境因素变化引起的误差。

在任何一项实验工作和具体测量中，必须要想尽一切办法，最大限度地消除或减小一切可能存在的系统误差，或者对测量结果进行修正。发现系统误差需要改变实验条件和实验方法，反复进行对比，系统误差的消除或减小是比较复杂的一个问题，没有固定不变的方法，要具体问题具体分析各个击破。产生系统误差的原因可能不止一个，一般应找出影响的主要因素，有针对性地消除或减小系统误差。以下介绍几种常用的方法。

检定修正法：指将仪器、量具送计量部门检验取得修正值，以便对某一物理量测量后进行修正的一种方法。

替代法：指测量装置测定待测量后，在测量条件不变的情况下，用一个已知标准量替换被测量来减小系统误差的一种方法。如消除天平的两臂不等对待测量的影响可用此办法。

异号法：指对实验时在两次测量中出现符号相反的误差，采取平均值后消除的一种方法。例如，在外界磁场作用下，仪表读数会产生一个附加误差，若将仪表转动 180° 再进行一次测量，外磁场将对读数产生相反的影响，引起负的附加误差。两次测量结果平均，正负误差可以抵消，从中可以减小系统误差。

2. 随机误差

在实际测量条件下，多次测量同一量时，误差的绝对值符号的变化，时大时小、时正时负，以不可预定方式变化着的误差叫做随机误差，有时也叫偶然误差。当测量次数很多时，随机误差就显示出明显的规律性。实践和理论都已证明，随机误差服从一定的统计规律（正态分布），其特点是：绝对值小的误差出现的概率比绝对值大的误差出现的概率大（单峰性）；绝对值相等的正负误差出现的概率相同（对称性）；绝对值很大的误差出现的概率趋于零（有界性）；误差的算术平均值随着测量次数的增加而趋于零（抵偿性）。因此，增加测量次数可以减小随机误差，但不能完全消除。

引起随机误差的原因也很多。仪器精密度和观察者感官灵敏度有关。如仪器显示数值的估计读数位偏大和偏小；仪器调节平衡时，平衡点确定不准；测量环境扰动变化以及其他不能预测不能控制的因素，如空间电磁场的干扰，电源电压波动引起测量的变化等。

由于测量者过失，如实验方法不合理，用错仪器，操作不当，读错数值或记错数据等引起的误差，是一种人为的过失误差，不属于测量误差，只要测量者采用严肃认真的态度，过失误差是可以避免的。

实验中，精密度高是指随机误差小，而数据很集中；准确度高是指系统误差小，测量的平均值偏离真值小；精确度高是指测量的精密度和准确度都高。数据集中而且偏离真值小，即随机误差和系统误差都小。

四、测量的精密度、准确度和精确度

测量的精密度、准确度和精确度都是评价测量结果的术语，但目前使用时其含义并不尽一致，以下介绍较为普遍采用的意见。

测量精密度表示在同样测量条件下，对同一物理量进行多次测量，所得结果彼此间相互接近的程度，即测量结果的重复性、测量数据的弥散程度，因而测量精密度是测量偶然误差的反映。测量精密度高，偶然误差小，但系统误差的大小不明确。

测量准确度表示测量结果与真值接近的程度，因而它是系统误差的反映。测量准确度高，则测量数据的算术平均值偏离真值较小，测量的系统误差小，但数据较分散，偶然误差的大小不确定。测量精确度则是对测量的偶然误差及系统误差的综合评定。精确度高，测量数据较集中在真值附近，测量的偶然误差及系统误差都比较小。

五、随机误差的估算

对某一测量进行多次重复测量，其测量结果服从一定的统计规律，也就是正态分布（或高斯分布）。我们用描述高斯分布的两个参量（x 和 σ）来估算随机误差。设在一组测量值中，n 次测量的值分别为：$x_1, x_2, \cdots, x_n$。

1. 算术平均值

根据最小二乘法原理证明，多次测量的算术平均值

$$\bar{x} = \frac{1}{n} \sum_{i=1}^{n} x_i \tag{1-1}$$

是待测量真值 x_0 的最佳估计值。称 $\bar{x}$ 为近似真实值，以后我们将用 $\bar{x}$ 来表示多次测量的近似真实值。

2. 标准偏差

误差理论证明，平均值的标准偏差

$$S_x = \sigma_x = \sqrt{\frac{\sum_{i=1}^{n}(x_i - \bar{x})^2}{n-1}} \quad \text{（贝塞尔公式）} \tag{1-2}$$

其意义表示某次测量值的随机误差在 $-\sigma_x \sim +\sigma_x$ 之间的概率为 68.3%。

六、算术平均值的标准偏差

当测量次数 n 有限，其算术平均值的标准偏差为

$$\sigma_{\bar{x}} = \frac{\sigma_x}{\sqrt{n}} = \sqrt{\frac{\sum\limits_{i=1}^{n}(x_i - \bar{x})^2}{n(n-1)}} \qquad (1\text{-}3)$$

其意义是测量平均值的随机误差在 $-\sigma_{\bar{x}} \sim +\sigma_{\bar{x}}$ 之间的概率为 68.3%。或者说，待测量的真值在 $(\bar{x} - \sigma_{\bar{x}}) \sim (\bar{x} + \sigma_{\bar{x}})$ 范围内的概率为 68.3%。因此，$\sigma_{\bar{x}}$ 反映了平均值接近真值的程度。

七、标准偏差 σ_x

标准偏差 σ_x 小表示测量值密集，即测量的精密度高；标准偏差 σ_x 大表示测量值分散，即测量的精密度低。估计随机误差还有用算术平均误差、$2\sigma_x$、$3\sigma_x$ 等其他方法来表示的。

八、异常数据的剔除

剔除测量列中异常数据的标准有几种，有 $3\sigma_x$ 准则、肖维准则、格拉布斯（Grubbs）准则等。

1. $3\sigma_x$ 准则

统计理论表明，测量值的偏差超过 $3\sigma_x$ 的概率已小于 1%。因此，可以认为偏差超过 $3\sigma_x$ 的测量值是其他因素或过失造成的，为异常数据，应当剔除。剔除的方法是将多次测量所得的一系列数据，算出各测量值的偏差 Δx_i 和标准偏差 σ_x，把其中最大的 Δx_j 与 $3\sigma_x$ 比较，若 $\Delta x_j > 3\sigma_x$，则认为第 j 个测量值是异常数据，舍去不计。剔除 x_j 后，对余下的各测量值重新计算偏差和标准偏差，并继续审查，直到各个偏差均小于 $3\sigma_x$ 为止。

2. 肖维准则

假定对一物理量重复测量了 n 次，其中某一数据在这 n 次测量中出现的几率不到半次，即小于 $\frac{1}{2n}$，则可以肯定这个数据的出现是不合理的，应当予以剔除。

根据肖维准则，应用随机误差的统计理论可以证明，在标准误差为 σ 的测量列中，若某一个测量值的偏差等于或大于误差的极限值 K_σ，则此值应当剔出。不同测量次数的误差极限值 K_σ 如表 1-1 所示。

表 1-1　肖维系数表

n	K_σ	n	K_σ	n	K_σ
4	1.53σ	10	1.96σ	16	2.16σ
5	1.65σ	11	2.00σ	17	2.18σ
6	1.73σ	12	2.04σ	18	2.20σ
7	1.79σ	13	2.07σ	19	2.22σ
8	1.86σ	14	2.10σ	20	2.24σ
9	1.92σ	15	2.13σ	30	2.39σ

3. 格拉布斯（Grubbs）准则

若有一组测量得出的数值，其中某次测量得出数值的偏差的绝对值$|\Delta x_i|$与该组测量列的标准偏差σ_x之比大于某一阈值$g_0(n,1-p)$，即

$$|\Delta x_i| > g_0(n,1-p) \cdot \sigma_x$$

则认为此测量值中有异常数据，并可予以剔除。这里$g_0(n,1-p)$中的 n 为测量数据的个数。而 p 为服从此分布的置信概率。一般取 p 为 0.95 和 0.99（至于在处理具体问题时，究竟取哪个值则由实验者自己来决定）。我们将在表 1-2 中给出 $p = 0.95$ 和 0.99（或 $1-p = 0.05$ 和 0.01）时，对不同的 n 值所对应的 g_0 值。

表 1-2 $g_0(n,1-p)$ 值表

n	$1-p$		n	$1-p$	
	0.05	0.01		0.05	0.01
3	1.15	1.15	17	2.48	2.78
4	1.46	1.49	18	2.50	2.82
5	1.67	1.75	19	2.53	2.85
6	1.82	1.94	20	2.56	2.88
7	1.94	2.10	21	2.58	2.91
8	2.03	2.22	22	2.60	2.94
9	2.11	2.32	23	2.62	2.96
10	2.18	2.41	24	2.64	2.99
11	2.23	2.48	25	2.66	3.01
12	2.28	2.55	30	2.74	3.10
13	2.33	2.61	35	2.81	3.18
14	2.37	2.66	40	2.87	3.24
15	2.41	2.70	45	2.91	3.29
16	2.44	2.75	50	2.96	3.34

第二节 测量结果的评定和不确定度

测量的目的是不但要测量待测物理量的近似值，而且要对近似真实值的可靠性做出评定（即指出误差范围），这就要求我们还必须掌握不确定度的有关概念。下面将结合对测量结果的评定对不确定度的概念、分类、合成等问题进行讨论。

一、不确定度的含义

在物理实验中，常常要对测量的结果做出综合的评定，采用不确定度的概念。不确定度

是"误差可能数值的测量程度"，表征所得测量结果代表被测量的程度。也就是因测量误差存在而对被测量不能肯定的程度，因而是测量质量的表征，用不确定度对测量数据做出比较合理的评定。对一个物理实验的具体数据来说，不确定度是指测量值（近真值）附近的一个范围，测量值与真值之差（误差）可能落于其中，不确定度小，测量结果可信赖程度高；不确定度大，测量结果可信赖程度低。在实验和测量工作中，不确定度一词近似于不确知，不明确，不可靠，有质疑，是作为估计而言的；因为误差是未知的，不可能用指出误差的方法去说明可信赖程度，而只能用误差的某种可能的数值去说明可信赖程度，所以不确定度更能表示测量结果的性质和测量的质量。用不确定度评定实验结果的误差，其中包含了各种来源不同的误差对结果的影响，而它们的计算又反映了这些误差所服从的分布规律，这是更准确地表述了测量结果的可靠程度，因而有必要采用不确定度的概念。

二、测量结果的表示和合成不确定度

在做物理实验时，要求表示出测量的最终结果。在这个结果中既要包含待测量的近似真实值 $\bar{x}$，又要包含测量结果的不确定度 σ，还要反映出物理量的单位。因此，要写成物理含意深刻的标准表达形式，即

$$x = \bar{x} \pm \sigma \quad （单位）$$

式中，x 为待测量；$\bar{x}$ 是测量的近似真实值；σ 是合成不确定度，一般保留一位有效数字。这种表达形式反映了 3 个基本要素：测量值、合成不确定度和单位。

在物理实验中，直接测量时若不需要对被测量进行系统误差的修正，一般就取多次测量的算术平均值 $\bar{x}$ 作为近似真实值；若在实验中有时只需测一次或只能测一次，该次测量值就为被测量的近似真实值。如果要求对被测量进行一定系统误差的修正，通常是将一定系统误差（即绝对值和符号都确定的可估计出的误差分量）从算术平均值 $\bar{x}$ 或一次测量值中减去，从而求得被修正后的直接测量结果的近似真实值。例如，用螺旋测微器来测量长度时，从被测量结果中减去螺旋测微器的零误差。在间接测量中，$\bar{x}$ 即为被测量的计算值。

在测量结果的标准表达式中，给出了一个范围 $(\bar{x} - \sigma) \sim (\bar{x} + \sigma)$，它表示待测量的真值在 $(\bar{x} - \sigma) \sim (\bar{x} + \sigma)$ 的概率为 68.3%，不要误认为真值一定就会落在 $(\bar{x} - \sigma) \sim (\bar{x} + \sigma)$。认为误差在 $-\sigma \sim +\sigma$ 是错误的。

在上述的标准式中，近似真实值、合成不确定度、单位三个要素缺一不可，否则就不能全面表达测量结果。同时，近似真实值 $\bar{x}$ 的末尾数应该与不确定度的所在位数对齐，近似真实值 $\bar{x}$ 与不确定度 σ 的数量级、单位要相同。在开始实验中，测量结果的正确表示是一个难点，要引起重视，从开始就注意纠正，培养良好的实验习惯，才能逐步克服难点，正确书写测量结果的标准形式。

在不确定度的合成问题中，主要是从系统误差和随机误差等方面进行综合考虑的，提出了统计不确定度和非统计不确定度的概念。合成不确定度 σ 是由不确定度的两类分量（A 类和 B 类）求"方和根"计算而得。为使问题简化，本书只讨论简单情况下（即 A 类、B 类分量保持各自独立变化，互不相关）的合成不确定度。

A 类不确定度（统计不确定度）用 S_x 表示，B 类不确定度（非统计不确定度）用 σ_B 表示，合成不确定度为

$$\sigma = \sqrt{S_x^2 + \sigma_B^2}$$

三、合成不确定度的两类分量

物理实验中的不确定度，一般主要来源于测量方法、测量人员、环境波动、测量对象变化等。计算不确定度是将可修正的系统误差修正后，将各种来源的误差按计算方法分为两类，即用统计方法计算的不确定度（A类）和非统计方法计算的不确定度（B类）。

A类统计不确定度，是指可以采用统计方法（即具有随机误差性质）计算的不确定度，如测量读数具有分散性，测量时温度波动影响等。这类统计不确定度通常认为它是服从正态分布规律，因此可以像计算标准偏差那样，用"贝塞尔公式"计算被测量的A类不确定度。A类不确定度 S_x 为

$$S_x = \sqrt{\frac{\sum\limits_{i=1}^{n}(x_i - \overline{x})^2}{n-1}} = \sqrt{\frac{\sum\limits_{i=1}^{n}\Delta x_i^2}{n-1}}$$

式中，$i = 1，2，3，\cdots，n$ 表示测量次数。

在计算A类不确定度时，也可以用最大偏差法、极差法、最小二乘法等，本书只采用"贝塞尔公式法"，并且着重讨论读数分散对应的不确定度。用"贝塞尔公式"计算 A 类不确定度，可以用函数计算器直接读取，十分方便。

B 类非统计不确定度，是指用非统计方法求出或评定的不确定度，如实验室中的测量仪器不准确，量具磨损老化等。评定 B 类不确定度常用估计方法，要估计适当，需要确定分布规律，同时要参照标准，更需要估计者的实践经验、学识水平等。因此，往往是意见纷纭，争论颇多。本书对 B 类不确定度的估计同样只作简化处理。仪器不准确的程度主要用仪器误差来表示，所以因仪器不准确对应的 B 类不确定度为

$$\sigma_B = \Delta_仪$$

式中，$\Delta_仪$ 为仪器误差或仪器的基本误差，或允许误差，或显示数值误差。一般的仪器说明书中都以某种方式注明仪器误差，由制造厂或计量检定部门给定。物理实验教学中，由实验室提供。对于单次测量的随机误差一般是以最大误差进行估计，以下分两种情况处理。

已知仪器准确度时，这时以其准确度作为误差大小。如一个量程 150 mA，准确度 0.2 级的电流表，测某一次电流，读数为 131.2 mA。为估计其误差，则按准确度 0.2 级可算出最大绝对误差为 0.3 mA，因而该次测量的结果可写成 $I = （131.2 \pm 0.3）$ mA。又如用物理天平称量某个物体的质量，当天平平衡时砝码为 $P = 145.02$ g，让游码在天平横梁上偏离平衡位置一个刻度（相当于 0.05 g），天平指针偏过 1.8 分度，则该天平这时的灵敏度为（$1.8 \div 0.05$）分度/g，其感量为 0.03 g/分度，就是该天平称衡物体质量时的准确度，测量结果可写成 $P = （145.02 \pm 0.03）$ g。

未知仪器准确度时，这时单次测量误差的估计，应根据所用仪器的精密度、仪器灵敏度、测试者感觉器官的分辨能力以及观测时的环境条件等因素具体考虑，以使估计误差的大小尽可能符合实际情况。一般说，最大读数误差对连续读数的仪器可取仪器最小刻度值的一半，而无法进行估计的非连续读数的仪器，如数字式仪表，则取其最末位数的一个最小单位。

四、直接测量的不确定度

在对直接测量的不确定度的合成问题中，对 A 类不确定度主要讨论在多次等精度测量条件下，读数分散对应的不确定度，并且用"贝塞尔公式"计算 A 类不确定度。对 B 类不确定度，主要讨论仪器不准确对应的不确定度，将测量结果写成标准形式。因此，实验结果的获得，应包括待测量近似真实值的确定，A、B 两类不确定度以及合成不确定度的计算。增加重复测量次数对于减小平均值的标准误差，提高测量的精密度有利。但是注意到当次数增大时，平均值的标准误差减小渐为缓慢，当次数大于 10 时，平均值的减小便不明显了。通常取测量次数为 5 ~ 10 为宜。下面通过两个例子加以说明。

【例 1】 采用感量为 0.1 g 的物理天平称量某物体的质量，其读数值为 35.41 g，求物体质量的测量结果。

【解】 采用物理天平称物体的质量，重复测量读数值往往相同，故一般只需进行单次测量即可。单次测量的读数即为近似真实值，$m = 35.41$ g。

物理天平的"示值误差"通常取感量的一半，并且作为仪器误差，即

$$\sigma_B = \Delta_{仪} = 0.05（g）= \sigma$$

测量结果为

$$m = 35.41 \pm 0.05（g）$$

例 1 中，因为是单次测量（$n = 1$），合成不确定度 $\sigma = \sqrt{S_i^2 + \sigma_B^2}$ 中的 $S_i = 0$，所以 $\sigma = \sigma_B$，即单次测量的合成不确定度等于非统计不确定度。但是这个结论并不表明单次测量的 σ 就小，因为 $n = 1$ 时，S_x 发散。其随机分布特征是客观存在的，测量次数 n 越大，置信概率就越高，因而测量的平均值就越接近真值。

【例 2】 用螺旋测微器测量小钢球的直径，5 次的测量值分别为

$$d（mm）= 11.922，11.923，11.922，11.922，11.922$$

螺旋测微器的最小分度数值为 0.01 mm，试写出测量结果的标准式。

【解】 （1）求直径 d 的算术平均值。

$$\bar{d} = \frac{1}{n}\sum_1^5 d_i = \frac{1}{5}(11.922+11.923+11.922+11.922+11.922) = 11.922（mm）$$

（2）计算 B 类不确定度。螺旋测微器的仪器误差为 $\Delta_{仪} = 0.005（mm）$

$$\sigma_B = \Delta_{仪} = 0.005（mm）$$

（3）计算 A 类不确定度。

$$S_d = \sqrt{\frac{\sum\limits_1^5 (d_i - \bar{d})^2}{n-1}} = \sqrt{\frac{(11.922-11.922)^2 + (11.923-11.922)^2 + \cdots}{5-1}}$$
$$= 0.000\ 5（mm）$$

（4）合成不确定度。

$$\sigma = \sqrt{S_d^2 + \sigma_B^2} = \sqrt{0.0005^2 + 0.005^2}$$

式中，由于 $0.0005 < \dfrac{1}{3} \times 0.005$，故可略去 S_d。于是

$$\sigma = 0.005 \ （mm）$$

（5）测量结果为

$$d = \bar{d} \pm \sigma = 11.922 \pm 0.005 \ （mm）$$

从上例中可以看出，当有些不确定度分量的数值很小时，相对而言可以略去不计。在计算合成不确定度中求"方和根"时，若某一平方值小于另一平方值的 1/9，则这一项就可以略去不计。这一结论叫做微小误差准则。在进行数据处理时，利用微小误差准则可减少不必要的计算。不确定度的计算结果，一般应保留一位有效数字，多余的位数按有效数字的修约原则进行取舍。评价测量结果，有时候需要引入相对不确定度的概念。相对不确定度定义为

$$E_\sigma = \frac{\sigma}{\bar{x}} \times 100\%$$

E_σ 的结果一般应取两位有效数字。此外，有时候还需要将测量结果的近似真实值 $\bar{x}$ 与公认值 $x_公$ 进行比较，得到测量结果的百分偏差 B。百分偏差定义为

$$B = \frac{\left| \bar{x} - x_公 \right|}{x_公} \times 100\%$$

百分偏差的结果一般应取两位有效数字。

测量不确定度表达涉及深广的知识领域和误差理论问题，大大超出了本课程的教学范围。同时，有关它的概念、理论和应用规范还在不断地发展和完善。因此，我们在教学中也在进行摸索，以期在保证科学性的前提下，尽量把方法简化，为初学者易于接受。教学重点放在建立必要的概念，有一个初步的基础。以后在工作需要时，可以参考有关文献继续深入学习。

五、间接测量结果的合成不确定度

间接测量的近似真实值和合成不确定度是由直接测量结果通过函数式计算出来的，既然直接测量有误差，那么间接测量也必有误差，这就是误差的传递。由直接测量值及其误差来计算间接测量值的误差之间的关系式称为误差的传递公式。设间接测量的函数式为

$$N = F（x, y, z, \cdots）$$

N 为间接测量的量，它有 K 个直接测量的物理量 $x, y, z, \cdots$，各直接观测量的测量结果分别为

$$x = \bar{x} \pm \sigma_x$$
$$y = \bar{y} \pm \sigma_y$$

$$z = \bar{z} \pm \sigma_z$$

$$\vdots$$

（1）若将各个直接测量量的近似真实值 $\bar{x}$ 代入函数表达式中，即可得到间接测量的近似真实值。

$$\bar{N} = F(\bar{x}, \bar{y}, \bar{z})$$

（2）求间接测量的合成不确定度，由于不确定度均为微小量，相似于数学中的微小增量，对函数式 $N = F(x, y, z, \cdots)$ 求全微分，即得

$$dN = \frac{\partial F}{\partial x}dx + \frac{\partial F}{\partial y}dy + \frac{\partial F}{\partial z}dz + \cdots$$

式中，dN，dx，dy，dz，$\cdots$ 均为微小量，代表各变量的微小变化；dN 的变化由各自变量的变化决定；$\frac{\partial F}{\partial x}$，$\frac{\partial F}{\partial y}$，$\frac{\partial F}{\partial z}$，$\cdots$ 为函数对自变量的偏导数，记为 $\frac{\partial F}{\partial A_K}$。将上面全微分式中的微分符号 d 改写为不确定度符号 σ，并将微分式中的各项求"方和根"，即为间接测量的合成不确定度

$$\sigma_N = \sqrt{\left(\frac{\partial F}{\partial x}\sigma_x\right)^2 + \left(\frac{\partial F}{\partial y}\sigma_y\right)^2 + \left(\frac{\partial F}{\partial z}\sigma_z\right)^2} = \sqrt{\sum_{i=1}^{k}\left(\frac{\partial F}{\partial A_K}\sigma_{AK}\right)^2} \qquad (1\text{-}4)$$

式中，K 为直接测量量的个数；A 代表 x，y，z，$\cdots$ 各个自变量（直接观测量）。

上式表明，间接测量的函数式确定后，测出它所包含的直接观测量的结果，将各个直接观测量的不确定度 σ_{AK} 乘以函数对各变量（直测量）的偏导数 $\left(\frac{\partial F}{\partial A_K}\sigma_{AK}\right)$，求"方和根"，即 $\sqrt{\sum_{i=1}^{k}\left(\frac{\partial F}{\partial A_K}\sigma_{AK}\right)^2}$ 就是间接测量结果的不确定度。

当间接测量的函数表达式为积和商（或含和差的积商形式）的形式时，为了使运算简便起见，可以先将函数式两边同时取自然对数，然后再求全微分。即

$$\frac{dN}{N} = \frac{\partial \ln F}{\partial x}dx + \frac{\partial \ln F}{\partial y}dy + \frac{\partial \ln F}{\partial z}dz + \cdots$$

同样改写微分符号为不确定度符号，再求其"方和根"，即为间接测量的相对不确定度 E_N，即

$$E_N = \frac{\sigma_N}{\bar{N}} = \sqrt{\left(\frac{\partial \ln F}{\partial x}\sigma_x\right)^2 + \left(\frac{\partial \ln F}{\partial y}\sigma_y\right)^2 + \left(\frac{\partial \ln F}{\partial z}\sigma_z\right)^2}$$
$$= \sqrt{\sum_{i=1}^{k}\left(\frac{\partial \ln F}{\partial A_K}\sigma_{AK}\right)^2} \qquad (1\text{-}5)$$

已知 E_N、$\bar{N}$，由（1-5）式可以求出合成不确定度

$$\sigma_N = \overline{N} \cdot E_N \qquad\qquad (1\text{-}6)$$

这样计算间接测量的统计不确定度时，特别对函数表达式很复杂的情况，尤其显示出它的优越性。今后在计算间接测量的不确定度时，对函数表达式仅为"和差"形式，可以直接利用（1-4）式，求出间接测量的合成不确定度 σ_N，若函数表达式为积和商（或积商和差混合）等较为复杂的形式，可直接采用（1-5）式，先求出相对不确定度，再求出合成不确定度 σ_N。

【例1】 已知电阻 $R_1 = 50.2 \pm 0.5$（Ω），$R_2 = 149.8 \pm 0.5$（Ω），求它们串联的电阻 R 和合成不确定度 σ_R。

【解】 串联电阻的阻值为

$$R = R_1 + R_2 = 50.2 + 149.8 = 200.0（\Omega）$$

合成不确定度

$$\sigma_R = \sqrt{\sum_1^2 \left(\frac{\partial R}{\partial R_i}\sigma_{Ri}\right)^2} = \sqrt{\left(\frac{\partial R}{\partial R_1}\sigma_1\right)^2 + \left(\frac{\partial R}{\partial R_2}\sigma_2\right)^2}$$

$$= \sqrt{\sigma_1^2 + \sigma_2^2} = \sqrt{0.5^2 + 0.5^2} = 0.7（\Omega）$$

相对不确定度

$$E_R = \frac{\sigma_R}{R} = \frac{0.7}{200.0} \times 100\% = 0.35\%$$

测量结果为

$$R = 200.0 \pm 0.7（\Omega）$$

在例1中，由于 $\dfrac{\partial R}{\partial R_1} = 1$，$\dfrac{\partial R}{\partial R_2} = 1$，$R$ 的总合成不确定度为各个直接观测量的不确定度平方求和后再开方。

间接测量的不确定度计算结果一般应保留一位有效数字，相对不确定度一般应保留两位有效数字。

【例2】 测量金属环的内径 $D_1 = 2.880 \pm 0.004$（cm），外径 $D_2 = 3.600 \pm 0.004$（cm），厚度 $h = 2.575 \pm 0.004$（cm）。试求环的体积 V 和测量结果。

【解】 环体积公式为

$$V = \frac{\pi}{4}h(D_2^2 - D_1^2)$$

（1）环体积的近似真实值为

$$V = \frac{\pi}{4}h(D_2^2 - D_1^2)$$

$$= \frac{3.1416}{4} \times 2.575 \times (3.600^2 - 2.880^2) = 9.436(\text{cm}^3)$$

（2）首先将环体积公式两边同时取自然对数后，再求全微分：

$$\ln V = \ln\left(\frac{\pi}{4}\right) + \ln h + \ln(D_2^2 - D_1^2)$$

$$\frac{\mathrm{d}V}{V} = 0 + \frac{\mathrm{d}h}{h} + \frac{2D_2\mathrm{d}D_2 - 2D_1\mathrm{d}D_1}{D_2^2 - D_1^2}$$

则相对不确定度为

$$E_V = \frac{\sigma_V}{V} = \sqrt{\left(\frac{\sigma_h}{h}\right)^2 + \left(\frac{2D_2\sigma_{D_2}}{D_2^2 - D_1^2}\right)^2 + \left(\frac{-2D_1\sigma_{D_1}}{D_2^2 - D_1^2}\right)^2}$$

$$= \left[\left(\frac{0.004}{2.575}\right)^2 + \left(\frac{2\times3.600\times0.004}{3.600^2 - 2.880^2}\right)^2 + \left(\frac{-2\times2.880\times0.004}{3.600^2 - 2.880^2}\right)^2\right]^{\frac{1}{2}}$$

$$= 0.0081 = 0.81\%$$

（3）总合成不确定度为

$$\sigma_V = V \cdot E_V = 9.436 \times 0.008\ 1 = 0.08\ (\mathrm{cm}^3)$$

（4）环体积的测量结果为

$$V = 9.44 \pm 0.08\ (\mathrm{cm}^3)$$

V 的标准式中，$V = 9.436\ (\mathrm{cm}^3)$ 应与不确定度的位数取齐，因此将小数点后的第三位数 6，按照数字修约原则进到百分位，故为 $9.44\ (\mathrm{cm}^3)$。

间接测量结果的误差，常用两种方法来估计：算术合成（最大误差法）和几何合成（标准误差）。误差的算术合成将各误差取绝对值相加，是从最不利的情况考虑，误差合成的结果是间接测量的最大误差，因此是比较粗略的，但计算较为简单，它常用于误差分析、实验设计或粗略的误差计算中；上面例子采用几何合成的方法，计算较麻烦，但误差的几何合成较为合理。

第三节　有效数字及其运算法则

物理实验中经常要记录很多测量数据，这些数据应当是能反映出被测量实际大小的全部数字，即有效数字。但是在实验观测、读数、运算与最后得出的结果中。哪些是能反映被测量实际大小的数字应予以保留，哪些不应当保留，这就与有效数字及其运算法则有关。前面已经指出，测量不可能得到被测量的真实值，只能是近似值。实验数据的记录反映了近似值的大小，并且在某种程度上表明了误差。因此，有效数字是对测量结果的一种准确表示，它应当是有意义的数码，而不允许无意义的数字存在。如果把测量结果写成 $54.281\ 7 \pm 0.05$（cm）是错误的，由不确定度 0.05（cm）可以得知，数据的第二位小数 0.08 已不可靠，把它后面的数字也写出来没有多大意义，正确的写法应当是：54.28 ± 0.05（cm）。测量结果的正确表示，对初学者来说是一个难点，必须加以重视，多次强调，才能逐步形成正确表示测量结果的良好习惯。

一、有效数字的概念

任何一个物理量，其测量的结果既然都或多或少地有误差，那么一个物理量的数值就不应当无止境地写下去，写多了没有实际意义，写少了又不能比较真实地表达物理量。因此，一个物理量的数值和数学上的某一个数就有着不同的意义，这就引入了一个有效数字的概念。若用最小分度值为 1 mm 的米尺测量物体的长度，读数值为 5.63 cm。其中 5 和 6 这两个数字是从米尺的刻度上准确读出的，可以认为是准确的，叫做可靠数字。末尾数字 3 是在米尺最小分度值的下一位上估计出来的，是不准确的，叫做欠准数。虽然是欠准可疑，但不是无中生有，而是有根有据有意义的，显然有一位欠准数字，就使测量值更接近真实值，更能反映客观实际。因此，测量值应当保留到这一位是合理的，即使估计数是 0，也不能舍去。测量结果应当而且也只能保留一位欠准数字，故测量数据的有效数字定义为几位可靠数字加上一位欠准数字称为有效数字，有效数字的个数叫做有效数字的位数，如上述的 5.63 cm 称为三位有效数字。

有效数字的位数与十进制单位的变换无关，即与小数点的位置无关。因此，用以表示小数点位置的 0 不是有效数字。当 0 不是用作表示小数点位置时，0 和其他数字具有同等地位，都是有效数字。显然，在有效数字的位数确定时，第一个不为零的数字左面的零不能算有效数字的位数，而第一个不为零的数字右面的零一定要算做有效数字的位数。如 0.013 5 m 是三位有效数字，0.013 5 m 和 1.35 cm 及 13.5 mm 三者是等效的，只不过是分别采用了米、厘米和毫米作为长度的表示单位；1.030 m 是四位有效数字。从有效数字的另一面也可以看出测量用具的最小刻度值，如 0.013 5 m 是用最小刻度为毫米的尺子测量的，而 1.030 m 是用最小刻度为厘米的尺子测量的。因此，正确掌握有效数字的概念对物理实验来说是十分必要的。

二、直接测量的有效数字记录

物理实验中通常仪器上显示的数字均为有效数字（包括最后一位估计读数），都应读出，并记录下来。仪器上显示的最后一位数字是 0 时，此 0 也要读出并记录。对于有分度式的仪表，读数要根据人眼的分辨能力读到最小分度的十分之几。在记录直接测量的有效数字时，常用一种称为标准式的写法，就是任何数值都只写出有效数字，而数量级则用 10 的 n 次幂的形式去表示。

（1）根据有效数字的规定，测量值的最末一位一定是欠准确数字，这一位应与仪器误差的位数对齐，仪器误差在哪一位发生，测量数据的欠准位就记录到哪一位，不能多记，也不能少记，即使估计数字是 0，也必须写上，否则与有效数字的规定不相符。例如，用米尺测量物体长为 52.4 mm 与 52.40 mm 是不同的两个测量值，也是属于不同仪器测量的两个值，误差也不相同，不能将它们等同看待，从这两个值可以看出测量前者的仪器精度低，测量后者的仪器精度高出一个数量级。

（2）根据有效数字的规定，凡是仪器上读出的数值，有效数字中间与末尾的 0，均应算作有效位数。例如，6.003 cm 与 4.100 cm 均是四位有效数字；在记录数据中，有时因定位需要，而在小数点前添加 0，这不应算作有效位数，如 0.048 6 m 是三位有效数字而不是四位有效数字，有效数字中的 0 有时算做有效数字，有时不能算做有效数字，这对初学者也是一个难点，要正确理解有效数字的规定。

（3）根据有效数字的规定,在十进制单位换算中,其测量数据的有效位数不变,如4.51 cm若以米或毫米为单位,可以表示成0.045 1 m或45.1 mm,这两个数仍然是三位有效数字。为了避免单位换算中位数很多时写一长串,或计数时出现错位,常采用科学表达式,通常是在小数点前保留一位整数,用10^n表示,如4.51×10^2 m, 4.51×10^4 cm等,这样既简单明了,又便于计算和确定有效数字的位数。

（4）根据有效数字的规定对有效数字进行记录时,直接测量结果的有效位数的多少,取决于被测物本身的大小和所使用的仪器精度,对同一个被测物,高精度的仪器,测量的有效位数多,低精度的仪器,测量的有效位数少。例如,长度约为3.7 cm的物体,若用最小分度值为1 mm的米尺测量,其数据为3.70 cm,若用螺旋测微器测量（最小分度值为0.01 mm）,其测量值为3.700 0 cm,显然螺旋测微器的精度较米尺高很多,所以测量结果的位数也多;被测物是较小的物体,测量结果的有效位数也少。对一个实际测量值,正确应用有效数字的规定进行记录,就可以从测量值的有效数字记录中看出测量仪器的精度。因此,有效数字的记录位数和测量仪器有关。

三、有效数字的运算法则

在进行有效数字计算时,参加运算的分量可能很多。各分量数值的大小及有效数字的位数也不相同,而且在运算过程中,有效数字的位数会越乘越多,除不尽时有效数字的位数也无止境。即便是使用计算器,也会遇到中间数的取位问题以及如何更简洁的问题。测量结果的有效数字,只能允许保留一位欠准确数字,直接测量是如此,间接测量的计算结果也是如此。根据这一原则,力求达到:① 不因计算而引入误差,影响结果;② 尽量简洁,不作徒劳的运算。简化有效数字的运算,约定下列规则:

（1）加法或减法运算。

$$478.\underline{2} + 3.462 = 481.6\underline{62} = 481.\underline{7}$$
$$49.\underline{27} - 3.\underline{4} = 45.\underline{87} = 45.\underline{9}$$

大量计算表明,若干个数进行加法或减法运算,其和或差的结果的欠准确数字的位置与参与运算各个量中的欠准确数字的位置最高者相同。由此得出结论,几个数进行加法或减法运算时,可先将多余数修约,将应保留的欠准确数字的位数多保留一位进行运算,最后结果按保留一位欠准确数字进行取舍。这样可以减小繁杂的数字计算。

推论（1）：若干个直接测量值进行加法或减法计算时,选用精度相同的仪器最为合理。

（2）乘法和除法运算。

$$834.\underline{5} \times 23.\underline{9} = 19944.\underline{55} = 1.9\underline{9} \times 10^4$$
$$2569.\underline{4} \div 19.\underline{5} = 131.\underline{7641}\cdots = 132$$

由此得出结论：用有效数字进行乘法或除法运算时,乘积或商的结果的有效数字的位数与参与运算的各个量中有效数字的位数最少者相同。

推论（2）：测量的若干个量,若是进行乘法除法运算,应按照有效位数相同的原则来选择不同精度的仪器。

（3）乘方和开方运算。

$$(7.32\underline{5})^2 = 53.6\underline{6}$$

$$\sqrt{32.\underline{8}} = 5.7\underline{3}$$

由此可见，乘方和开方运算的有效数字的位数与其底数的有效数字的位数相同。

（4）自然数 1，2，3，4，…不是测量而得，不存在欠准确数字。因此，可以视为无穷多位有效数字的位数，书写也不必写出后面的 0，如 $D = 2R$，D 的位数仅由直接测量 R 的位数决定。

（5）无理常数 π，$\sqrt{2}, \sqrt{3},$ …的位数也可以看成很多位有效数字。例如 $L = 2\pi R$，若测量值 $R = 2.35 \times 10^{-1}(m)$ 时，π 应取为 3.142。则

$$L = 2 \times 3.142 \times 2.35 \times 10^{-2} = 1.48 \times 10^{-1} \ (m)$$

（6）有效数字的修约。根据有效数字的运算规则，为使计算简化，在不影响最后结果应保留有效数字的位数（或欠准确数字的位置）的前提下，可以在运算前、后对数据进行修约，其修约原则是"四舍六入五看右左"，五看右左即为五时则看五后面若为非零的数则入，若为零则往左看拟留数的末位数为奇数则入为偶数则舍，这一说法可以简述为五看右左。中间运算过程较结果要多保留一位有效数字。

第四节　数据处理

物理实验中测量得到的许多数据需要处理后才能表示测量的最终结果。用简明而严格的方法把实验数据所代表的事物内在规律性提炼出来就是数据处理。数据处理是指从获得数据起到得出结果为止的加工过程。数据处理包括记录、整理、计算、分析、拟合等多种处理方法，本节主要介绍列表法、作图法、图解法、最小二乘法和微机法。

Excel 的回归分析在物理实验数据处理中的应用　　　实验数据处理的 Excel 函数解法研究

一、列表法

列表法是记录数据的基本方法。欲使实验结果一目了然，避免混乱，避免丢失数据，便于查对，列表法是记录的最好方法。将数据中的自变量、因变量的各个数值一一对应排列出来，要简单明了地表示出有关物理量之间的关系，检查测量结果是否合理，及时发现问题，这样有助于找出有关量之间的联系和建立经验公式，这就是列表法的优点。设计记录表格要求：

（1）列表要简单明了，利于记录、运算处理数据和检查处理结果，便于一目了然地看出有关量之间的关系。

（2）列表要标明符号所代表的物理量的意义。表中各栏中的物理量都要用符号标明，并写出数据所代表物理量的单位及量值的数量级要交代清楚。单位写在符号标题栏，不要重复记在各个数值上。

（3）列表的形式不限，根据具体情况，决定列出哪些项目。有些个别与其他项目联系不大的数可以不列入表内。列入表中的除原始数据外，计算过程中的一些中间结果和最后结果也可以列入表中。

（4）表格记录的测量值和测量偏差，应正确反映所用仪器的精度，即正确反映测量结果的有效数字。一般记录表格还有序号和名称。

例如：要求测量圆柱体的体积，圆柱体高 H 和直径 D 的记录见表 1-3。

表 1-3　测柱体高 H 和直径 D 记录表

测量次数 i	H_i/mm	ΔH_i/mm	D_i/mm	ΔD_i/mm
1	35.32	− 0.006	8.135	0.000 3
2	35.30	− 0.026	8.137	0.002 3
3	35.32	− 0.006	8.136	0.001 3
4	35.34	0.014	8.133	− 0.001 7
5	35.30	− 0.026	8.132	− 0.002 7
6	35.34	0.014	8.135	0.000 3
7	35.38	0.054	8.134	− 0.000 7
8	35.30	− 0.026	8.136	0.001 3
9	35.34	0.014	8.135	0.000 3
10	35.32	− 0.006	8.134	− 0.000 7
平均	35.326		8.134 7	

说明：ΔH_i 是测量值 H_i 的偏差；ΔD_i 是测量值 D_i 的偏差；测 H_i 是用精度为 0.02 mm 的游标卡尺，仪器误差为 $\Delta_仪 = 0.02$ mm；测 D_i 是用精度为 0.01 mm 的螺旋测微器，其仪器误差 $\Delta_仪 = 0.005$ mm

由表 1-3 中所列数据，可计算出高、直径和圆柱体体积测量结果（近真值和合成不确定度）：

$$H = 35.33 \pm 0.02 \text{（mm）}$$
$$D = 8.135 \pm 0.005 \text{（mm）}$$
$$V = （1.836 \pm 0.003）\times 10^3 \text{（mm}^3）$$

二、作图法

用作图法处理实验数据是数据处理的常用方法之一，它能直观地显示物理量之间的对应关系，揭示物理量之间的联系。作图法是在现有的坐标纸上用图形描述各物理量之间的关系，将实验数据用几何图形表示出来，这就叫做作图法。作图法的优点是直观、形象，便于比较研究实验结果，求出某些物理量，建立关系式等。为了能够清楚地反映出物理现象的变化规律，并能比较准确地确定有关物理量的量值或求出有关常数，在作图法要注意以下几点：

（1）作图一定要用坐标纸。当决定了作图的参量以后，根据函数关系选用直角坐标纸、单对数坐标纸、双对数坐标纸、极坐标纸等，本书主要采用直角坐标纸。

（2）坐标纸的大小及坐标轴的比例。应当根据所测得的有效数字和结果的需要来确定，原则上数据中的可靠数字在图中应当标出。数据中的欠准数在图中应当是估计的，要适当选

择 X 轴和 Y 轴的比例和坐标比例，使所绘制的图形充分占用图纸空间，不要缩在一边或一角；坐标轴比例的选取一般间隔 1，2，5，10 等。这便于读数或计算，除特殊需要外，数值的起点一般不必从零开始，X 轴和 Y 轴的比例可以采用不同的比例，使作出的图形大体上能充满整个坐标纸，图形布局美观、合理。

（3）标明坐标轴。对直角坐标系，一般是自变量为横轴，因变量为纵轴，采用粗实线描出坐标轴，并用箭头表示出方向，注明所示物理量的名称、单位。坐标轴上表明所用测量仪器的最小分度值，并要注意有效位数。

（4）描点。根据测量数据，用直尺和笔尖使其函数对应的实验点准确地落在相应的位置。一张图纸上画上几条实验曲线时，每条图线应用不同的标记如"×""○""△"等符号标出，以免混淆。

（5）连线。根据不同函数关系对应的实验数据点分布，把点连成直线或光滑的曲线或折线，连线必须用直尺或曲线板，如校准曲线中的数据点必须连成折线。由于每个实验数据都有一定的误差，所以将实验数据点连成直线或光滑曲线时，绘制的图线不一定通过所有的点，而是使数据点均匀分布在图线的两侧，尽可能使直线两侧所有点到直线的距离之和最小并且接近相等，有个别偏离很大的点应当应用异常数据的剔除中介绍的方法进行分析后决定是否舍去，原始数据点应保留在图中。在确信两物理量之间的关系是线性的，或所绘的实验点都在某一直线附近时，将实验点连成一直线。

（6）写图名。作完图后，在图纸下方或空白的明显位置处，写上图的名称、作者和作图日期，有时还要附上简单的说明，如实验条件等，使读者一目了然。作图时，一般将纵轴代表的物理量写在前面，横轴代表的物理量写在后面，中间用"-"连接。

（7）最后将图纸贴在实验报告的适当位置，便于教师批阅实验报告。

三、图解法

在物理实验中，实验图线做出以后，可以由图线求出经验公式。图解法就是根据实验数据作好的图线，用解析法找出相应的函数形式。实验中经常遇到的图线是直线、抛物线、双曲线、指数曲线、对数曲线。特别是当图线是直线时，采用此方法更为方便。

1. 由实验图线建立经验公式的一般步骤

（1）根据解析几何知识判断图线的类型；
（2）由图线的类型判断公式的可能特点；
（3）利用半对数、对数或倒数坐标纸，把原曲线改为直线；
（4）确定常数，建立起经验公式的形式，并用实验数据来检验所得公式的准确程度。

2. 用直线图解法求直线的方程

如果作出的实验图线是一条直线，则经验公式应为直线方程

$$y = kx + b \qquad\qquad (1\text{-}7)$$

要建立此方程，必须由实验直接求出 k 和 b，一般有两种方法。
（1）斜率截距法。

在图线上选取两点 P_1 (x_1，y_1) 和 P_2 (x_2，y_2)，其坐标值最好是整数值。用特定的符号表示所取的点，与实验点相区别。一般不要取原实验点。所取的两点在实验范围内应尽量彼此分开一些，以减小误差。由解析几何知，上述直线方程中，k 为直线的斜率，b 为直线的截距。k 可以根据两点的坐标求出。则斜率为

$$k = \frac{y_2 - y_1}{x_2 - x_1} \qquad (1\text{-}8)$$

其截距 b 为 $x = 0$ 时的 y 值；若原实验中所绘制的图形并未给出 $x = 0$ 段直线，可将直线用虚线延长交 y 轴，则可量出截距。如果起点不为零，也可以由式

$$b = \frac{x_2 y_1 - x_1 y_2}{x_2 - x_1} \qquad (1\text{-}9)$$

求出截距，求出斜率和截距的数值代入方程中就可以得到经验公式。

（2）端值求解法。

在实验图线的直线两端取两点（但不能取原始数据点），分别得出它的坐标为（x_1，y_1）和（x_2，y_2），将坐标数值代入式（1-7）得

$$\begin{cases} y_1 = kx_1 + b \\ y_2 = kx_2 + b \end{cases} \qquad (1\text{-}10)$$

联立两个方程求解得 k 和 b。

经验公式得出之后还要进行校验，校验的方法是：对于一个测量值 x_i，由经验公式可写出一个 y_i 值，由实验测出一个 y_i' 值，其偏差 $\delta = y_i' - y_i$，若各个偏差之和 $\sum (y_i' - y_i)$ 趋于零，则经验公式就是正确的。

在实验问题中，有的实验并不需要建立经验公式，而仅需要求出 k 和 b 即可。

【例 1】 金属导体的电阻随着温度变化的测量值为表 1-4 所示，试求经验公式 $R = f(T)$ 和电阻温度系数。

表 1-4　金属导体的电阻随温度变化测量值

温度/℃	19.1	25.0	30.1	36.0	40.0	45.1	50.0
电阻/μΩ	76.30	77.80	79.75	80.80	82.35	83.90	85.10

根据所测数据绘出 $R\text{-}T$ 图，如图 1-1 所示。

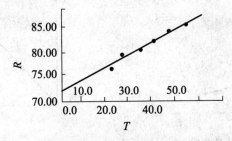

图 1-1　某金属丝电阻-温度曲线

求出直线的斜率和截距：

$$k = \frac{8.00}{27.0} = 0.296（\mu\Omega/{}^{\circ}C）$$

$$b = 72.00（\mu\Omega）$$

于是得经验公式

$$R = 72.00 + 0.296T$$

该金属的电阻温度系数为

$$\alpha = \frac{k}{b} = \frac{0.296}{72.00} = 4.11 \times 10^{-3}（1/{}^{\circ}C）$$

3. 曲线改直，建立曲线方程

在实验工作中，许多物理量之间的关系并不都是线性的，由曲线图直接建立经验公式一般是比较困难的，但仍可通过适当的变换而成为线性关系，即把曲线变换成直线，再利用建立直线方程的办法来解决问题。这种方法叫做曲线改直。作这样的变换不仅是由于直线容易描绘，更重要的是直线的斜率和截距所包含的物理内涵是我们所需要的。例如：

（1）$y=ax^b$，式中 a，b 为常量，可变换成 $\lg y = b\lg x + \lg a$，$\lg y$ 为 $\lg x$ 的线性函数，斜率为 b，截距为 $\lg a$。

（2）$y=ab^x$，式中 a，b 为常量，可变换成 $\lg y = (\lg b)x + \lg a$，$\lg y$ 为 x 的线性函数，斜率为 $\lg b$，截距为 $\lg a$。

（3）$PV=C$，式中 C 为常量，要变换成 $P=C(1/V)$，P 是 $1/V$ 的线性函数，斜率为 C。

（4）$y^2=2px$，式中 p 为常量，$y=\pm\sqrt{2p}\,x^{1/2}$，y 是 $x^{1/2}$ 的线性函数，斜率为 $\pm\sqrt{2p}$。

（5）$y=x/(a+bx)$，式中 a，b 为常量，可变换成 $1/y=a(1/x)+b$，$1/y$ 为 $1/x$ 的线性函数，斜率为 a，截距为 b。

（6）$s=v_0t+at^2/2$，式中 v_0，a 为常量，可变换成 $s/t=(a/2)t+v_0$，s/t 为 t 的线性函数，斜率为 $a/2$，截距为 v_0。

【例2】在恒定温度下，一定质量的气体的压强 P 随容积 V 而变，画 P-V 图。为一双曲线型如图 1-2 所示。

用坐标轴 $1/V$ 置换坐标轴 V，则 P-$1/V$ 图为一直线，如图 1-3 所示。直线的斜率为 $PV=C$，即玻-马定律。

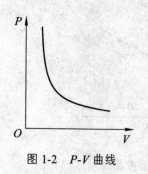

图 1-2　P-V 曲线

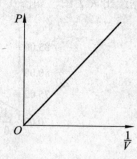

图 1-3　P-$1/V$ 曲线

【例3】 单摆的周期 T 随摆长 L 而变，绘出 T-L 实验曲线为抛物线，如图 1-4 所示。若作 T^2-L 图，则为一直线型，如图 1-5 所示。

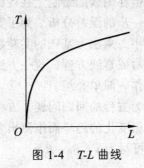

图 1-4　T-L 曲线

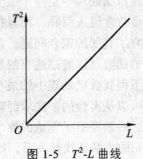

图 1-5　T^2-L 曲线

斜率

$$k = \frac{T^2}{L} = \frac{4\pi^2}{g}$$

由此可写出单摆的周期公式

$$T = 2\pi\sqrt{\frac{L}{g}}$$

【例4】 阻尼振动实验中，测得每隔 1/2 周期（$T = 3.11$s）振幅 A 的数据如表 1-5 所示。

表 1-5　周期-振幅数据表

$t\left(\dfrac{T}{2}\right)$	0	1	2	3	4	5
A（格）	60.0	31.0	15.2	8.0	4.2	2.2

用单对数坐标纸作图，单对数坐标纸的一个坐标是刻度不均匀的对数坐标，另一个坐标是刻度均匀的直角坐标。作图如图 1-6 所示，得一直线。

对应的方程为

$$\ln A = -\beta t + \ln A_0 \qquad (1\text{-}11)$$

从直线上两点可求出其斜率式（式中的 $-\beta$）。注意 A 要取对数值，t 取图上标的数值，即

$$\beta = \frac{\ln 1 - \ln 60}{(6.2 - 0) \times \dfrac{3.11}{2}} = -0.43\left(\frac{1}{S}\right)$$

（1-11）式可改写为

$$A = A_0 e^{-\beta t}$$

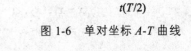

图 1-6　单对坐标 A-T 曲线

这说明阻尼振动的振幅是按指数规律衰减的。单对数坐标纸作图常用来检验函数是否服从指数关系。

四、用最小二乘法求经验方程

作图法虽然在数据处理中是一个很便利的方法，但在图线的绘制上往往带有较大的任意性，所得的结果也常常因人而异，而且很难对它作进一步的误差分析。为了克服这些缺点，在数理统计中研究了直线的拟合问题，常用一种以最小二乘法为基础的实验数据处理方法。由于某些曲线型的函数可以通过适当的数学变换而改写成直线方程，这一方法也适用于某些曲线型的规律。下面就数据处理中的最小二乘法原理作一简单介绍。

求经验公式可以从实验的数据求经验方程，这称为方程的回归问题。方程的回归首先要确定函数的形式，一般要根据理论的推断或从实验数据变化的趋势而推测出来，如果推断出物理量 y 和 x 之间的关系是线性关系，则函数的形式可写为 $y = B_0 + B_1 x$。

如果推断出是指数关系，则写为 $y = C_1 e^{C_2 x} + C_3$。

如果不能清楚地判断出函数的形式，则可用多项式来表示：

$$y = B_0 + B_1 x + B_2 x_2 + \cdots + B_n x_n$$

式中，B_0，B_1，$\cdots$，B_n，C_1，C_2，C_3 等均为参数。可以认为，方程的回归问题就是用实验的数据来求出方程的待定参数。

用最小二乘法处理实验数据，可以求出上述待定参数。设 y 是变量 x_1，x_2，$\cdots$ 的函数，有 m 个待定参数 C_1，C_2，$\cdots$，C_m，即

$$y = f(C_1, C_2, \cdots, C_m; x_1, x_2, \cdots)$$

对各个自变量 x_1，x_2，$\cdots$ 和对应的因变量 y 作 n 次观测得 x_{1i}，x_{2i}，$\cdots$，y_i（$i = 1, 2, \cdots, n$）。于是 y 的观测值 y_i 与由方程所得计算值 y_0 的偏差为（$y_i - y_{0i}$）（$i = 1, 2, \cdots, n$）。

所谓最小二乘法，就是要求上面的 n 个偏差在平方和最小的意义下，使得函数 $y = f(C_1, C_2, \cdots, C_m, x_1, x_2, \cdots)$ 与观测值 y_1，y_2，$\cdots$，y_n 最佳拟合，也就是参数应使

$$Q = \sum_{i=1}^{n} [y_i - f(C_1, C_2, \cdots, C_m, x_1, x_2, \cdots)]^2 \text{ 最小值}$$

由微分学的求极值方法可知，C_1，C_2，$\cdots$，C_m 应满足下列方程组

$$\frac{\partial Q}{\partial C_i} = 0 \quad (i = 1, 2, \cdots, n)$$

下面从一个最简单的情况来看怎样用最小二乘法确定参数。设已知函数形式是

$$y = A + Bx \tag{1-12}$$

这是个一元线性回归方程，由实验测得自变量 x 与因变量 y 的数据是

$$x = x_1, x_2, \cdots, x_n$$
$$y = y_1, y_2, \cdots, y_n$$

由最小二乘法，A，B 应使

$$Q = \sum_{i=1}^{n} [y_i - (a + bx_i)]^2 = \text{最小值}$$

Q 对 A 和 B 求偏微商应等于零，即

$$\begin{cases} \dfrac{\partial Q}{\partial a} = -2\sum_{i=1}^{n}\left[y_i - (a + bx_i)\right] = 0 \\ \dfrac{\partial Q}{\partial b} = -2\sum_{i=1}^{n}\left[y_i - (a + bx_i)\right]x_i = 0 \end{cases} \tag{1-13}$$

由式（1-13）得

$$\bar{y} - a - b\bar{x} = 0$$
$$\overline{xy} - a\bar{x} - b\overline{x^2} = 0 \tag{1-14}$$

式中，$\bar{x}$ 表示 x 的平均值，即 $\bar{x} = \dfrac{1}{n}\sum_{i=1}^{n}x_i$；$\bar{y}$ 表示 y 的平均值，即 $\bar{y} = \dfrac{1}{n}\sum_{i=1}^{n}y_i$；$\overline{x^2}$ 表示 x^2 的平均值，即 $\overline{x^2} = \dfrac{1}{n}\sum_{i=1}^{n}x_i^2$；$\overline{xy}$ 表示 xy 的平均值，即 $\overline{xy} = \dfrac{1}{n}\sum_{i=1}^{n}x_iy_i$。

解方程（1-14）得

$$b = \frac{\bar{x}\,\bar{y} - \overline{xy}}{\bar{x}^2 - \overline{x^2}} \tag{1-15}$$

$$a = \bar{y} - b\bar{x} \tag{1-16}$$

必须指出，实验中只有当 x 和 y 之间存在线性关系时，拟合的直线才有意义。在待定参数确定以后，为了判断所得的结果是否有意义，在数学上引进一个叫相关系数的量。通过计算一下相关系数 r 的大小，才能确定所拟合的直线是否有意义。对于一元线性回归，r 定义为

$$r = \frac{\overline{xy} - \bar{x}\,\bar{y}}{\sqrt{(\overline{x^2} - \bar{x}^2)(\overline{y^2} - \bar{y}^2)}}$$

可以证明，$|r|$ 的值是在 0 和 1 之间。$|r|$ 越接近于 1，说明实验数据能密集在求得的直线的近旁，用线性函数进行回归比较合理。相反，如果 $|r|$ 值远小于 1 而接近于零，说明实验数据对求得的直线很分散，即用线性回归不妥当，必须用其他函数重新试探。至于 $|r|$ 的起码值（当 $|r|$ 大于起码值，回归的线性方程才有意义），与实验观测次数 n 和置信度有关，可查阅有关手册。

非线性回归是一个很复杂的问题。并无一定的解法。但是通常遇到的非线性问题多数能够化为线性问题。已知函数形式为

$$y = C_1 \mathrm{e}^{C_2 x}$$

两边取对数得

$$\ln y = \ln C_1 + C_2 x$$

令 $\ln y = z$，$\ln C_1 = A$，$C_2 = B$ 则上式变为

$$z = A + Bx$$

这样就将非线性回归问题转化成为一个一元线性回归问题。

上面介绍了用最小二乘法求经验公式中的常数 k 和 b 的方法，用这种方法计算出来的 k

和 b 是"最佳的"，但并不是没有误差。它们的不确定度估算比较复杂，这里就不作介绍了。

五、用函数计算器处理实验数据

在科学实验中使用函数计算器处理实验数据，目前已相当普遍。为方便计算，这里对算术平均值 $\bar{x}$、标准偏差 σ_{n-1}（即 S）的计算，最小二乘法—一元线性拟合的 A，B，r，σ_y，σ_A，σ_B 的计算作简要介绍。

1. 算术平均值 $\bar{x}$ 与标准偏差 σ_{n-1}（S）的计算

直接采用测量值 x_i 来计算 σ_{n-1} 与 $\bar{x}$ 的根据是：在一般函数计算器说明书中，常用 σ_{n-1} 来表示标准误差，因为

$$\sigma_{n-1}^2 = \frac{\sum \Delta x_i^2}{n-1} = \frac{\sum (x_i - \bar{x})^2}{n-1}$$

而 $\bar{x} = \dfrac{\sum x_i}{n}$，将 $\bar{x}$ 的表达式代入上式后可得

$$\sigma_{n-1}^2 = \frac{\sum x_i^2 - 2\dfrac{(\sum x_i)^2}{n} - n\dfrac{(\sum x_i)^2}{n^2}}{n-1} = \frac{\sum x_i^2 - \dfrac{(\sum x_i)^2}{n}}{n-1}$$

$$\sigma_{n-1} = \sqrt{\frac{\sum x_i^2 - (\sum x_i)^2 / n}{n-1}} \tag{1-17}$$

式（1-17）是函数计算器说明书中所用的表示式，其优点是可以直接用测量值 x_i 来计算该组测量数据的算术平均值 $\bar{x}$ 及标准误差 σ_{n-1}。一般函数计算器均已编入 $\bar{x}$ 与 σ_{n-1} 的计算程序，可按以下具体计算步骤和方法进行操作：

（1）将函数模式选择开关置于"SD"（standard deviation）；

（2）依次按压"INV"和"AC"键，以清除"SD"中的所有内存，准备输入需要计算的测量数据；

（3）在键盘上每打入一个数据后，需按压一次"M+"键，将所有的数据 x_i 依次输入计算器内；

（4）在所有数据全部输入后，按压"$\bar{x}$"键，显示该组数据的算术平均值，按压"σ_{n-1}"键盘，则显示该数据的标准误差；

（5）有错误数据输入而要删去时，可在键盘打入该错误数据后，按压"INV"和"M+"两键，就可将该错误数据删去。

2. 最小二乘法一元线性拟合有关量的计算

在导出 $\sigma_{n-1} = \sqrt{\dfrac{\sum x_i^2 - (\sum x_i)^2 / n}{n-1}}$ 表示式时，实际上也证明了：

$$S_{xx} = \sum (x_i - \bar{x})^2 = \sum x_i^2 - \frac{1}{n}(\sum x_i)^2$$

$$S_{yy} = \sum (y_i - \bar{y})^2 = \sum y_i^2 - \frac{1}{n}(\sum y_i)^2$$

$$S_{xy} = \sum (x_i - \overline{x})(y_i - \overline{y}) = \sum x_i y_i - \frac{1}{n} \sum x_i \sum y_i$$

这 3 个量中所涉及的 $\sum x_i^2$，$\sum x_i$、$\sum y_i$、$\sum y_i^2$ 及 $\sum x_i y_i$ 均可由 SD 模式算得，由此可算出 S_{xx}，S_{yy}，S_{xy}。而此时 A，B，r 可分别表示为

$$a = \overline{y} - b\overline{x}$$

$$b = \frac{S_{xy}}{S_{xx}}$$

$$r = \frac{S_{xy}}{\sqrt{S_{xx} S_{yy}}}$$

由于在分别对 x 和 y 变量作 SD 计算时，$\overline{x}$，$\overline{y}$ 也已算得，故 A，B，r 3 个量能方便地算得。由此可以证明：

$$\sum (y_i - a - b_{xi})^2 = (1 - r^2) S_{yy}$$

因此，σ_y 可表示为

$$\sigma_y = \sqrt{\frac{(1 - r^2) S_{yy}}{n - 2}}$$

此时 σ_a 和 σ_b 变换为

$$\sigma_a = \sqrt{\frac{1}{n} + \frac{\overline{x}^2}{S_{xx}}} \cdot \sqrt{\frac{(1 - r^2) S_{yy}}{n - 2}}$$

$$\sigma_b = \sqrt{\frac{1}{S_{xx}}} \cdot \sqrt{\frac{(1 - r^2) S_{yy}}{n - 2}}$$

由此可见，对 a，b，r，σ_a，σ_b 5 个量的计算问题已归结为对 $\overline{x}$，$\overline{y}$，S_{xx}，S_{yy} 和 S_{xy} 的计算问题。

3. 具体计算步骤和方法

（1）将函数模式选择开关置于"SD"位置；

（2）依次按压"INV""AC"键，接着在键盘上每打入一个 x_i 值，按压一次"M+"键，直到将 n 个 x 全部输入计算器为止。

（3）按压"$\overline{x}$"键，读取和记录 $\overline{x}$ 数值（注意此时的 σ_{n-1} 值是无意义的）；按压"$\sum x$"键，读记 $\sum x_i$ 数值。

（4）再依次按压"$\sum x^2$""－""$\sum x$""INV""x^2""÷""n""＝"各键，完成 S_{xx} 的计算，读记 S_{xx} 数值。

（5）依次按压"INV""AC"键，清除"SD"中原有 x 值的内存，接着在键盘上每打入一个 y_i 值，按压一次"M+"键，直到将 n 个 y_i 全部输入计算器为止。

（6）按压"$\overline{x}$"键，此时应将所显示的 $\overline{y}$ 数值读记下；按压"$\sum x$"键，读记 $\sum y_i$ 数值；

（7）再依次按压"$\sum x^2$""－""$\sum x$""INV""x^2""÷""n""＝"各键，便可完成 S_{yy}

的计算，读记下 S_{yy} 数值。

（8）顺次按压"INV""AC"键，接着在键盘上将 x_i "×" y_i "＝"的值用"M＋"键输入计算器中，直到 n 对（x_i，y_i）数据中每对数据的乘积（$x_i \cdot y_i$）全部输入计算器为止。

（9）按压 $\sum x_i$ 键便得 $\sum x_i \cdot y_i$ 的值，然后用已经读得的 $\sum x_i$ 和 $\sum y_i$ 值作 $\sum x_i \cdot y_i - \dfrac{1}{n}\sum x_i \sum y_i$ 的算术运算，即可得到 S_{xy} 值。具体方法是顺次按压"$\sum x$""－"、$\sum x_i$ 值、"×"、$\sum y_i$ 值、"÷""n""＝"，读取并记录 S_{xy} 值。

到此已经得到 $\bar{x}$，$\bar{y}$，S_{xx}，S_{yy}，S_{xy} 及 n 的数值，计算 A，B，r，σ_A，σ_B 的必要数据已全部齐备，只要在计算器上作些简单的算术运算，就可求得全部解答。

要指出的是：函数计算器只能显示计算结果，无法判断有效数字的取舍。因此，读记时应注意按照有效数字运算法则和误差运算的有关规定，读记有效数字。对中间过程和运算结果，可以多取一位有效数字。

从上述最小二乘法一元线性拟合计算来看，采用袖珍计算器来处理已显得较麻烦。若采用可编程序的计算器或者微机来处理就要方便一些，它们不仅可以完成计算工作。而且还可以打印出全部结果，绘制出拟合图线。

现以测量热敏电阻的阻值 R_T 随着温度变化的关系为例，其函数关系为

$$R_{\mathrm{T}} = a\mathrm{e}^{\frac{b}{T}}$$

式中，a，b 为待定常数；T 为热力学温度。为了能变换成直线形式，将两边取对数得

$$\ln R_{\mathrm{T}} = \ln a + b/T$$

并作变换，令 $y = \ln R_{\mathrm{T}}$，$A = \ln a$，$B = b$，$x = 1/T$，可以得出直线方程为 $y = A + Bx$。实验时测得热敏电阻在不同温度下的阻值，以变量 x、y 分别为横纵坐标作图，若 y-x 图线为直线，就证明 R_T 与 T 的理论关系正确。现将实验测量数据和变量变换数值列于表 1-6。

表 1-6　实验测量数据与变量变换数值

序号	T_c/°C	T/K	R_T/Ω	$x = \dfrac{1}{T_i}10^{-3}/\mathrm{K}^{-1}$	$y = \ln R_T$
1	27.0	300.0	3 427	3.333	8.139
2	29.7	302.7	3 127	3.304	8.048
3	32.2	305.2	2 824	3.277	7.946
4	36.2	309.2	2 498	3.234	7.823
5	38.2	311.2	2 261	3.215	7.724
6	42.2	315.2	2 000	3.173	7.601
7	44.5	317.5	1 826	3.150	7.510
8	48.0	321.0	1 634	3.115	7.399
9	53.5	326.5	1 353	3.063	7.210
10	57.5	330.5	1 193	3.026	7.084

对表中提供的 $1/T_i$ 和 $\ln R_T$ 数据，用最小二乘法拟合处理，按上述袖珍计算器运算步骤操作，可得：

直线斜率：$B = 3.448 \times 10^3$（K）。

直线截距：$A = -3.473$（Ω）；相关系数：$r = 0.999\ 6$。

由上面相关系数值可知 $\ln R_T\text{-}1/T$ 的关系中直线性很好，这说明热敏电阻阻值 R_T 和 $1/T$ 为严格的指数关系。

六、用微机进行数据处理

在现代实验技术中，随着实验条件的不断改善，微机的应用也越来越多，不仅应用于仪器设备中提高精度，采集数据，模拟实验等，还可以在数据处理中发挥重要作用。应用微机进行数据处理的方法称为微机法。微机法的优点是速度快，精度高，将实验数据输入装有相应软件的微机中就能显示数据处理的结果，直观性强，减轻人们处理数据的工作量。同时也能提高人们应用微机处理数据的能力。例如，在一些平均值、相对误差、绝对误差、标准误差、线性回归、数据统计等方面的数值计算，常用函数计算、定积分计算、拟合曲线、作图等方面都可以考虑使用微机来处理。在具体问题中可以应用现有的软件，也可以结合具体实验练习编写一些简单实用的小程序或开发一些实用性强的小课件来满足实验中数据处理的需要。随着计算机的不断普及，计算在实验教学中的地位不断提高，灵活应用计算机在实验教学中的优点，是今后实验教学中不可忽视的一个问题，应当先从数据处理入手，逐步加强计算机在实验教学中的具体应用，为以后应用计算机进行科学实验奠定一个基础。

附录

一、教学中常用仪器误差限 $\Delta_仪$

1. 为什么 σ_B 取成 $\Delta_仪$ 呢？

在有限次直接测量结果的不确定度评定中，如何分析"仪器误差"的影响，是大学物理实验教学中的一个较难的问题，也是一个十分重要的问题。所谓较难是指其理论和实践还处于发展阶段，不够成熟。所谓重要是指 σ_B 取成 $\Delta_仪$ 具有一定的合理性，使 σ 的估计趋于正确和全面。

评定 B 类标准不确定度，以数字电压表制造说明为例："仪器检定 $1 \sim 2$ 年间，其 $1V$ 内精度：（$1.4 \times 10^{-6} \times$ 读数）$+ 2 \times 10^{-6} \times$ 测量范围"。设检定 20 个月后仪器在 2V 内测量电压 V，V 的重复观测值平均为 $\overline{V} = 0.928\ 571V$，其 A 类标准不确定度 $u(\overline{V}) = 12\ \mu V$；B 类标准不确定度可以由制造厂商说明书评定，并认为所得值使 $\overline{V}$ 的附加修正 $\Delta \overline{V}$ 产生一对称信赖限，$\Delta \overline{V}$ 期望值为 0（即 $\Delta \overline{V} = 0$），在限内以等概率在任何处出现，值 ΔV 的对称矩形概率分布半宽 A 为

$$A = 1.4 \times 10^{-6} \times 0.292\ 857\ 1V + 2 \times 10^{-6} \times 1V = 15\ \mu V$$

$$u^2(\Delta\overline{V}) = 75~\mu V^2, \quad u(\overline{V}) = 8.7~\mu V\cdots$$

上例说明：一定条件下完全可以把"高精度"仪器的误差限值基本上当作非随机分量，进而评定 B 类分量不确定度 σ_B，将 B 类与 A 类合成。

在《互换性与技术测量》和《实用计量全书》等测量专论中，也有类似将计量器具的总不确定度（相当于器具误差限 $\Delta_仪$）与其他测量不确定度分量"方和根"合成，以求得测量结果的总不确定度（测量极限误差）的典型例子。

由类似的典型事例说明：$\Delta_仪$ 不是以随机分量为主，非随机分量占的比重较大，将 $\Delta_仪$ 简化、纯化为非随机分量的 B 类不确定度 σ_B 是符合情理的；在有限次等精度测量中，那种只估计不确定度的 A 类分量 σ_A，而将 $\Delta_仪$ 因素等的 B 类分量 σ_B 完全抛开不计的做法是不可取的。由此可见"方和根"式中的 σ_B 取成 $\Delta_仪$ 是比较全面和合理的。

2. 约定正确使用仪器时选取的 $\Delta_仪$ 值

米尺

游标卡尺（20、50 分度）

千分尺

分光计

读数显微镜

各类数字式仪表

计时器（1 s、0.1 s、0.01 s）

物理天平（0.1 g）

电桥（QJ23 型）

电位差计（UJ33 型）

转柄电阻箱

电表

其他仪器、量具

$\Delta_仪 = 0.5$ mm

$\Delta_仪 = $ 最小分度值（0.05 mm 或 0.02 mm）

$\Delta_仪 = 0.004$ mm 或 0.005 mm

$\Delta_仪 = $ 最小分度值（1′或 30″）

$\Delta_仪 = 0.005$ mm

$\Delta_仪 = $ 仪器最小读数

$\Delta_仪 = $ 仪器最小分度（1 s、0.1 s、0.01 s）

$\Delta_仪 = 0.05$ g

$\Delta_仪 = K\% \cdot R$（K 是准确度或级别，R 为示值）

$\Delta_仪 = K\% \cdot v$（K 是准确度或级别，v 为示值）

$\Delta_仪 = K\% \cdot R$（K 是准确度或级别，R 为示值）

$\Delta_仪 = K\% \cdot M$（K 是准确度或级别，M 为示值）

$\Delta_{\text{仪}}$ 是根据实验际情况由实验室给出示值误差限

二、数字修约的国家标准 GB 8170—87

在 1987 年的国家标准 GB 8170—87 中，对需要修约的各种测量、计算的数值，已有明确的规定：

（1）原文"在拟舍弃的数字中，若左边第一个数字小于 5（不包括 5）时，则舍去，即所拟保留的末位数字不变"。例如，在 3 605 643 数字中拟舍去 43 时，4<5，则应为 36 056，我们简称为"四舍"。

（2）原文"在拟舍弃的数字中，若左边第一个数字大于 5（不包括 5）时，则进一，即所拟保留的末位数字加一"。例如，在 3 605 623 数字中拟舍去 623 时，6>5，则应为 3 606，我们简称为"六入"。

（3）原文"在拟舍弃的数字中，若左边第一个数字等于 5，其右边数字并非全部为零时，则进一，即所拟保留的末位数字加一"。例如，在 3 605 123 数字中拟舍去 5 123 时，5＝5，其右边的数字为非零的数，则应为 361，我们简称为"五看右"。

（4）原文"在拟舍弃的数字中，若左边第一个数字等于 5，其右边数字皆为零时，所拟保留的末位数字若为奇数则进一，若为偶数（包括 0）则不进"。例如，在 36 050 数字中拟舍去 50 时，5＝5，其右边的数字皆为零，而拟保留的末位数字为偶数（含 0）时则不进，故此时应为 360，简称为"五看右左"。

上述规定可概述为：舍弃数字中最左边一位数为小于四（含四）舍，为大于六（含六）入，为五时则看五后若为非零的数则入，若为零则往左看拟留的数的末位数为奇数则入，为偶数则舍。可简述为"四舍六入五看右左"。

可见，采取惯用的"四舍五入"法进行数字修约，既粗糙又不符合国标的科学规定。类似的不严谨，甚至是错误的提法和作法有"大于五入，小于五舍，等于 5 保留位凑偶"；尾数"小于 5 舍，大于 5 入，等于 5 则把尾数凑成偶数"；"若舍去部分的数值，大于所保留的末位 0.5，则末位加 1，若舍去部分的数值，小于所保留的末位 0.5，则末位不变……"等。还要指出，在修约最后结果的不确定度时，为确保其可信性，还往往根据实际情况执行"宁大勿小"原则。

七、练习题

（1）指出下列各量是几位有效数字，测量所选用的仪器与其精度是多少？

① 63.74 cm ② 0.302 cm ③ 0.0100 cm

④ 1.0000 kg ⑤ 0.025 cm ⑥ 1.35 ℃

⑦ 12.6 s ⑧ 0.2030 s ⑨ 1.530×10^{-3} m

（2）试用有效数字运算法则计算出下列结果．

① 107.50 − 2.5 ② 273.5 ÷ 0.1 ③ 1.50 ÷ 0.500 − 2.97

④ $\dfrac{8.0421}{6.038 - 6.034} + 30.9$ ⑤ $\dfrac{50.0 \times (18.30 - 16.3)}{(103 - 3.0) \times (1.00 + 0.001)}$

⑥ $V = \pi d^2 h/4$，已知 $h = 0.005$（m），$d = 13.984 \times 10^{-3}$（m），计算 V

（3）改正下列错误，写出正确答案。

① $L = 0.010\,40$（km）的有效数字是五位

② $d = 12.435 \pm 0.02$（cm）

③ $h = 27.3 \times 10^4 \pm 2\,000$（km）

④ $R = 6\,371$ km $= 6\,371\,000$ m $= 637\,100\,000$（cm）

⑤ $\theta = 60° \pm 2'$

（4）单位变换：

① 将 $L = 4.25 \pm 0.05$（cm）的单位变换成μm，mm，m，km。

② 将 $m = 1.750 \pm 0.001$（kg）的单位变换成 g，mg，t。

（5）已知周期 $T = 1.256\,6 \pm 0.000\,1$（s），计算角频率 ω 的测量结果，写出标准式。

（6）计算 $\rho = \dfrac{4m}{\pi D^2 H}$ 的结果，其中 $m = 236.124 \pm 0.002$（g），$D = 2.345 \pm 0.005$（cm），$H = 8.21 \pm 0.01$（cm）。并且分析 m，D，H 对 σ_ρ 的合成不确定度的影响。

（7）利用单摆测重力加速度 g，当摆角 $\theta < 5°$时，$T = 2\pi\sqrt{\dfrac{L}{g}}$，式中摆长 $L = 97.69 \pm 0.02$（cm），周期 $T = 1.984\,2 \pm 0.000\,2$（s）。求 g 和 σ_g，并写出标准式。

（熊泽本）

第二章　基础实验

第一节　电磁学实验基本知识

　　电磁学是现代科学技术的主要基础之一，在此基础上发展起来的电工技术和电子技术不仅广泛应用于农业、工业、通讯、交通、国防及科学技术的各个领域，并且已经深入到家用设备，对国计民生有十分重要的意义。掌握电磁学实验研究的基本方法已成为各学科领域的基本要求。

　　电磁学从其建立之初就是一门实验科学。很早以前，人们就发现了毛皮擦过的琥珀能吸引轻微物体。后来，随着著名的库仑定律、安培定律等实验定律的提出，电磁学逐渐形成了日益完整的理论体系。现代的电磁学实验尽管所用仪器设备已经很复杂、精密，但仍然是人们观察研究电磁现象，学习理论知识的重要途径，并通过这些实验掌握各种电磁测量的基本技能。

　　电磁学实验包括基本电磁量的测量方法及主要电磁测量仪器仪表的工作原理和使用方法两部分。但是不同性质的电磁量的测量有很大差异，所用仪器也千差万别。下面简单介绍电磁测量的方法、电磁学实验中常用的一些仪器及电磁学实验中一般应遵循的操作规则。

一、电磁测量的方法

1. 电磁测量的作用、特点和内容

　　（1）电磁测量的作用。

　　物理实验是物理学的基础，是物理教学的一个重要环节。电磁学实验是物理实验的一个重要组成部分，它可以使学生在实验室中对电磁学的基本规律、基本现象进行观察、分析和测量。

　　电磁测量在测量技术中占有重要的地位。电磁测量的方法是测量技术中的基本方法，电磁测量仪器、仪表是基本的测量器具，在测量技术领域中，都不同程度地使用电磁测量仪器、仪表。

　　电磁测量的范围很广泛，尤其是近年来随着科学技术的发展，电磁测量技术突飞猛进，测量仪器的制造工艺不断改进，使电磁学实验内容更加丰富。电磁测量，可以实现各种电磁量和电路元件特性的测量，还可以通过各种传感器，将各种非电量转换为电量进行测量。

　　电磁测量在物理学和其他科学领域中获得了极其广泛的应用，已经成为科学研究及工农业生产的强有力的手段。

　　（2）电磁测量特点。

　　电磁测量之所以成为科研与现代生产技术的重要基础，是因为它具有以下特点：

① 测量精度高。特别是从 1990 年起，使电学计量体系的基准从实物基准过渡到量子基准，从而可以利用这些量子标准来校准电子测量仪器，使电子仪器与测量技术的精确度达到接近理论值的水平。例如，数字式电压表的分辨率可达 10^{-9} V。

② 反应迅速。电子仪器与电子测量速度是很快的，也就是说响应时间很短。

③ 测量范围大。电子仪器的测量数值范围和工作的量程是很宽的。如数字电压表的量程可达 10^{11} V 以上，数字欧姆表可测范围为 $10^{-5} \sim 10^{17}$ Ω。

④ 可进行遥控，实现远距离测量。

⑤ 可实现自动化测量。

⑥ 非电量可以通过传感器转换为相应的电磁量进行测量。

（3）电磁测量的内容。

电磁测量的内容非常广泛，包括以下几个方面：

① 电磁量的测量。如电压、电流、电功率、电场强度、介电常数、磁感应强度、磁导率等的测量。

② 信号特性的测量。如信号频率、周期、相位、波形、逻辑状态等的测量。

③ 电路网络特性的测量。如幅频特性、相移特性、传输系数等的测量。

④ 电路元器件参数的测量。如电阻、电容、电感、耗损因数、Q 值、晶体管参数等的测量。

⑤ 电子仪器性能的测量。如仪器仪表的灵敏度、准确度、输入/输出特性等的测量。

⑥ 各种非电量（如温度、位移、压力、速度、重量等）通过传感器转化为电学量的测量。

2. 电磁测量的方法

电磁测量的内容很丰富，测量的方法也很多，一个物理量，常可以通过不同的方法来测量。

（1）测量方法的分类。

电磁测量的方法很多，分类方式也各不相同，除了可分为大家所熟悉的"直接测量法"和"间接测量法"以外，还常将电磁测量方法分为"直读测量法"和"比较测量法"两大类。

① 直读测量法。

直读测量法是根据一个或几个测量仪器的读数来判定被测物理量的值，而这些测量仪器是事先按被测之量的单位或与被测之量有关的其他量的单位而分度的。

直读测量法又可以分为两种。一是直接测量法（或称直接计值法）。例如，用安培表测量电流，用伏特表测量电压，用欧姆表测量电阻。测量仪器安培表、伏特表和欧姆表的刻度尺是分别按安培、伏特和欧姆事先分度的。这种情况，被测量的大小直接从仪器的刻度尺上读出，它既是直读法又是直接测量法。二是间接测量法（或称间接计值法）。例如，利用部分电路欧姆定律 $R = V/I$，用安培表直接测量流过待测电阻的电流 I，用伏特表直接测量电阻两端的电压 V，然后间接计算出电阻值 R。这种方法使用的仍然是直读式仪器，而被测的量 R 是由函数关系 $R = V/I$ 计算得到的。

直读测量法由于方法简单，被普遍采用，但是由于其准确度比较低（相对于比较法），因此适用于对测量结果不要求十分准确的各种场合。

② 比较测量法。

比较测量法是将被测的量与该量的标准量作比较而决定被测的量值的方法。这种方法的特点，是在测量过程中要有标准量参加工作。例如，用电桥测量电阻，用电位差计测量电压的方法都是比较法。

比较测量法也有直接测量和间接测量两种，被测的量直接与它的同种类的标准器相比较就是直接比较法。例如，某一电阻与标准电阻相比较就是直接比较法。间接比较法是利用某一定律所代表的函数关系，用比较法测量出有关量，再由函数关系计算出被测量的值，例如，用比较法测出流经标准电阻 R_S 上的电压 V，再利用欧姆定律 $I = V/R_S$ 算出电流强度 I 的大小，就是间接比较法。

比较测量法又分为三大类：

a. 零值测量法。

它是被测的量对仪器的作用被同一种类的已知量的作用相抵消到零的方法。由于比较时电路处于平衡状态，所以这种方法又称为平衡法。例如，用电位差计测量电池的电动势时，就是用一已知的标准电压降和被测电动势相抵消，从已知标准电压降的电压值来得知被测电动势的值。零值法的误差取决于标准量的误差及测量的误差。

b. 差值测量法。

它也是被测的量与标准量作比较，不过被测的量未完全平衡，其值由这些量所产生的效应的差值来判断。差值法的测量误差取决于标准量的误差及测量差值的误差。差值越小，则测量差值的误差对测量误差的影响越小。差值测量法所用的仪器有非平衡电桥、非完全补偿的补偿器等。

c. 替代测量法。

将被测的量与标准量先后代替接入与一测量装置中，在保持测量装置工作状态不变的情况下，用标准量值来确定被测的量的方法称为替代法。当标准量为可调时，用可调标准量的方法保持测量装置工作状态不变，则称为完全替代法。如果标准量是不可调的，允许测量装置的状态有微小的变动，这种方法称为不完全替代法。在替代法测量中，由于测量装置的工作状态不变，或者只有微小变动，测量装置自身的特性及各种外界因素对测量产生的影响是完全或绝大部分相同的，在替代时可以互相抵消，测量准确度就取决于标准量的误差。

（2）选择测量方法的原则。

一个物理量，可以通过直接测量得到，也可以通过间接测量得到，可以用直读测量法，也可以用比较测量法进行测量。那么，如何选择合适的测量方法呢？选择测量方法的原则是：

① 所选择的测量方法必须能够达到测量要求（包括测量的精确度）。

② 在保证测量要求的前提下，选用简便的测量方法。

③ 所选用的测量方法不能损坏被测元器件。

④ 所选用的测量方法不能损坏测量仪器。

下面我们举例说明如何根据具体情况选择合适的测量方法：

① 根据被测物理量的特性选择测量方法。

例如，测量线性电阻（如金属膜电阻），由于其阻值不随流经它的电流的大小而变化，可选用电桥（比较式仪器）直接测量，这种方法简便，精确度高。

测量非线性电阻（如二极管、灯丝电阻等），由于这类电阻的阻值随流经它的电流的大小而变化，宜选用伏安法间接测量，并作 $I\text{-}V$ 曲线和 $R\text{-}I$ 曲线，然后由曲线求得对应于不同电流值的电阻。

同理，测量线性电感时，可选用交流电桥直接测量；测量非线性电感时，可选用伏安法间接测量。

② 根据测量所要求的精度，选择测量方法。

从测量的精度考虑，测量可分为精密测量和工程测量。精密测量是指在计量室或实验室进行的需要深入研究测量误差问题的测量。工程测量是指对测量误差的研究不很严格的一般性测量，往往是一次测量获得结果。例如，测量市电 220 V 电压，可用指针式电压表（或万用表）直接测量，它直观、方便。而在测量电源的电动势时，不能用指针式电压表（或万用表）直接测量，这是由于指针式电压表的内阻不很大，接入后电压表指示的电压是电源的端电压，而不是电动势。在测量标准电池的电动势时，更不能用电压表或万用表。其原因，一是电压表或万用表的内阻都不是很大，接入后，标准电池通过电压表或万用表的电流会远远超过标准电池所允许的额定值，标准电池只允许在短时间内通过几微安的电流；二是标准电池的电动势的有效数字要求较多，一般有 6 位，指针式电压表达不到要求。因此，测量标准电池电动势应该选用电位差计用平衡法进行测量，平衡时，标准电池不供电。

③ 根据测量环境及所具备的测量仪器的技术情况选择测量方法。

例如，用万用表欧姆挡测量晶体管 PN 结电阻时，应选用 $R \times 100$ 或 $R \times 1K$ 挡，而不能选用 $R \times 1$ 挡或高阻挡。这是因为，若用 $R \times 1$ 挡测量时，万用表内部电池提供的流经晶体管的电流较大，可能烧坏晶体管，而高阻挡内部配有高电动势（9 V、12 V 或 15 V）的电池，高电压可能使晶体管击穿。

总之，进行某一测量时，必须事先综合考虑以上情况选择正确的测量方法和测量仪器，否则，得出的数据可能是错误的，或产生不容许的测量误差，也可能损坏被测的元器件，损坏测量仪器、仪表。

3. 电磁测量仪器

一般地讲，凡是利用电子技术对各种信息进行测量的设备，统称为电子测量仪器，其中包括各种指示仪器（如电表）、比较式仪器、记录式仪器、各种传感器。从电磁测量角度说，利用各种电子技术对电磁学领域中的各种电磁量进行测量的设备及配件称为电磁测量仪器。电磁测量仪器的种类很多，而且随着新材料、新器件、新技术的不断发展，仪器的门类愈来愈多，而且趋向多功能、集成化、数字化、自动化、智能化发展。

电磁测量仪器有多种分类方法。

（1）按仪器的测量方法分。

① 直读式仪器：指预先用标准量器作比较而分度能够指示被测量值的大小和单位的仪器，如各类指针式仪表。

② 比较式仪器：是一种被测之量与标准器相比较而确定被测之量的大小和单位的仪器，如各类电桥和电位差计。

（2）按仪器的工作原理分。

① 模拟式电子仪器：指具有连续特性并与同类模拟量相比较的仪器。

② 数字式电子仪器：指通过模拟数字转换，把具有连续性的被测量变成离散的数字量，再显示其结果的仪器。

（3）按仪器的功能分。

这是人们习惯使用的分类方法。例如，显示波形的有各类示波器、逻辑分析仪等；指示电平的有指示电压电平的各类电表（包括模拟式和数字式）、指示功率电平的功率计和数字电平表等；分析信号的有电子计数式频率计、失真度仪、频谱分析仪等；网络分析的有扫频仪、网络分析仪等；参数检测的有各类电桥、Q 表、晶体管图示仪、集成电路测试仪等；提供信号的有低频信号发生器、高频信号发生器、函数信号发生器、脉冲信号发生器等。

二、电磁学实验中常用仪器介绍

1. 电 源

实验室常用的电源有直流电源和交流电源。

常用的直流电源有直流稳压电源、干电池和蓄电池。直流稳压电源的内阻小，输出功率较大，电压稳定性好，而且输出电压连续可调，使用十分方便，它的主要指标是最大输出电压和最大输出电流，如 DH1718C 型直流稳压电源最大输出电压为 30 V，最大输出电流为 5 A。干电池的电动势约为 1.5 V，使用时间长了，电动势下降得很快，而且内阻也要增大。铅蓄电池的电动势约为 2 V，输出电压比较稳定，储藏的电能也比较大，但需经常充电，比较麻烦。

交流电源一般使用 50 Hz 的单相或三相交流电。市电每相 220 V，如需用高于或低于 220 V 的单相交流电压，可使用变压器将电压升高或降低。

不论使用哪种电源，都要注意安全，千万不要接错，而且切忌电源两端短接。使用时注意不得超过电源的额定输出功率，对直流电源要注意极性的正负，常用"红"端表示正极，"黑"端表示负极，对交流电源要注意区分相线、零线和地线。

2. 电 表

电表的种类很多，在电学实验中，磁电式电表的应用最广，实验室常用的是便携式电表。磁电式电表具有灵敏度高，刻度均匀，便于读数等优点，适合于直流电路的测量，其结构可以简单地用图 2-1 表示，永久磁铁的两个极上连着带圆孔的极掌，极掌之间装有圆柱形软铁制的铁心，极掌和铁心之间的空隙磁场很强，磁力线以圆柱的轴线为中心呈均匀辐射状。在圆柱形铁心和极掌间空隙处放有长方形线圈，两端固定了转轴和指针，当线圈中有电流通过时，它将因为受电磁力矩而偏转，同时固定在转轴上的游丝产生反方向的扭力矩。当两者达到平衡时，线圈停在某一位置，偏转角的大小与通入线圈的电流成正比，电流方向不同，线圈的偏转方向也不同。下面具体介绍几种磁电式电表（电表面板符号见附录）。

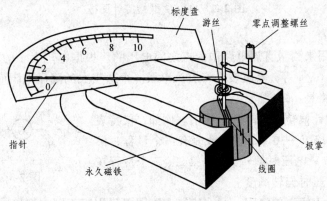

图 2-1

（1）灵敏电流计。

灵敏电流计的特征是指针零点在刻度中央，便于检测不同方向的直流电。灵敏电流计常用在电桥和电位差计的电路中作平衡指示器，即检测电路中有无电流，故又称检流计。

检流计的主要规格：

① 电流计常数：即偏转一小格代表的电流值。AC-5/2 型的指针检流计一般约为 10^{-6} A/小格。

② 内阻：AC-5/2 型检流计内阻一般不大于 50 Ω。

AC-5/2 型检流计的面板如图 2-2 所示，其使用方法如下：

表针锁扣打向红点（左边）时，由于机械作用锁住表针，打向白点（右边）时指针可以偏转。检流计使用完毕后，锁扣应打向红点。零位调节旋钮应在检流计使用前调节使表针在零线上。锁扣打向红点时，不能调节零位调节旋钮，以免损坏表头，把接线柱接入检流电路，按下电计按钮并旋转此按钮（相当于检流计的开关），检流电路接通。短路按钮实际上是一个阻尼开关，使用过程中，可待表针摆到零位附近按下此按钮，尔后松开，这样可以减少表针来回摆动的时间。

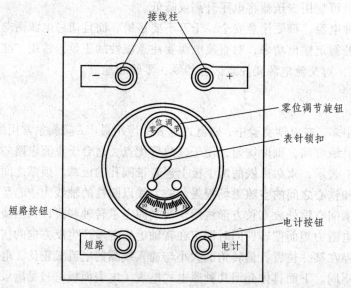

图 2-2　AC-5/2 型检流计面板

（2）直流电压表。

直流电压表是用来测量直流电路中两点之间电压的。根据电压大小的不同，可分为毫伏表（mV）和伏特表（V）等。电压表是将表头串联一个适当大的降压电阻而构成的，如图 2-3 所示，它的主要规格是：

① 量程：即指针偏转满度时的电压值。例如，伏特表量程为 0—7.5 V—15 V—30 V，表示该表有三个量程，第一个量程在加上 7.5 V 电压时偏转满度，第二、三个量程在加上 15 V、30 V 电压时偏转满度。

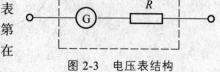

图 2-3　电压表结构

② 内阻：即电表两端的电阻，同一伏特表不同量程内阻不同。例如，0—7.5 V—15 V—

30 V 伏特表，它的三个量程内阻分别为 1 500 Ω、3 000 Ω、6 000 Ω，但因为各量程的每伏欧姆数都是 200 Ω/V，所以伏特表内阻一般用 Ω/V 统一表示，可用下式计算某量程的内阻。

$$内阻 = 量程 \times 每伏欧姆数$$

（3）直流电流表。

直流电流表用来测量直流电路中的电流。根据电流大小的不同，可分为安培表（A）、毫安表（mA）和微安表（μA）。电流表是在表头的两端并联一个适当的分流电阻而构成的，如图 2-4 所示。它的主要规格是：

① 量程：即指针偏转满度时的电流值，安培表和毫安表一般都是多量程的。

② 内阻：一般安培表的内阻在 0.1 Ω 以下。毫安表、微安表的内阻可从 100～200 Ω 到 1 000～2 000 Ω。

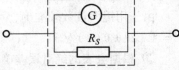
图 2-4　电流表结构

（4）使用直流电流表和电压表的注意事项。

① 电表的连接及正负极：直流电流表应串联在待测电路中，并且必须使电流从电流表的"+"极流入，从"－"极流出。直流电压表应并联在待测电路中，并应使电压表的"+"极接高电位端，"－"极接低电位端。

② 电表的零点调节：使用电表之前，应先检查电表的指针是否指零，如不指零，应小心调节电表面板上的零点调节螺丝，使指针指零。

③ 电表的量程：实验时应根据被测电流或电压的大小，选择合适的量程。如果量程选得太大，则指针偏转太小，会使测量误差太大；量程选得太小，则过大的电流或电压会使电表损坏。在不知道测量值范围的情况下，应先试用最大量程，根据指针偏转的情况再改用合适的量程。

④ 视差问题：读数时应使视线垂直于电表的刻度盘，以免产生视差。级别较高的电表，在刻度线旁边装有平面反射镜。读数时，应使指针和它在平面镜中的象相重合。

（5）电表误差。

① 测量误差。

电表测量产生的误差主要有两类：

仪器误差：由于电表结构和制作上的不完善所引起，如轴承摩擦、分度不准、刻度尺刻划得不精密、游丝的变质等原因的影响，使得电表的指示值与其真实值有误差。

附加误差：这是由于外界因素的变动对仪表读数产生影响而造成的。外界因素指的是温度、电场、磁场等。

当电表在正常情况下（符合仪表说明书上所要求的工作条件）运用时，不会有附加误差，因而测量误差可只考虑仪器误差。

② 电表的测量误差与电表等级的关系。

各种电表根据仪器误差的大小共分为 7 个等级，即 0.1、0.2、0.5、1.0、1.5、2.5、5.0。根据仪表的级数可以确定电表的测量误差。例如，0.5 级的电表表明其相对额定误差为 0.5%。它们之间的关系可表示如下：

$$相对额定误差 = \frac{绝对误差}{表的量程}$$

$$\text{仪器误差} = \text{量程} \times \text{仪表等级}\%$$

例如：用量程为 15 V 的伏特表测量时，表上指针的示数为 7.28 V，若表的等级为 0.5 级，读数结果应如何表示？

$$\text{仪器误差}\Delta V_{仪} = \text{量程} \times \text{表的等级}\% = 15 \times 0.5\%$$
$$= 7.5\% = 0.08\ (V)\ (\text{误差取一位})$$
$$\text{相对误差}\ \frac{\Delta V}{V} = \frac{0.08}{7.28} = 1\%$$

由于用镜面读数较准确，可忽略读数误差，因此绝对误差只用仪器误差。读数结果为：$V = （7.28 \pm 0.08）V$。

③ 根据电表的绝对误差确定有效数字。

例如，用量程为 15 V，0.5 级的伏特表测量电压时，应读几位有效数字？

根据电表的等级数和所用量程可求出

$$\Delta V = 15 \times 0.5\% = 0.08（V）$$

故读数值时只需读到小数点后两位，以下位数的数值按数据的舍入规则处理。

（6）数字电表。

数字电表是一种新型的电测仪表，在测量原理、仪器结构和操作方法上都与指针式电表不同，数字电表具有准确度高、灵敏度高、测量速度快的优点。

数字电压表和电流表的主要规格是：量程、内阻和精确度。数字电压表内阻很高，一般在 M Ω 以上，要注意的是其内阻不能用统一的每伏欧姆数表示，说明书上会标明各量程的内阻。数字电流表具有内阻低的特点。

下面着重介绍数字电表的误差表示方法以及在测量时如何选用数字电表的量程。

数字电压表常用的误差表示方法是：

$$\Delta = \pm （A\%V_X + b\%V_m）$$

式中，Δ 为绝对误差值；V_X 为测量指示值；V_m 为满度值；A 为误差的相对项系数；b 为误差的固定项系数。

从上式可以看出，数字电压表的绝对误差分为两部分，式中第一项为可变误差部分，第二项为固定误差部分，与被测值无关。

由上式还可得到测量值的相对误差 r 为

$$r = \frac{\Delta}{V_X} = \pm \left(a\% + b\%\frac{V_m}{V_X} \right)$$

此式说明满量程时 r 最小，随着 V_X 的减小 r 逐渐增大，当 V_X 略大于 $0.1V_m$ 时，r 最大。当 $V_X \leq 0.1V_m$ 时，应该换下一个量程使用，这是因为数字电压表量程是十进位的。

例如，一个数字电压表在 $2.000\ 0V$ 量程时，若 $A = 0.02$，$b = 0.01$，其绝对误差为

$$\Delta = \pm （0.02\%V_X + 0.01\%V_m）$$

当 $V_X = 0.1V_m = 0.2000V$ 时相对误差为

$$r = \pm\left(0.02\% + 10 \times 0.01\%\right) = \pm 0.12\%$$

而满度时 r 值只有 $\pm 0.03\%$。所以，在使用数字电压表时，应选合适的量程，使其略大于被测量，以减小测量值的相对误差。

3. 电　阻

实验室常用的电阻除了有固定阻值的定值电阻以外，还有电阻值可变的电阻，主要有电阻箱和滑线变阻器。

（1）电阻箱。

电阻箱外形如图 2-5（b）所示，它的内部有一套用锰铜线绕成的标准电阻，按图 2-5（a）连接。旋转电阻箱上的旋钮，可以得到不同的电阻值。在图 2-5（b）中，每个旋钮的边缘都标有数字 0、1、2、…、9，各旋钮下方的面板上刻 ×0.1、×1、×10、…、×10 000 的字样，称为倍率。当每个旋钮上的数字旋到对准其所示倍率时，用倍率乘上旋钮上的数值并相加，即为实际使用的电阻值。

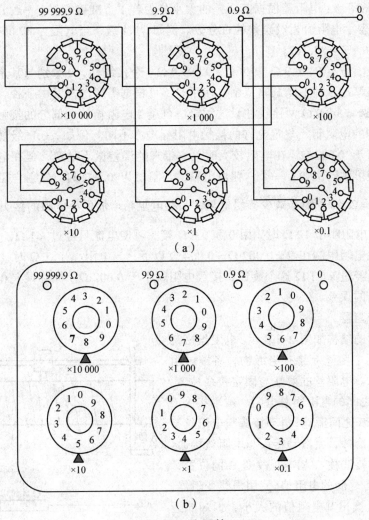

图 2-5　电阻箱

图 2-5 所示的电阻值为

$$R = 8 \times 10\,000 + 7 \times 1\,000 + 6 \times 100 + 5 \times 10 + 4 \times 1 + 3 \times 0.1 = 87\,654.3 \ (\Omega)$$

电阻箱的规格：

① 总电阻：即最大电阻，图 2-5 所示的电阻箱总电阻为 99 999.9 Ω。

② 额定功率：指电阻箱每个电阻的功率额定值，一般电阻箱的额定功率为 0.25 W，可以由它计算额定电流，例如，用 100 Ω 挡的电阻时，允许的电流 $I = \sqrt{\dfrac{W}{R}} = \sqrt{\dfrac{0.25}{100}} = 0.05$ A，各挡容许通过的电流值如表 2-1 所示。

表 2-1 各挡容许通过的电流值

旋钮倍率	×0.1	×1	×10	×100	×1 000	×10 000
容许负载电流/A	1.5	0.5	0.15	0.05	0.015	0.005

③ 电阻箱的等级：电阻箱根据其误差的大小分为若干个准确等级，一般分为 0.02、0.05、0.1、0.2 等，它表示电阻值相对误差的百分数。例如，0.1 级，当电阻为 87 654.3 Ω 时，其误差为 87 654.3 × 0.1% ≈ 87.7 Ω。

电阻箱面板上方有 0、0.9 Ω、9.9 Ω、9 999.9 Ω 4 个接线柱，0 分别与其余 3 个接线柱构成所使用的电阻箱的 3 种不同调整范围。使用时，可根据需要选择其中一种，如使用电阻小于 10 Ω 时，可选 0—9.9 Ω 两接线柱，这种接法可避免电阻箱其余部分的接触电阻对使用的影响，不同级别的电阻箱，规定允许的接触电阻标准亦不同。例如，0.1 级规定每个旋钮的接触电阻不得大于 0.002 Ω，在电阻较大时，它带来的误差微不足道，但在电阻值较小时，这部分误差却很可观。例如，一个六钮电阻箱，当阻值为 0.5 Ω 时，接触电阻所带来的相对误差 $\dfrac{6 \times 0.002}{0.5} = 2.4\%$，为了减少接触电阻，一些电阻箱增加了小电阻的接头。如图 2-5 所示的电阻箱，当电阻小于 10 Ω 时，用 0 和 9.9 Ω 接头可使电流只经过 ×1 Ω、×0.1 Ω 这两个旋钮，即把接触电阻限制在 2 × 0.002 Ω = 0.004 Ω 以下；当电阻小于 1 Ω 时，用 0 和 0.9 Ω 接头可使电流只经过 ×0.1 Ω 这个旋钮，接触电阻就小于 0.002 Ω。标称误差和接触电阻误差之和就是电阻箱的误差。

（2）滑线变阻器。

滑线变阻器的结构如图 2-6 所示，电阻丝密绕在绝缘瓷管上，电阻丝上涂有绝缘物，各圈电阻丝之间相互绝缘。电阻丝的两端与固定接线柱 A，B 相联，A，B 之间的电阻为总电阻。滑动接头 C 可以在电阻丝 AB 之间滑动，滑动接头与电阻丝接触处的绝缘物被磨掉，使滑动接头与电阻丝接通。C 通过金属棒与接线柱 C′ 相连，改变 C 的位置，就改变 AC 或 BC 之间的电阻值。使用滑线变阻器，虽然不能准确地读出其电阻值的大小，但却能近似连续地改变电阻值。

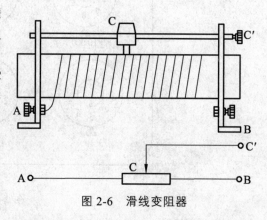

图 2-6　滑线变阻器

滑动变阻器的规格：

① 全电阻：AB 间的全部电阻值。

② 额定电流：滑线变阻器允许通过的最大电流。

滑线变阻器的用法：

① 限流电路。如图 2-7 所示，A，B 两接线柱使用一个，另一个空着不用。当滑动 C 时；AC 间电阻改变，从而改变了回路总电阻，也就改变了回路的电流（在电源电压不变的情况下）。因此，滑线变阻器起到了限制（调节）线路电流的作用。

为了保证线路安全，在接通电源前，必须将 C 滑至 B 端，使 R_{AC} 有最大值，回路电流最小。然后逐步减小 R_{AC} 值，使电流增至所需要的数值。

② 分压电路。如图示 2-8 所示，滑线变阻器两端 A、B 分别与开关 K 两接线柱相连，滑动头 C 和一固定端 A 与用电部分连接。接通电源后，AB 两端电压 V_{AB} 等于电源电压 E。输出电压 V_{AC} 是 V_{AB} 的一部分，随着滑动端 C 位置的改变，V_{AC} 也在改变。当 C 滑至 A 时，输出电压 $V_{AC} = 0$；当 C 端滑至 B 时，$V_{AC} = V_{AB}$，输出电压最大。所以分压电路中输出电压可以调节在从零到电源电压之间的任意数值上，为了保证安全，接通电源前，一般应使输出电压 V_{AC} 为零，然后逐步增大 V_{AC}，直至满足线路的需要。

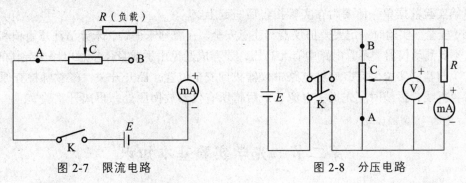

图 2-7　限流电路　　　　　　　　图 2-8　分压电路

4. 开　关

开关通常以它的刀数（即接通或断开电路的金属杆数目）及每把刀的掷数（每把刀可以形成的通路数）来区分开关。经常使用的有单刀单掷开关、单刀双掷开关、双刀双掷及换向开关等。开关的符号如图 2-9 所示。

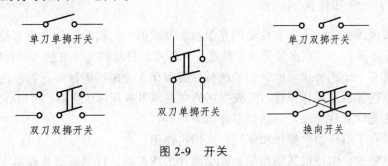

图 2-9　开关

三、电磁学实验操作规程

（1）准备。做实验前要认真预习，做到心中有数，并准备好数据表。实验时，先要把本组实验仪器的规格弄清楚，然后根据电路图要求摆好仪器位置（基本按电路图排列次序，但也要考虑到读数和操作方便）。

（2）连线。要在理解电路的基础上连线。例如，先找出主回路，由最靠近电源开关的一端开始连线（开关都要断开），连完主回路再连支路。一般在电源正极、高电位处用红色或浅色导线连接，电源负极、低电位处用黑色或深色导线连接。

（3）检查。接好电路后，先复查电路连接是否正确，再检查其他要求是否都做妥。例如，开关是否打开，电表和电源正负极是否接错，量程是否正确，电阻箱数值是否正确，变阻器的滑动端（或电阻箱各挡旋钮）位置是否正确等，直到一切都做好，再请教师检查。经同意后，再接上电源。

（4）通电。在闭合开关通电时，要首先想好通电瞬间各仪表的正常反应是怎样的（如电表指针是指零不动或是应摆动什么位置等），闭合开关时要密切注意仪表反应是否正常，并随时准备不正常时断开开关。实验过程中需要暂停时，应断开开关，若需要更换电路，应将电路中各个仪器拨到安全位置然后断开开关，拆去电源，再改换电路，经教师重新检查后，才可接电源继续做实验。

（5）实验。细心操作，认真观察，及时记录原始实验数据，原始数据须经教师过目并签字。原始实验数据单一律要附在实验报告后一起上交。

（6）安全。实验时一定要爱护仪器和注意安全。在教师未讲解，未弄清注意事项和操作方法之前不要乱动仪器。不管电路中有无高压，要养成避免用手或身体接触电路中导体的习惯。

（7）归整。实验做完，应将电路中仪器拨到安全位置，断开开关，经教师检查原始实验数据后再拆线，拆线时应先拆去电源，最后将所有仪器放回原处，再离开实验室。

第二节　光学实验基本知识

光学实验是普通物理实验的一个重要部分，这里先介绍光学实验中经常用到的知识和调节技术。初学者在做光学实验以前，应认真阅读这些内容，并且在实验中遵守有关规则，灵活运用有关知识。

一、光学元件和仪器的维护

透镜、棱镜等光学元件大多数是用光学玻璃制成的，它们的光学表面都经过仔细的研磨和抛光，有些还镀有一层或多层薄膜。对这些元件或其材料的光学性能（如折射率、反射率、透射率等）都有一定的要求，而它们的机械性能和化学性能可能很差，若使用和维护不当，则会降低光学性能甚至损坏报废。造成损坏的常见原因有摔坏、磨损、污损、发霉、腐蚀等。为了安全使用光学元件和仪器，必须遵守以下规则：

（1）必须在了解仪器的操作和使用方法后再使用。

（2）轻拿轻放，勿使仪器或光学元件受到冲击或振动，特别要防止摔落。不使用的光学元件应随时装入专用盒内并放在桌面的里侧。

（3）切忌用手触摸元件的光学表面。如必须用手拿光学元件时，只能接触其磨砂面，如透镜的边缘、棱镜的上下底面等，如图 2-10 所示。

图 2-10 手持光学元件的方式

（4）光学表面上如有灰尘，可用实验室专用的干燥脱脂棉轻轻拭去或用橡皮球吹掉。

（5）光学表面上若有轻微的污痕或指印，可用清洁的镜头纸轻轻拂去，但不要加压擦拭，更不准用手帕、普通纸片、衣角袖口等擦拭。若表面有严重的污痕或指印，应由实验室人员用丙酮或酒精清洗。所有镀膜均不能触碰或擦拭。

（6）不要对着光学元件说话、打喷嚏等，以防止唾液或其他溶液溅落在光学表面上。

（7）调整光学仪器时，要耐心细致，一边观察一边调整，动作要轻、慢，严禁盲目及粗鲁操作。

（8）仪器用完应放回盒内或加防尘罩，以免玷污。

二、消视差

光学实验中经常要测量像的位置和大小。经验告诉我们，要测准物体的大小，必须将量度标尺与被测物体紧贴在一起。如果标尺远离被测物体，读数将随眼睛的位置不同而有所改变，难以测准，如图 2-11 所示。可是在光学实验中被测物往往是一个看得见摸不着的像，怎样才能确定标尺和待测像是紧贴在一起的呢？利用"视差"现象可以帮助我们解决这个问题。为了认识"视差"读者可做一简单实验：双手各伸出一个手指，并使一指在前一指在后相隔一定距离，且两指互相平行。用一只眼睛观察，当左右（或上下）晃动眼睛时（眼睛移动方向应与被观察手指垂直），就会发现两指间有相对移动，这种现象

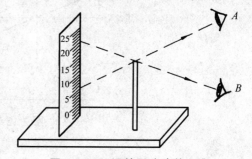

图 2-11 因视差影响读数不准

称为"视差"。而且还会看到，离眼近者，其移动方向与眼睛移动方向相反；离眼睛远者则与眼睛移动方向相同。若将两指紧贴在一起，则无上述现象，即无"视差"。由此可以利用视差现象来判断待测像或标尺位置是否贴紧。若待测像和标尺间有视差，说明它们没有紧贴在一起，则应稍稍调节像或标尺，并同时微微晃动眼睛观察，直到它们之间无视差后方可进行测量。这一调节步骤，我们常称之为"消视差"。在光学实验中，"消视差"常常是测量前必不可少的操作步骤。

三、共轴调节

光学实验中经常要用到一个或多个透镜成像。为了获得质量好的像，必须使各个透镜的

主光轴重合（即共轴），并使物体位于透镜的主光轴附近。此外透镜成像公式中的物距、像距等都是沿主光轴计算长度的，为了测量准确，必须使透镜的主光轴与带有刻度的导轨平行。为了达到上述要求的调节我们统称为共轴调节。调节方法如下：

（1）粗调。将光源、物和透镜靠拢，调节它们的取向和高低左右位置，凭眼睛观察，使它们的中心处在一条和导轨平行的直线上，使透镜的主光轴与导轨平行，并且使物（或物屏）和成像平面（或像屏）与导轨垂直。这一步因单凭眼睛判断，调节效果与实验者的经验有关，故称为粗调。通常应再进行细调（要求不高时可只进行粗调）。

（2）细调。这一步骤要靠其他仪器或成像规律来判断和调节，不同的装置可能有不同的具体调节方法。下面介绍物与单个凸透镜共轴的调节方法。

使物与单个凸透镜共轴实际上是指将物上的某一点调到透镜的主光轴上。要解决这一问题，首先要知道如何判断物上的点是否在透镜的主光轴上，根据凸透镜成像规律即可判断。如图 2-12 所示，当物 AB 与像屏之间的距离 b 大于 $4f$（f 为凸透镜的焦距）时，将凸透镜沿光轴移到 O_1 或 O_2 位置都能在屏上成像，一次成大像 A_1B_1，一次成小像 A_2B_2。物点 A 位于光轴上，则两次像的 A_1 和 A_2 点都在光轴上而且重合。物点 B 不在光轴上，则两次像的 B_1 和 B_2 点一定都不在光轴上，而且不重合。但是，小像的 B_2 点总是比大像的 B_1 点更接近光轴。据此可知，若要将 B 点调到凸透镜光轴上，只需记住像屏上小像的 B_2 点位置（屏上贴有坐标纸供记录位置时作参照物），调节透镜（或物）的高低左右，使 B_1 向 B_2 靠拢。这样反复调节几次，直到 B_1 与 B_2 重合，即说明 B 点已调到透镜的主光轴上了。

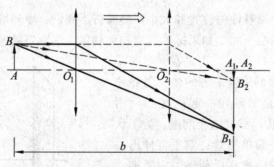

图 2-12　共轴调节光路图

实验部分

实验 1　基本测量

【实验目的】

（1）掌握游标卡尺及螺旋测微器的原理，学会正确使用游标卡尺、螺旋测微器、物理天平及读数显微镜。

（2）掌握等精度测量中不确定度的估算方法和有效数字的基本运算。

【实验仪器】

游标卡尺、螺旋测微器、物理天平、读数显微镜和待测量的小工件。

【实验原理】

1. 游标卡尺

（1）原理。

游标刻度尺上一共有 m 个分格，而 m 个分格的总长度和主刻度尺上的（$m-1$）个分格的总长度相等。设主刻度尺上每个等分格的长度为 y，游标刻度尺上每个等分格的长度为 x，则有

$$mx = (m-1)y \qquad (1\text{-}1)$$

主刻度尺与游标刻度尺每个分格之差 $y-x = y/m$ 为游标卡尺的最小读数值，即最小刻度的分度数值。主刻度尺的最小分度是毫米，若 $m = 10$，即游标刻度尺上 10 个等分格的总长度和主刻度尺上的 9 mm 相等，每个游标分度是 0.9 mm，主刻度尺与游标刻度尺每个分度之差 $\Delta x = 1 - 0.9 = 0.1$（mm），称作 10 分度游标卡尺；如 $m = 20$，则游标卡尺的最小分度为 1/20 mm = 0.05 mm，称为 20 分度游标卡尺；还有常用的 50 分度的游标卡尺，其分度数值为 1/50 mm = 0.02 mm。

（2）读数。

游标卡尺的读数表示的是主刻度尺的 0 线与游标刻度尺的 0 线之间的距离。读数可分为两部分：首先，从游标刻度上 0 线的位置读出整数部分（毫米位）；其次，根据游标刻度尺上与主刻度尺对齐的刻度线读出不足毫米分格的小数部分。二者相加就是测量值。以 10 分度的游标卡尺为例，如图 1-1 所示读数，毫米以上的整数部分直接从主刻度尺上读出为 21 mm。读毫米以下的小数部分时应细心寻找游标刻度尺上哪一根刻度线与主刻度尺上的刻度线对得最整齐，对得最整齐的那根刻度线表示的数值就是我们要找的小数部分。若图中是第 6 根刻度线和主刻度尺上的刻度线对得最整齐，应该读作 0.6 mm。所测工件的读数值为 21 + 0.6 = 21.6（mm）。如果是第 4 根刻度线和主刻度尺上的刻

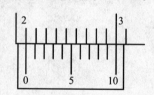

图 1-1　游标卡尺的读数

度线对得最整齐，那么读数就是 21.4 mm。20 分度的游标卡尺和 50 分度的游标卡尺的读数方法与 10 分度游标卡尺相同，读数也是由两部分组成。

（3）注意事项。

① 游标卡尺使用前，应该先将游标卡尺的卡口合拢，检查游标尺的 0 线和主刻度尺的 0 线是否对齐。若对不齐说明卡口有零误差，应记下零点读数 l_0，即测量值 $l =$ 未做零点修正的读数值 $l_1 -$ 零点读数 l_0，其中 l_0 可正可负。

② 推动游标刻度尺时，不要用力过猛，卡住被测物体时松紧应适当，更不能卡住物体后再移动物体，以防卡口受损。

③ 用完后两卡口要留有间隙，然后将游标卡尺放入包装盒内，不能随便放在桌上，更不能放在潮湿的地方。

2. 螺旋测微器

（1）原理。

螺旋测微器内部螺旋的螺距为 0.5 mm，因此，副刻度尺（微分筒）每旋转一周，螺旋测微器内部的测微螺丝杆和副刻度尺同时前进或后退 0.5 mm，而螺旋测微器内部的测微螺丝杆套筒每旋转一格，测微螺丝杆沿着轴线方向前进 0.01 mm，0.01 mm 即为螺旋测微器的最小分度数值。在读数时可估计到最小分度的 1/10，即 0.001 mm，故螺旋测微器又称为千分尺。

（2）读数。

读数可分两步：首先，观察固定标尺读数准线（即微分筒前沿）所在的位置，可以从固定标尺上读出整数部分，每格 0.5 mm，即可读到半毫米；其次，以固定标尺的刻度线为读数准线，读出 0.5 mm 以下的数值，估计读数到最小分度的 1/10，然后两者相加。

如图 1-2 所示，整数部分是 5.5 mm（因固定标尺的读数准线已超过了 1/2 刻度线，所以是 5.5 mm，副刻度尺上的圆周刻度是 20 的刻线正好与读数准线对齐，即 0.200 mm。所以，其读数值为 5.5 + 0.200 = 5.700（mm）。如图 1-3 所示，整数部分（主尺部分）是 5 mm，而圆周刻度是 20.9，即 0.209 mm，其读数值为 5 + 0.209 = 5.209（mm）。使用螺旋测微器之前要注意零点误差，即当两个测量界面密合时，看一下副刻度尺的 0 线和主刻度尺的横线是否对齐。如果不能对齐，就应该记下零点误差，使用时要分清是正误差还是负误差。如图 1-4 和图 1-5 所示，如果零点误差用 δ_0 表示，测量待测物的读数是 d。此时，待测量物体的实际长度为 $d' = d - \delta_0$，δ_0 可正可负。

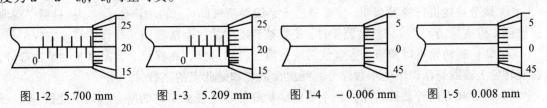

图 1-2　5.700 mm　　　图 1-3　5.209 mm　　　图 1-4　－ 0.006 mm　　　图 1-5　0.008 mm

在图 1-4 中，$\delta_0 = - 0.006$ mm，$d' = d - (- 0.006) = d + 0.006$（mm）。

在图 1-5 中，$\delta_0 = + 0.008$ mm，$d' = d - \delta_0 = d - 0.008$（mm）。

（3）注意事项。

① 检查零点。在用螺旋测微器测量前，先缓慢旋转棘轮，直到听到"咔咔"响声，表明测微螺杆和测砧直接接触，此时，微分筒上的零线应与螺母套管的中心线正好对齐。如果不

能对齐，就应记下零点读数，显然，测量值＝读数值－零点读数。

② 测量物体的长度时，将待测物放在测砧和测微螺杆之间后，不得直接旋转微分筒，而应慢慢旋转棘轮，以免测量压力过大而使测微螺杆的螺纹发生形变。

③ 测量完毕后，两测量面间应留有不小于 0.5 mm 的间隙，以免受热膨胀时使测微螺杆的精密螺纹受损。

3. 物理天平

（1）使用方法。

① 调水平。使用前应调节底座调节螺母，使水平仪指示水平。

② 调零点。将横梁上副刀口调整好并将游码移至零点处，转动启动旋钮升起横梁，观察指针摆动情况。若指针在标尺中线左右对称摆动，说明天平零点已调好。若不对称应立即放下横梁，调节横梁两端的平衡螺母，再观察，直至调好为止。

③ 称衡。一般将被测物体放在左盘，砝码放在右盘。升起横梁观察平衡，若不平衡按操作程序反复增减砝码直至平衡为止。平衡时，砝码与游码读数之和即为物体的质量。

（2）注意事项。

① 应保持天平的干燥、清洁，尽可能放置在固定的实验台上，不宜经常搬动。

② 称衡中，启动旋钮要轻升、轻放，切勿突然升起和放下，以免刀口撞击，被测物体和砝码应尽量放在托盘中央。

③ 被称物体的质量不能超过天平的称量。

④ 调节平衡螺母、加减砝码、更换被测物、移动游码时，必须将横梁放下进行。

⑤ 加减砝码、移动游码必须用砝码镊子，严禁用手直接操作。天平使用完毕，将横梁放下，把砝码放入砝码盒。

4. 读数显微镜

（1）原理。

测微螺旋螺距为 1 mm（即标尺分度），在显微镜的旋转轮上刻有 100 个等分格，每格为 0.01 mm，当旋转轮转动一周时，显微镜沿标尺移动 1 mm，当旋转轮旋转过一个等分格，显微镜就沿标尺移动 0.01 mm。0.01 mm 即为读数显微镜的最小分度。

（2）测量与读数。

① 调节目镜进行视场调整，使显微镜十字线最清晰即可；转动调焦手轮，从目镜中观测使被测工件成像清晰；可调整被测工件，使其被测工件的一个横截面和显微镜移动方向平行；

② 转动旋转轮可以调节十字竖线对准被测工件的起点，在标尺上读取毫米的整数部分，在旋转轮上读取毫米以下的小数部分，两次读数之和是此点的读数 A；

③ 沿着同方向转动旋转轮，使十字竖线恰好停止于被测工件的终点，记下此值 A'，所测量工件的长度 $L = |A' - A|$。

（3）注意事项。

① 在松开每个锁紧螺丝时，必须用手托住相应部分，以免其坠落和受冲击。

② 注意防止回程误差，由于螺丝和螺母不可能完全密合，螺旋转动方向改变时它的接触状态也改变，两次读数将不同，由此产生的误差叫作回程误差。为防止此误差，测量时应向

同一方向转动，使十字线和目标对准，若移动十字线超过了目标，就要多退回一些，重新再向同一方向转动。

【实验内容】

（1）测量一个圆柱体的体积。

① 用螺旋测微器测圆柱体外径，在不同部位测量。

② 用游标卡尺测圆柱体的高度，在不同部位测量。

（2）调整、学习使用物理天平，称出圆柱体的质量。

（3）用读数显微镜测量钢丝的直径。

【数据处理】

（1）自拟表格记录圆柱体的直径 D、高度 h，并计算圆柱体的体积 V。利用直接测量和间接测量的不确定度公式计算不确定度，并将直径、高度和体积用测量结果的标准式表示出来。

（2）自拟表格记录圆柱体的质量 m，计算不确定度，并将质量 m 用测量结果的标准式表示出来。

（3）测量钢丝的直径，计算不确定度，并将结果用标准式表示出来。

【思考题】

（1）何谓仪器的分度数值？米尺、20 分度游标卡尺和螺旋测微器的分度数值各为多少？如果用它们测量一个约 7 cm 长度的物体，问每个待测量能读得几位有效数字？

（2）游标刻度尺上 30 个分格与主刻度尺 29 个分格等长，问这种游标尺的分度数值为多少？

（3）用物理天平称衡物体时能不能把物体放在右盘而把砝码放在左盘？天平启动时能不能加减砝码？能不能用手拿取砝码？

（杨小云）

实验 2　气垫导轨上测速度、加速度

【仪器描述】

1. 气　轨

气轨是一种力学实验装置，利用从导轨表面的小孔喷出的压缩空气，使气轨表面与气轨上的滑块之间形成了一层很薄的"气垫"。这样，滑块在导轨表面运动时，就不存在接触摩擦力，只有小的多得空气黏滞力和运动时周围空气的阻力，几乎可以看成是无摩擦运动。使用气轨可以大大减少力学实验中难于克服的摩擦力的影响，使实验效果大大改善。目前，气垫技术在很多部门得到广泛应用，是一种有着广泛发展前途的新技术。

2. 气轨的组成

气轨主要由导轨、滑块及光电转换装置组成。其结构如图 2-1 所示。

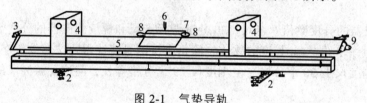

图 2-1　气垫导轨

1—工字钢底座；2—底脚螺丝；3—滑轮；4—光电门；5—导轨；
6—挡光板；7—滑块；8—缓冲弹簧；9—进气嘴

（1）导轨。

导轨是用三角形铝合金材料制成。可以调整其平直度，常用螺丝将它固定在工字钢上，导轨长 1.50～2.20 m，两侧面非常平整，并且均匀分布着许多很小的气孔。导轨一端封闭，上面装有定滑轮，另一端有进气嘴，通过皮管与气源相连。当压缩空气进入导轨后，从小气孔喷出，在导轨和滑块之间形成空气层，导轨和滑块两端都装有缓冲弹簧，使滑块可以往返运动。工字钢底部装有 3 个底脚螺丝，用来调节导轨水平，或将垫块放在导轨底脚螺丝下，以得到不同的斜度。

（2）滑块。

滑块是在导轨上运动的物体，一般用角铝制成，内表面经过细磨，能与导轨的两侧面很好的吻合。当导轨中的压缩空气由小孔喷出时，垂直喷射到滑块表面，它们之间形成空气薄层，使滑块浮在导轨上（见图 2-2）。根据实验要求，滑块上可以安装挡光板、重物或砝码。滑块两端除可装缓冲弹簧外，也可装尼龙搭扣及轻弹簧。

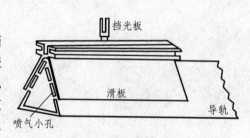

图 2-2　滑块装置

（3）光电转换装置。

光电转换装置又称光电门，由聚光灯泡和光敏管组成（见图 2-3）。聚光灯泡的电源由数字毫秒计供给，光电转换装置只要接通毫秒计电源开关，聚光灯泡即可点亮，发出的光束正好照在光敏管上，光敏管与数字毫秒计的控制电路连接。当光照被罩住时，光敏管电阻发生变化，从而产生一个电信号，触发毫秒计开始计时；当光照恢复或光照又一次被遮住（视数字毫秒计的工作状态而定），又产生一个电信号，使毫秒计停止计时。毫秒计显示出一次遮光或两次遮光之间的时间间隔。

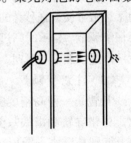

图 2-3　光电转换装置

3. 气垫导轨的调节和使用

（1）滑块运动速度和加速度测定。

将数字毫秒计的工作状态选择在"光控""B"（或"2"）挡，在导轨滑块上装一 U 形挡光板（见图 2-4）。挡光板随滑块自右向左运动时，挡光板的第一条边 $\overline{11'}$，首先进入垂直于滑块运动方向安置的光电门，射向光敏管的光束被遮住，触发信号使数字毫秒计开始计时。当挡光板的第三条边 $\overline{33'}$ 经过光电门时，光束又一次被遮住，触发信号使数字毫秒计停止计时。毫秒计显示的时间 Δt，即为挡光板经过距离 ΔL 的时间，若 ΔL 足够小，$\Delta L / \Delta t$ 即为滑块经过光电门的瞬时速度。若滑块自左向右运动，毫秒计上显示的时间 $\Delta t'$，是挡光板第四条边 $\overline{44'}$ 至第二条边 $\overline{22'}$ 间距离 $\Delta L'$ 所用的时间，一般 $\Delta L = \Delta L'$。

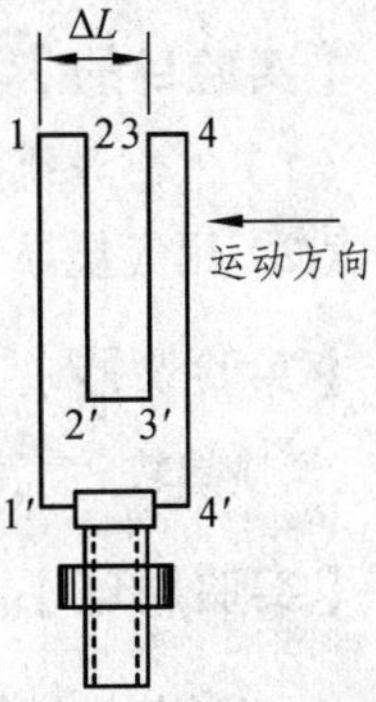

若将数字毫秒计的工作状态选择在"光控""A"（或"1"）挡，滑块上装一平面挡光板（见图 2-5）。挡光板随滑块一起运动，挡光板前缘（$\overline{11'}$）进入光电门时，由于射向光敏管的光束被遮住，触发信号使毫秒计开始计时；当挡光板后缘（$\overline{22'}$）离开光电门时，射向光敏管的光束又照在光敏管上，由此发出的触发信号，使毫秒计停止计时。设挡光板宽度为 ΔL、挡光板经过光电门的时间为 Δt，$\dfrac{\Delta L}{\Delta t}$ 即是滑块经过光电门的速度。

以上测量滑块运动速度方法，可根据需要选用。

若滑块在导轨上作匀加速运动，分别测出滑块通过相距为 S 的 2 个光电门的速度，则滑块运动的加速度为

$$a = \frac{v_2^2 - v_1^2}{2S} = \frac{(\Delta L / \Delta t_2)^2 - (\Delta L / \Delta t_1)^2}{2S}$$

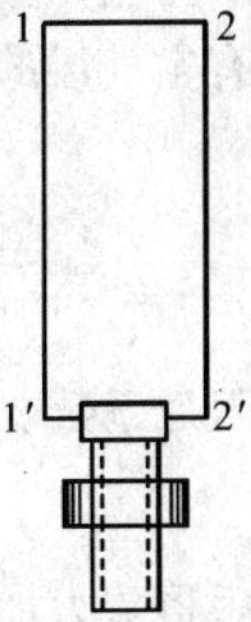

式中，Δt_1 和 Δt_2 分别为挡光板先后经过两个光电门的时间。

（2）气垫导轨的水平调节。

把两个相同的光电门放在导轨的不同位置，并按要求与数字毫秒计连接。接通毫秒计电源，聚光灯泡发出的光束正好照在光敏管狭缝上，接通气源，使装有挡光板的滑块可以在导轨上自由运动。调节导轨上的单脚螺丝，使滑块在导轨上小范围内缓慢地来回运动（不是总朝一个方向），这时导轨基本调平。轻轻推动滑块，使之获得一定的速度，滑块从一端向另一端运动时，顺次通

图 2-4　U 形挡光板

图 2-5　平面挡光板

过两个光电门（返回时顺序相反），从毫秒计上先后读出滑块经过两个光电门的时间 Δt_1 和 Δt_2，仔细调节导轨上的单脚螺丝，使 Δt_1 和 Δt_2 相差小于 1%，便可认为滑块速度相等，导轨已经调平。为了读数方便，毫秒计的复位方式开关应拨在"自动"一边，控制显示时间长短的"延时"旋钮要仔细调节。显示时间过长，会出现前后两时间的累积数；显示时间过短，会来不及读完显示的数字。适当调节"延时"旋钮，使显示时间既不会二次叠加，也不会来不及读数。

（3）注意事项。

气轨是一种高精度实验装置，导轨表面和滑块内表面有较高的光洁度，且配合良好。因此，各组导轨和滑块只能配套使用，不得与其他组调换，实验中要严防敲碰、划伤导轨和滑块（特别是滑块不能掉在地上）；不得在未通气时就将滑块在导轨上滑动，以免擦伤表面；使用完毕，先将滑块取下再关气源；导轨和滑块表面有污物或灰尘时，可用棉纱沾酒精擦拭干净；导轨表面气孔很小，易被堵塞，影响滑块运动，通入压缩空气后要仔细检查，发现气孔堵塞，可用小于气孔直径的细钢丝轻轻捅通；实验完毕，应将轨面擦净，用防尘罩盖好。

【实验目的】

（1）气垫导轨的结构，熟悉气垫导轨的使用方法。

（2）用气垫导轨测速度加速度。

【实验仪器】

气垫导轨、气源、滑块、垫片、电脑计数器、天平。

【实验原理】

1. 倾斜轨上的加速度 a 与重力加速度 g 之间的关系

设导轨倾斜角为 θ，滑块的质量为 m，则

$$ma = mg \sin \theta \qquad (2\text{-}1)$$

式（2-1）是在滑块运动时不存在阻力才成立。实际上滑块在气轨上运动虽然没有接触摩擦，但是有空气层的内摩擦，在速度比较小的情况下，其阻力 F_f 与平均速度成正比，即

$$F_f = b\overline{v} \qquad (2\text{-}2)$$

式中，$\overline{v} = \dfrac{s}{t}$；$s$ 为两光电门之间的距离；t 为滑块通过两光电门相应的时间；比例系数 b 为黏性阻尼系数。考虑此阻力后，（2-1）式为

$$ma = mg \sin \theta - bs/t$$

整理后得重力加速度

$$g = \left(a + \frac{bs}{mt} \right) / \sin \theta \qquad (2\text{-}3)$$

此实验将依据式（2-3）求重力加速度。

2. 导轨的调平

调平导轨是将平直的导轨调成水平线上，但是在实验室中的导轨都存在一定的弯曲，因

此调平是指将光电门 A、B 所在两点，调到同一水平线上。

假设导轨上 A、B 所在两点已在同一水平线上，则在 A、B 间运动的滑块因导轨弯曲对它们运动的影响可抵消，但是滑块与导轨间还存在少许阻力，所以以速度 v_A（时间 t_A）通过 A 门的滑块，通过 B 门时的速度 v_B 将小于 v_A（时间 t_B），阻力为 $F_{阻} = b\dfrac{v_A + v_B}{2}$，阻尼加速度 $a_{阻} = \dfrac{v_A^2 - v_B^2}{2s}$，由 $F_{阻} = ma_{阻}$，有 $b\dfrac{v_A + v_B}{2} = m\dfrac{v_A^2 - v_B^2}{2s}$。由于阻力产生的速度损失

$$\Delta v = v_A - v_B = \frac{bs}{m} \tag{2-4}$$

式中，b 为黏性阻尼系数；s 为光电门 A，B 的距离；m 为滑块的质量。则有检查滑块调平的要求：

（1）滑块从 A 向 B 运动时，$v_A > v_B$；相反运动时，$v_B > v_A$。由于挡光片的宽度（挡光片第一前沿到第二前沿的距离）d 相同，所以 A→B 时，$t_A < t_B$；相反时，$t_B < t_A$。（速度取正值，$v_A = d/t_A$，$v_B = d/t_B$）

（2）由 A 向 B 运动时的速度损失 Δv_{AB} 要和相反运动时的速度损失 Δv_{BA} 尽量接近。

3. 黏性阻尼系数 b

当气轨已调平，滑块以 v_A，v_B 通过光电门 A，B，再反向通过光电门 B，A。Δv_{AB} 与 Δv_{BA} 很接近，取 $\Delta v = \dfrac{|\Delta v_{AB}| + |\Delta v_{BA}|}{2}$，则由式（2-4）有

$$b = \frac{m}{s}\frac{|\Delta v_{AB}| + |\Delta v_{BA}|}{2} \tag{2-5}$$

4. 加速度 a 的测量

由 $v_A = \dfrac{d}{t_A}$，$v_B = \dfrac{d}{t_B}$，$v_B^2 - v_A^2 = 2as$，得 $a = \dfrac{d^2}{2s}\left(\dfrac{1}{t_B^2} - \dfrac{1}{t_A^2}\right)$，但此式存在用平均速度 $\dfrac{d}{t}$ 代替瞬时速度而产生的系统误差。

为减少这一误差，将 $\dfrac{d}{t_A}$ 看成滑块在 $\left(t_0 + \dfrac{t_A}{2}\right)$ 时刻的瞬时速度，将 $\dfrac{d}{t_B}$ 看成滑块在 $\left(t_0 + t_{AB} + \dfrac{t_B}{2}\right)$ 时刻的瞬时速度，式中 t_0 为滑块挡光片第一前沿通过光电门 A 的时刻。则由加速度的定义有

$$a = \frac{d}{t_{AB} + \dfrac{t_B}{2} - \dfrac{t_A}{2}}\left(\frac{1}{t_B} - \frac{1}{t_A}\right) \tag{2-6}$$

式（2-6）降低了用平均速度代替瞬时速度带来的系统误差。

5. 系统误差的一种修正

在调平中要求速度损失 Δv_{AB} 与 Δv_{BA} 尽量接近，为了节省实验时间，我们考虑两个速度损

失有一定差异时的修正。此时假定导轨有一个很小的倾角 θ_0，于是：

$$ma_1 = mg\sin\theta_0 - bs/t_1$$
$$ma_2 = -mg\sin\theta_0 - bs/t_2$$

式中，a_1，a_2 分别为同一滑块由 A 到 B 和由 B 到 A 的加速度，而 t_1，t_2 则分别为相应的时间。于是由此方程组中可解得：

$$b = -m(a_1 + a_2)t_1 t_2 / s(t_1 + t_2)$$
$$\sin\theta_0 = (a_1 t_1 - a_2 t_2)/g(t_1 + t_2)$$

$$u(b) = b\sqrt{\left(\frac{u(m)}{m}\right)^2 + \left(\frac{u(s)}{s}\right)^2 + \left(\frac{u(a)}{a_1 + a_2}\right)^2 + \frac{u(t)^2}{(t_1 + t_2)^2}\left(\frac{t_1^2}{t_2^2} + \frac{t_2^2}{t_1^2}\right)}$$

根据上式可求出 b，并与由式（2-5）得到的结果进行比较。

【实验内容及步骤】

1. 调平气轨，算出 b 值

把智能计时器的功能键置于 S1，调整导轨架下的底脚螺钉，使导轨处于水平，当导轨调平时，满足：

（1）滑块从 A 向 B 运动时，$t_A < t_B$；从 B 向 A 运动时，$t_B < t_A$。

（2）由 A 向 B 运动时的加速度与由 B 向 A 运动时的加速度尽量接近。

将测得的结果填入表 2-1 中。

表 2-1　实验数据记录表 1

	t_A（t_B）/ms	t_B（t_A）/ms	v_A/（cm/s）	v_B/（cm/s）	a/（cm/s^2）
从 A 到 B					
从 B 到 A					

2. 测滑块在倾斜导轨上的加速度 a 和当地的重力加速度 g

将导轨的一端垫高 h（用游标卡尺测出），测出前后支点间的距离 L，计算出导轨倾角的正弦 $\sin\theta$，计时器调在加速度 α 挡，记录滑块由 A 至 B 的时间。

改变 h，重复测量共 5 次，将测得的结果填入表 2-2 中。

表 2-2　实验数据记录表 2

测量次数 n	1	2	3	4	5
h/cm	0.50	1.00	1.50	2.00	2.50
$\sin\theta = \dfrac{h}{L}$					
t_A/ms					
t_B/ms					
$v_A\left(=\dfrac{d}{t_A}\right)$/（m/s）					
$v_B\left(=\dfrac{d}{t_B}\right)$/（m/s）					

先求黏性阻尼系数 b；由 $a = \dfrac{d^2}{2s}\left(\dfrac{1}{t_B^2} - \dfrac{1}{t_A^2}\right)$ 求得 a；最后求出 g，算出相对误差。

【实验数据及处理】

（1）挡光片宽度 $d =$ _____ cm；

滑块质量 $m =$ _____ g；

A 门位置：$s_1 =$ _____ m；

B 门位置：$s_2 =$ _____ m；

光电门 A、B 间的距离 $s = |s_1 - s_2| =$ _____ m。

计算黏性阻尼系数 $b = \dfrac{m}{s}\dfrac{|\Delta v_{AB}| + |\Delta v_{BA}|}{2} =$ _____。

（2）支点间的距离 $L =$ _____ m。

【思考题】

根据测量记录和计算结果，评论此实验有何问题？

实验 3　牛顿第二定律的验证

【实验目的】

（1）熟悉气垫导轨的构造，掌握正确的使用方法。

（2）熟悉光电计时系统的工作原理，学会用光电计时系统测量短暂时间的方法。

（3）学会测量物体的速度和加速度。

（4）验证牛顿第二定律。

【实验仪器】

气垫导轨、气源、通用电脑计数器、游标卡尺、物理天平。

【实验原理】

牛顿第二定律指出，对于一定质量 m 的物体，其所受的合外力 F 和物体所获得的加速度 a 之间存在如下关系：

$$F = ma \tag{3-1}$$

为了研究问题的方便，实验分两步：当保持物体的质量 m 不变时，研究加速度 a 与合外力 F 之间关系；当保持物体所受的合外力 F 不变时，研究加速度 a 与物体质量 m 之间关系。

取滑块质量为 m_1，砝码和托盘的质量为 m_2，细线（不可伸长）为一力学系统，如图 3-1 所示，T 为细线中的张力。则有

$$\begin{cases} m_2 g - T = m_2 a \\ T = m_1 a \end{cases} \tag{3-2}$$

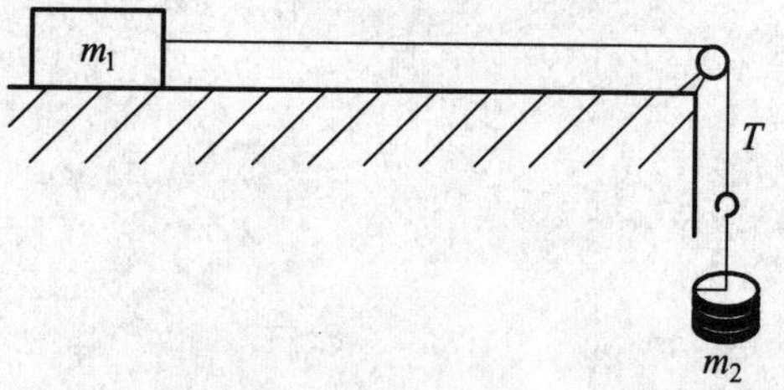

则系统受合外力为

$$F = m_2 g = (m_1 + m_2)a \tag{3-3}$$

令 $M = m_1 + m_2$，得

$$F = Ma \tag{3-4}$$

图 3-1　力学系统图

【实验内容及步骤】

1. 实验前准备

（1）接通数字计时器，安装光电门，使光电门之间相距 50 cm。

（2）调水平气垫导轨（阅读仪器说明）：接通气源，把滑块放在导轨某处，用手轻轻地把滑块放在导轨上放开，调节水平螺钉，使滑块能在导轨上静止；或稍有滑动，但不总是向同

一方向滑动即可；或将气轨与毫秒计配合进行调平，接通电源，毫秒计功能选择在"S_2"挡，让滑块以一定的速度运动，通过两个光电门的速度相对不确定度不超过3%即可。

（3）用酒精擦洗气垫导轨表面。

（4）滑块两端装上挂钩架，将拴在砝码桶上的细线，跨过滑轮上的方孔挂在滑块的座架上，连线长度保证砝码桶刚着地，滑块要能通过靠近滑轮一侧的光电门。

（5）在数字计时器上选择相应的功能。

2. 质量一定，研究加速度与力之间的关系

（1）保持 M 不变。

（2）改变力 F 4 次：每次从滑块上取下一个砝码，放在砝码桶（或砝码托盘上），注意不能超过砝码桶最大限量。

（3）每改变一次力，滑块从同一位置静止释放，测加速度 4 次，记下每次加速度的值。

（4）记录各数据于表 3-1 中。

表 3-1　实验数据记录表 1　　　　　单位：次

F/N	$a_1/(\text{cm/s}^2)$	$a_2/(\text{cm/s}^2)$	$a_3/(\text{cm/s}^2)$	$a_4/(\text{cm/s}^2)$	$\bar{a}/(\text{cm/s}^2)$

3. 作用力一定，研究加速度与质量的关系

（1）拉力一定（如加 3 个砝码）。

（2）改变滑块的质量 4 次，记下加速度的值。

（3）每改变一次质量，滑块从同一位置静止释放，测加速度 4 次，记录每次加速度的值。将数据记录在表 3-2 中。

表 3-2　实验数据记录表 2　　　　　单位：次

m/kg	$a_1/(\text{cm/s}^2)$	$a_2/(\text{cm/s}^2)$	$a_3/(\text{cm/s}^2)$	$a_4/(\text{cm/s}^2)$	$\bar{a}/(\text{cm/s}^2)$	$\dfrac{1}{m}/(\text{kg}^{-1})$

【注意事项】

（1）先调平气垫导轨，通气后放滑块，结束时先取下滑块，后关掉气源。不应长时间供气，以免气源温度过高，缩短使用寿命。

（2）两滑块碰撞要做对心碰撞，切勿斜撞，防止滑块从气垫导轨上掉下。

（3）挡片必须通过光电门进行挡光，才能计时。

（4）改变滑块质量时，应对称地加减配重块。

【实验数据及处理】

（1）质量保持不变，$M = $ _____ kg。

① 根据表 3-1 数据在坐标纸上作图；

② 根据所画 $\bar{a}$-F 曲线，得出什么样的结论。

③ 对结论作出分析。

（2）保持力不变，$F = $ _____ N。

① 根据表 3-2 数据在坐标纸上作 $\bar{a}$-$\dfrac{1}{m}$ 曲线，得出结论。

② 根据所画 $\bar{a}$-$\dfrac{1}{m}$ 曲线，得出什么样的结论。

③ 对结论作出分析。

④ 用最小二乘法求直线拟合式 $F = \beta a$ 的 β，S_β 值。

【思考题】

（1）如何进行不同方法的直线拟合？

（2）能否提出其他方案对牛顿第二定律进行验证？

实验 4　动量守恒定律的验证

【实验目的】

（1）验证动量守恒定律。

（2）进一步熟悉气垫导轨、通用电脑计数器的使用方法。

（3）用观察法研究弹性碰撞和非弹性碰撞的特点。

【实验仪器】

气垫导轨、电脑计数器、气源、物理天平。

【实验原理】

如果某一力学系统不受外力，或外力的矢量和为零。则系统的总动量保持不变，这就是动量守恒定律。在本实验中，是利用气垫导轨上两个滑块的碰撞来验证动量守恒定律的。在水平导轨上滑块与导轨之间的摩擦力忽略不计，则两个滑块在碰撞时除受到相互作用的内力外，在水平方向不受外力的作用，因而碰撞的动量守恒。如 m_1 和 m_2 分别表示两个滑块的质量，以 v_1，v_2，v'_{10}，v'_{20} 分别表示两个滑块碰撞前后的速度，则由动量守恒定律可得

$$m_1 v_{10} + m_2 v_{20} = m_1 v'_{10} + m_2 v'_{20} \tag{4-1}$$

下面就不同情况分别进行讨论。

1. 完全弹性碰撞

弹性碰撞的特点是碰撞前后系统的动量守恒，机械能也守恒。如果在两个滑块相碰撞的两端装上缓冲弹簧，在滑块相碰时，由于缓冲弹簧发生弹性形变后恢复原状，系统的机械能基本无损失，两个滑块碰撞前后的总功能不变，可用公式表示：

$$\frac{1}{2} m_1 v_{10}^2 + \frac{1}{2} m_2 v_{20}^2 = \frac{1}{2} m_1 v'^2_{10} + \frac{1}{2} m_2 v'^2_{20} \tag{4-2}$$

由式（4-1）和式（4-2）联合求解可得

$$\left. \begin{aligned} v'_{10} &= \frac{(m_1 - m_2)v_{10} + 2m_2 v_{20}}{m_1 + m_2} \\ v'_{20} &= \frac{(m_2 - m_1)v_{20} + 2m_1 v_{10}}{m_1 + m_2} \end{aligned} \right\} \tag{4-3}$$

在实验时，若令 $m_1 = m_2$，两个滑块的速度必交换。若不仅 $m_1 = m_2$，且令 $v_{20} = 0$，则碰撞后 m_1 滑块变为静止，而 m_2 滑块却以 m_1 滑块儿原来的速度沿原方向运动起来。这与公式的推导一致。

若两个滑块质量 $m_1 \neq m_2$，仍令 $v_{20} = 0$，即

$$v'_{10} = \frac{(m_1 - m_2)v_{10}}{m_1 + m_2}$$

$$v'_{20} = \frac{2m_1 v_{10}}{m_1 + m_2}$$ （4-4）

实际上完全弹性碰撞只是理想的情况，一般碰撞时总有机械能损耗，所以碰撞前后仅是总动量保持守恒。当 $v_{20} = 0$ 时，则

$$m_1 v_{10} = m_1 v'_{10} + m_2 v'_{20}$$ （4-5）

2. 完全非弹性碰撞

在两个滑块的两个碰撞端分别装上尼龙搭扣，碰撞后两个滑块黏在一起以同一速度运动就可成为完全非弹性碰撞。若 $m_1 = m_2$，$v_{20} = 0$，$v'_{10} = v'_{20} = v$，由式（4-1）得

$$v = \frac{1}{2}v_{10}$$ （4-6）

若 $m_1 \neq m_2$，仍令 $v_{20} = 0$，则有

$$v = \frac{m_1}{m_1 + m_2}v_{10}$$

3. 恢复系数和动能比

碰撞的分类可以根据恢复系数的值来确定。所谓恢复系数就是指碰撞后的相对速度和碰撞前的相对速度之比，用 e 来表示：

$$e = \frac{v'_{20} - v'_{10}}{v_{10} - v_{20}}$$ （4-7）

若 $e = 1$，即 $v_{10} - v_{20} = v'_{20} - v'_{10}$ 是完全弹性碰撞；若 $e = 0$，即 $v'_{20} = v'_{10}$ 是完全非弹性碰撞。此外，碰撞前后的动能比也是反映碰撞性质的物理量。在 $v_{20} = 0$，$m_1 = m_2$ 时，动能比为

$$R = \frac{1}{2}(1 + e^2)$$ （4-8）

若物体做完全弹性碰撞时，$e = 1$，则 $R = 1$（无动能损失）；若物体做非弹性碰撞时，$0 < e < 1$，则 $\frac{1}{2} < R < 1$。

【实验内容及步骤】

1. 用弹性碰撞验证动量守恒定律

（1）$m_1 = m_2$ 时的弹性碰撞。

① 连接和调试好仪器。

② 把滑块 1（在左）放在左光电门的外侧，滑块 2 放在两光电门之间靠近右面光电门的

地方，让滑块 2 处于静止状态。

③ 把滑块 1 反向推动，让它碰后反弹回来通过左面光电门后再和滑块 2 发生碰撞，碰撞前的速度 v_{10} 由左光电门所记录的时间 Δt_1 反映出来。碰撞后 $v'_{10} = 0$，m_2 以 v_{10} 的速度运动，即 $v'_{20} = v_{10}$。

④ 用所测的碰撞前后的速度计算恢复系数和动能比。

⑤ 改变碰撞时的速度 v_{10}，重复以上内容测量 2 次。

（2）$m_1 \neq m_2$ 时的弹性碰撞。

① 取一大一小两个滑块分别称其质量为 m_1 和 m_2。

② 在左光电门外侧放大滑块 1，较小的滑块 2 放在两光电门之间。使 $v_{20} = 0$，推动 m_1 使之与 m_2 相碰，验证在此实验条件下的动量守恒，即 $m_1 v_{10} = m_1 v'_{10} + m_2 v'_{20}$。

③ 改变 v_{10}，重复以上内容测量两次。

2. 用完全非弹性碰撞验证动量守恒

（1）较大的滑块 1 和较小的滑块 2 的两个碰撞端，分别装上尼龙搭扣，用天平称 m_1 和 m_2，使 $m_1 = m_2$。

（2）在左光电门以外的地方放一个滑块 1，在两光电门之间靠近右光电门的地方放一个滑块 2，并使 $v_{20} = 0$，推动 m_1 使之与 m_2 相碰撞。碰撞后两个滑块粘在一起以同一速度运动就可成为完全非弹性碰撞，碰撞后速度 $v'_{10} = v'_{20} = v$。.

（3）改变弹性碰撞的速度 v_{10}，重复以上内容测量 2 次.

（4）用碰撞前后的速度算一下恢复系数和动能比。

【实验数据及处理】

1. 弹性碰撞

（1）$m_1 = m_2$ 时的弹性碰撞，自拟表格记录有关数据。

$m_1 =$ _____；　$m_2 =$ _____。

表 4-1　实验数据记录表 1

$v_{10} /$（cm/s）	$v_{20} /$（cm/s）	$v'_{10} /$（cm/s）	$v'_{20} /$（cm/s）

（2）$m_1 \neq m_2$ 时的弹性碰撞，自拟表格记录数据。

$m_1 =$ _____；　$m_2 =$ _____。

表 4-2　实验数据记录表 2

$v_{10} /$（cm/s）	$v_{20} /$（cm/s）	$v'_{10} /$（cm/s）	$v'_{20} /$（cm/s）

2. 完全非弹性碰撞

完全非弹性碰撞，自拟表格记录数据。

$m_1 = $ _____ ; $m_2 = $ _____ 。

表 4-3   实验数据记录表 3

v_{10} （cm/s）	v_{20} （cm/s）	v_{10}' （cm/s）	v_{20}' （cm/s）

对上述两种情况下所测数据进行处理，计算出碰撞前和碰撞后的总动量，并通过比较得出动量守恒的结论。

【思考题】

（1）在弹性碰撞情况下，当 $m_1 \neq m_2$，$v_{20} = 0$ 时，两个滑块碰撞前后的动能是否相等？如果不完全相等，试分析产生误差的原因。

（2）为了验证动量守恒定律，应如何保证实验条件减少测量误差？

（张定梅）

实验 5　惠斯通电桥测电阻

【实验目的】

（1）掌握惠斯通电桥的原理。

（2）学会使用惠斯通电桥测量电阻。

（3）熟悉箱式电桥的使用。

【实验仪器】

FQJ-Ⅲ型教学用非平衡直流电桥（包括单臂直流电桥、双臂直流电桥、非平衡直流电桥，本实验是用单臂直流电桥（惠斯通电桥）测电阻）、电阻箱、检流计、直流电源。

图 5-1 为 FQJ-Ⅲ型教学用非平衡直流电桥，其线路结构与滑线式电桥相似，只是把各个仪表都装在木箱内，便于携带，因此叫箱式电桥。

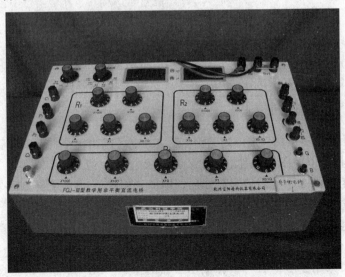

图 5-1　FQJ-Ⅲ型教学用非平衡直流电桥

图中右下面两个按扭分别是电源开关（B）、电流计开关（G）。注意：测量时应先按 B 后按 G，断开时要先放开 G 后放开 B。

箱式惠斯通电桥的基本特征是，在恒定比值 R_1/R_2 下，调节 R_3 的大小，使电桥达到平衡。

【实验原理】

测量电阻的方法很多，其中最常用的是伏安法和电桥法两种。用伏安法测电阻时，除了因电压表、电流表准确度不高带来的误差外，还由于电表内阻和电路本身的影响，也不避免地带来误差。1843 年，惠斯通设计了一种电桥电路，不用电压表、电流表，大大地提高了电阻的测量精度。

惠斯通电桥（也称单臂电桥）的电路如图 5-2 所示，4 个电阻 R_1，R_2，R_3，R_X 组成一个四边形的回路，每一边称作电桥的"桥臂"，在一对对角 AD 之间接入电源，而在另一对角 BC 之间接入检流计，构成所谓"桥路"。所谓"桥"本身的意思就是指这条对角线 BC 而言，它的作用就是把"桥"的两端点联系起来，从而将这两点的电位直接进行比较。B，C 两点的电位相等时称作电桥平衡，反之，称作电桥不平衡。检流计是为了检查电桥是否平衡而设的，平衡时检流计无电流通过，用于指示电桥平衡的仪器。

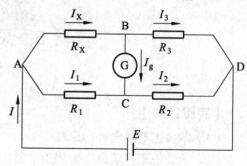

图 5-2　惠斯通电路

当电桥平衡时，B 和 C 两点的电位相等，故有

$$V_{AB} = V_{AC}，\quad V_{BD} = V_{CD} \tag{5-1}$$

由于平衡时 $I_g = 0$，所以 B，C 间相当于断路，故有

$$I_1 = I_2，\quad I_X = I_3 \tag{5-2}$$

所以　　　　　　$I_X R_X = I_1 R_1，\quad I_3 R_3 = I_2 R_2$

可得　　　　　　$R_1 R_3 = R_2 R_X \tag{5-3}$

或　　　　　　$R_X = \dfrac{R_1}{R_2} R_3 = K R_3 \tag{5-4}$

式中，$K = \dfrac{R_1}{R_2}$ 称为比率臂或倍率。

式（5-4）是由"电桥平衡"推出的结论。反之，也可以由这个关系式推证出"电桥平衡"。因此，式（5-3）称为电桥平衡条件。

如果 4 个电阻中的 3 个电阻值是已知的，即可利用式（5-3）求出另一个电阻的阻值。这就是应用惠斯通电桥测量电阻的原理。

上述用惠斯通电桥测量电阻的方法，也体现了一般桥式线路的特点，现在重点说明它的几个优点：

（1）平衡电桥采用了示零法 —— 根据示零器的"零"或"非零"的指标，即可判断电桥是否平衡而不涉及数值的大小。因此，只需示零器足够灵敏就可以使电桥达到很高灵敏度，从而为提高它的测量精度提供了条件。

（2）用平衡电桥测量电阻方法的实质是拿已知的电阻和未知的电阻进行比较，这种比较测量法简单而精确，如果采用精确电阻作为桥臂，可以使测量的结果达到很高的精确度。

（3）由于平衡条件与电源电压无关，故可避免因电压不稳定而造成的误差。

【实验内容】

1. 用自组电桥测量电阻

用电阻箱连成桥路如图 5-3 所示，与图 5-2 不同之处在于增加了保护电阻 R_h、开关 K_g

和 K_b，开始操作时，电桥一般处在很不平衡的状态，为了防止过大的电流通过检流计，应将 R_h 拨至最大。随着电桥逐步接近平衡，R_h 也逐渐减小直至零。

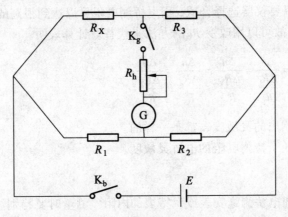

图 5-3　自组电桥测量电阻

为了保护检流计，开关的顺序应注意先合 K_b，后合 K_g，先断开 K_g、后断开 K_b，即电源 K_b 要先合后断。

在电桥接近平衡时，为了更好地判断检流计电流是否为零，应反复开合开关 K_g（跃接法）细心观察检流计指针是否有摆动。

测量几十、几百、几千欧姆的电阻各一个，分别取 $R_1/R_2 = 500\ \Omega/500\ \Omega$ 及 $50\ \Omega/500\ \Omega$。每次更换 R_X 前均要注意：① 增大 R_h；② 切断 K_g。

2. 用 FQJ-Ⅲ型教学用非平衡直流电桥测量电阻

（1）将"双桥倍率选择"旋钮置于"单桥"位置，"功能、电压选择"旋钮置于"单桥（5 V）"或"单桥 15 V"。

（2）在 R_X 与 R_{X1} 之间接上被测电阻，估计被测电阻近似值。

（3）选择倍率（K = 0.01，0.1，1，10，100），调节 R_1，R_2 的值。

（4）先后按下 B，G，接通电源和检流计，调节 R_3 直至检流计示值为 0。用式（5-4）计算 R_X 的值。

（5）重复上述步骤测量另外两个电阻。

3. 测量计算电桥的灵敏度

公式 $R_X = R_1R_3/R_2$ 是在电桥平衡的条件下推导出来的。而电桥是否平衡，实验上是看检流计有无偏转来判断的。当我们认为电桥已达到平衡时 $I_g = 0$，而 I_g 不可能绝对等于零，而仅是 I_g 小到无法用检流计检测而已。例如，有一惠斯通电桥上的检流计偏转一格所对应的电流大约为 10^{-6} A，当通过它的电流为 10^{-7} A，指针偏转 1/10 格，我们是可以察觉出来的，当通过它的电流小于 10^{-7} 安培时，指针的偏转小于 1/10 格，我们就很难察觉出来了。为了定量地表示检流计不够灵敏带来的误差，可引入电桥灵敏度 S_i 的概念，它的定义是

$$S_i = \frac{\Delta n}{\dfrac{\Delta R_X}{R_X}} \tag{5-5}$$

式中，ΔR_X 是当电桥平衡后把 R_X 改变一点的数量；Δn 是因为 R_X 改变了 ΔR_X 电桥略失平衡引起的检流计偏转格数。

从误差来源看，只要仪器选择合适，用电桥测电阻可以达到很高的精度。在测灵敏度时，由于 R_X 是不可变的，故可以用改变 R_b 的办法来代替。计算表明：

$$S_i = \frac{\Delta n}{\dfrac{\Delta R_1}{R_1}} = \frac{\Delta n}{\dfrac{\Delta R_X}{R_X}} = \frac{\Delta n}{\dfrac{\Delta R_b}{R_b}} = \frac{\Delta n}{\dfrac{\Delta R_2}{R_2}}$$

可见，任意改变一臂测出的灵敏度，都是一样的。

用箱式电桥测量 3 个待测电阻的电桥灵敏度。

【思考题】

（1）能否用惠斯通电桥测毫安表或伏特表的内阻？测量时要特别注意什么问题？

（2）电桥测电阻时，若比率臂的选择不好，对测量结果有何影响？

（3）如果按图 5-3 连成电路，接通电源后，检流计示值始终为正（或始终为负），无示值，试分析这两种情况下电路故障的原因。

（曾令准）

实验 6 分光计的调整及棱镜折射率的测定

分光计是光学实验中的一种重要仪器，它可以精确地测量光线的方位角，进而推算出实验所需的几何关系，通过几何关系我们就能够计算出许多相应的参数。通过该思想原理，我们可以通过测量光线的方式来间接测出物体应变、杨氏模量及其微小尺寸等，本实验主要用于测量三棱镜的顶角及其折射率。学习并掌握该方法能为今后更加复杂的科学实验做好基础准备。

【实验目的】

（1）学会分光计的调平和望远镜的调焦。

（2）学习几何光学等相关知识，研究光学方式测量三棱镜的顶角和   分光计读数的修正折射率。

【实验仪器】

低压汞灯、分光计、等边三棱镜、反光镜、望远镜、度盘、平行光管等。

1. 三棱镜的结构

如图 6-1 所示，三棱镜由三个光学面构成，AB、AC 面是光滑玻璃平面，可以反射、透射可见光，实验时仅使用这两个光学面；BC 面是粗糙的毛玻璃面，反射和透射率都很低，因而不参与光学实验；正对书面的两侧为正三角形面，实验时候把该面放置在载物台上，实验时候也不使用该面。三棱镜的顶角 α 为面 AB 与面 AC 的夹角 $\angle A$。本实验所用的三棱镜为等边三棱镜，光线经过 AC 和 AB 光学面时候会发生两次折射，通过观察光束折射后的偏转角度就可以精确的计算出三棱镜的折射率。

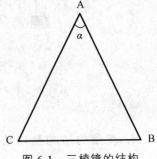

图 6-1 三棱镜的结构

2. 分光计的总体结构

分光计主要由载物台、平行光管、望远镜等部件组成，其详细零件如图 6-2 所示。

3. 阿贝目镜式望远镜的结构

阿贝目镜式望远镜的结构主要由目镜、物镜、镜筒和调节旋钮等组成，详细结构如图 6-3 所示。在实验中负责观察灯泡反射和汞灯折射的光线，使望远镜正对镜面，起到校准作用。

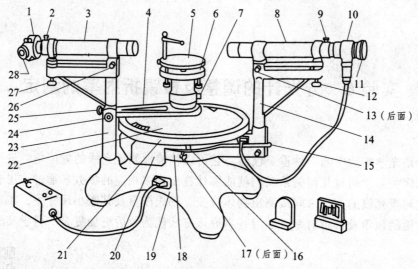

图 6-2　分光计的总体结构

1—狭缝装置；2—狭缝装置锁紧螺钉；3—平行光管筒；4—制动架（二）；5—载物台；6—载物台调节
螺钉（3个）；7—载物台锁紧螺钉；8—望远镜筒；9—目镜筒锁紧螺钉；10—阿贝式自准直目镜水平
（分划板在内部）；11—目镜视度调节手轮；12—望远镜光轴高低调节螺钉；13—望远镜光轴调节螺钉；
14—支臂；15—望远镜微调螺钉；16—转轴与刻度盘止动螺钉；17—望远镜止动螺钉；
18—制动架（一）；19—三脚底座；20—转座；21—刻度圆盘；22—游标盘；23—立柱；
24—游标盘微调螺钉；25—游标盘止动螺钉；26—平行光管光轴水平调节螺钉；
27—平行光管光轴高低调节螺钉；28—狭缝宽度调节手轮

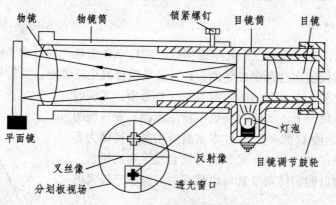

图 6-3　阿贝目镜式望远镜

4. 度盘的结构及读数

度盘主要由游标尺和主刻度盘组成，详细结构如
图 6-4 所示。在实验中主要负责测量反射光线和入射
光线的方位角，起到测量作用。主刻度盘上标有 360°
刻度，最小分度值为 0.5°。为了减小仪器误差，游标
上设置有 30 个分度的副刻度，读数时候是：总度数 =
主刻度盘读数+游标上对齐的刻度/60。图片中的度数
为：233°13′ = 233°+13°/60。

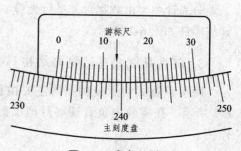

图 6-4　度盘的结构

5. 平行光管的结构

平行光管主要由狭缝和准直透镜组成，如图 6-5 所示。主要负责把汞灯发出的发散的光线变成平行的光线，起到汇聚光线的作用。

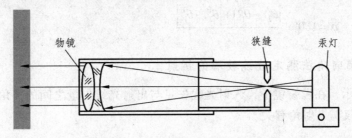

图 6-5　平行光管的结构

【实验原理】

1. 自准值法测量三棱镜的顶角 α

测量顶角的方法有很多，本实验采用光学方式测量，只要知道 AB 和 AC 面垂直反射光线的方位角就可以计算出顶角，具体方法如下：手动调节望远镜使其光轴与 AB 面垂直，此时由望远镜内部照明灯泡发射的蓝光经望远镜，再经三棱镜 AB 面反射回望远镜，形成一个小十字像恰好位于望远镜镜头的准线 mn 的正中央，再从分光计的刻度盘读出望远镜光轴相对于直线 OO′ 的夹角 θ_1，读取度盘刻度类似游标卡尺。如图 6-6 所示，OO′ 为实验者自定义的一个任意参考方向。再把望远镜逆时针转动约 120°（此图是逆时针转动，实际视具体情况），适当微旋转调整，直到观察到十字叉丝再次重合，读出望远镜光轴相对于 OO′ 的夹角 θ_2，计算出转过的读数 $\varphi = \theta_2 - \theta_1$，三棱镜顶角可以由几何关系得出：

$$\alpha = 180° - \varphi \tag{6-1}$$

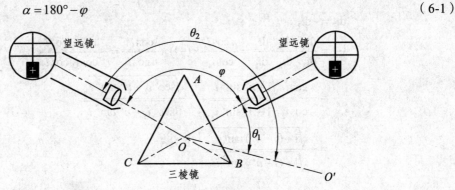

图 6-6　准直法测三棱镜顶角

在制造分光计时，由于机械工艺的原因，分光计的转盘主轴会稍微偏离分度盘圆心。因而在实际转动的时候 θ_1 和 θ_2 不是理论值，存在一定的偏心差。为了消除这种偏心差，依靠制作工艺提升十分有限，我们只能通过数学计算方式来消除。制造厂商在分光计分度盘上刻了两个读数窗口，每对准一次要分别记录这两个读数。最终取这两个读数的平均值来代替之：

$$\theta_1 = \frac{\theta_1^A + \theta_1^B}{2}, \quad \theta_2 = \frac{\theta_2^A + \theta_2^B}{2} \tag{6-2}$$

相对应的公式也随之变为

$$\varphi = \theta_2 - \theta_1 = \frac{\left|\theta_2^A - \theta_1^A\right| + \left|\theta_2^B - \theta_1^B\right|}{2}$$

$$\alpha = 180° - \frac{\left|\theta_2^A - \theta_1^A\right| + \left|\theta_2^B - \theta_1^B\right|}{2} \qquad （6\text{-}3）$$

2. 用最小偏向角法测定棱镜玻璃的折射率

如图 6-7 所示，在三棱镜中，入射光线矢量与出射光线矢量之间的夹角 δ 的称为棱镜的偏向角，其中 δ 仅与入射角有关。

$$\alpha = i_2 + i_3 \qquad （6\text{-}4）$$
$$\delta = (i_1 - i_2) + (i_4 - i_3) = (i_1 + i_4) - \alpha \qquad （6\text{-}5）$$

即 δ 只随 i_1 变化，存在一个 i_1 使 δ 达到最小，这最小的 δ 称为最小偏向角。由微积分知识可知，当 δ 最小时有 $\dfrac{d\delta}{di_1} = 0$，由式（6-5）得

$$\frac{di_4}{di_1} = -1 \qquad （6\text{-}6）$$

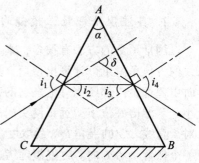

图 6-7　最小偏向角法测定
棱镜玻璃的折射率

由折射定率得

$$\sin i_1 = n \sin i_2, \quad \sin i_4 = n \sin i_3$$
$$\cos i_1 di_1 = n \cos i_2 di_2, \quad \cos i_4 di_4 = n \cos i_3 di_3$$

于是有

$$di_3 = -di_2$$

$$\frac{di_4}{di_1} = \frac{di_4}{di_3} \cdot \frac{di_3}{di_2} \cdot \frac{di_2}{di_1} = \frac{n \cos i_3}{\cos i_4} \times (-1) \times \frac{\cos i_1}{n \cos i_2} = -\frac{\cos i_3}{\cos i_4} \frac{\cos i_1}{\cos i_2}$$

$$= -\frac{\cos i_3 \sqrt{1 - n^2 \sin^2 i_2}}{\cos i_2 \sqrt{1 - n^2 \sin^2 i_3}} = -\frac{\sqrt{\sec^2 i_2 - n^2 \tan^2 i_2}}{\sqrt{\sec^2 i_3 - n^2 \tan^2 i_3}}$$

$$= -\frac{\sqrt{1 + (1 - n^2) \tan^2 i_2}}{\sqrt{1 + (1 - n^2) \tan^2 i_3}}$$

此式与式（6-4）比较可知 $\tan i_2 = \tan i_3$，在棱镜折射的情况下，$i_2 < \dfrac{\pi}{2}$，$i_3 < \dfrac{\pi}{2}$，所以

$$i_2 = i_3$$

由折射定律可知，这时，$i_1 = i_4$。因此，当 $i_1 = i_4$ 时 δ 具有极小值。将 $i_1 = i_4$、$i_2 = i_3$ 代入式（6-4）、（6-5），有

$$\alpha = 2i_2, \quad \delta_{\min} = 2i_1 - \alpha, \quad i_2 = \frac{\alpha}{2}, \quad i_1 = \frac{1}{2}(\delta_{\min} + \alpha)。$$

$$n = \frac{\sin i_1}{\sin i_2} = \frac{\sin\left(\dfrac{\delta_{\min} + \alpha}{2}\right)}{\sin\left(\dfrac{\alpha}{2}\right)} \qquad (6\text{-}7)$$

当 δ 取得最小值的时候，射入棱镜内部的光线与 BC 面平行，入射光与出射光在镜面两侧对称。从公式中可以看出，只要不断的改变入射角，可以看到出射光线方向不断地变化。当 i_1 越过一个临界值的时候，出射光线开始反向移动。在这个临界值时刻，对应的偏向角就是最小偏向角。只要测定测入射光线对应的角度 θ_1 和出射光线对应的角度 θ_2，即可求出最小偏向角

$$\delta_{\min} = |\theta_1 - \theta_2| \qquad (6\text{-}8)$$

【实验步骤】

上述方法虽然比较基础，但能使初学者更加熟练的了解分光计并掌握其调平，当然也有改进的方法。

1. 分光计的调平

（1）目镜调整：目镜末端有个调节旋钮，旋转这个旋钮可以改变目镜的焦距，从而使视野变得清晰。目镜的镜筒是松动的，拉伸和收缩也可以调节视野的清晰度，实际调整根据个人视力而定，近视眼可能调节略有不同。

（2）载物台调平：载物台上安装有 3 颗螺丝，将反光镜垂直放到载物台上，要求平面镜与两个螺丝连线垂直，再把望远镜正对镜面，调节这两个螺丝和目镜上的螺丝，直到从望远镜中看到两个十字叉丝重合。

（3）平面镜固定不动，将载物台旋转 180°，重复步骤（2）。

（4）旋转平面射镜 90°，其他两颗螺丝固定不动，调节第三颗螺丝和目镜上的螺丝，直到从望远镜中看到两个十字叉丝重合。

（5）旋转平面镜 180°，重复上述操作。若再次重合，则载物台已经调平。

（6）调节准直管，前后移动单缝直至成像清晰，调节单缝刀片一侧的旋钮，使单缝宽度与针相当，旋转单缝使其与竖直方向的叉丝重合。

（7）调节准直管上倾斜度调节旋钮，使单缝的像被水平测量叉丝平分。完成上述操作，分光计已经调平。

2. 自准值法测量三棱镜顶角

（1）锁紧分度盘上的制动螺钉以固定分度盘，松开望远镜上的锁紧螺钉以旋转望远镜，使其正对光学面 AB；再锁紧望远镜上螺钉，微调望远镜上的微调旋钮，使望远镜中的蓝光经 AB 面反射回来，形成的十字像恰好位于分划板 mn 准线的正中央，分别记下分度盘两个窗口的度数值 θ_1^A 与 θ_1^B。

（2）松开分度盘锁紧螺钉，把望远镜转动到与 AC 面垂直的方向，重复步骤（1），分别记下分度盘两个窗口的度数值 θ_1^A 与 θ_1^B。

（3）按上述步骤重复测量 4 次，将数据填入表 6-1 中。由式（6-2）求出 θ，计算出 α 的平均值及标准误差。

表 6-1　实验数据记录表 1

实验次数	AB 位置 θ_1		AB 位置 θ_2		棱镜角 $\alpha = 180° - \dfrac{\left\|\theta_2^A - \theta_1^A\right\| + \left\|\theta_2^B - \theta_1^B\right\|}{2}$
	θ_1^A	θ_1^B	θ_2^A	θ_2^B	
1					
2					
3					
4					

3. 反射法测量三棱镜顶角

在图 6-8 中，用光源照亮平行光管，它射出的平行光束照射在棱镜的顶角尖处 A，而被棱镜的两个光学面 AB 和 AC 所反射，分成夹角为 φ 的两束平行反射光束 R_1、R_2。由反射定律可知，$\angle 1 = \angle 2 = \angle 3 = \angle 4$，所以 $\angle 1 + \angle 2 = \angle 3 + \angle 4$。因为 $\angle 1 + \angle 3 = \alpha$，所以 $\angle 2 + \angle 4 = \alpha$。于是只要用分光计测出从平行光管的狭缝射出的光线经 AB、AC 两个面反射后的二束平行光 R_1 与 R_2 之间的夹角 φ，就可得顶角 $\alpha = \dfrac{\varphi}{2}$，则

$$\alpha = \frac{\varphi}{2} = \frac{\left|\theta_2^A - \theta_1^A\right| + \left|\theta_2^B - \theta_1^B\right|}{4} \tag{6-9}$$

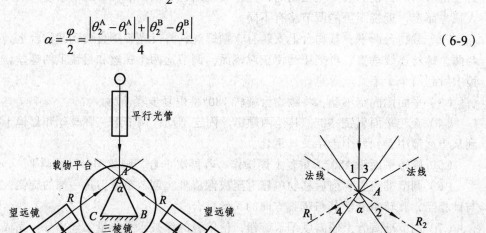

（a）　　　　　　　　　　（b）
图 6-8　用反射法测量三棱镜顶角

（1）按实验原理所述的步骤调好分光计。

（2）参照图 6-7 转动望远镜，直到 AB 面反射的狭缝像与竖直准线重合，此时记下度盘 A，B 窗口的角度 θ_1^A、θ_1^B；再次旋转望远镜，直到 AC 面反射的狭缝像再次与竖直准线重合，再记下度盘 A，B 窗口的读数 θ_2^A、θ_2^B。

（3）重复上述测量 4 次，将数据填入表 6-2 中。由式（6-8）求出 α 的平均值及标准误差。

表 6-2　实验数据记录表 2

实验次数	AB 位置 θ_1		AB 位置 θ_2		棱镜角 $\alpha = \dfrac{\varphi}{2} = \dfrac{\left|\theta_2^A - \theta_1^A\right| + \left|\theta_2^B - \theta_1^B\right|}{4}$
	θ_1^A	θ_1^B	θ_2^A	θ_2^B	
1					
2					
3					
4					

4. 用最小偏向角法测定棱镜玻璃的折射率

（1）用汞灯发出的黄色光照亮狭缝，光线经过平行光管再射入望远镜，此时转动望远镜，直到狭缝像与分化板上的中央竖直准线重合，记下度盘 A，B 窗口的读数 θ_1^A，θ_1^B。

（2）把三棱镜放到载物台上，转动载物台，使望远镜中射出光线照射到三棱镜的 AC 面，此时可以在 AB 面观察望远镜中的光谱。观察绿谱线的旋转方向，当绿谱线反向移动时，该临界状态就是最小偏向角所在的位置，此时固定好载物台。再转动望远镜，使狭缝的像（绿谱线）与中央竖直准线重合，读出出射光线角度 θ_2^A，θ_2^B。

（3）按上述步骤重复 4 次，将数据填入表 6-3。由式（6-8）求出 $\delta_{\min}$ 的平均值，把 $\delta_{\min}$ 与 α 代入式（6-7），求出棱镜玻璃的折射率 n 值，并计算出 n 的相对误差。

表 6-3　实验数据记录表 3

实验次数	AB 位置 θ_1	AB 位置 θ_2	偏向角 $\delta = \left|\theta_2 - \theta_1\right|$	折射率 $n = \dfrac{\sin i_1}{\sin i_2} = \dfrac{\sin\dfrac{\delta_{\min} + \alpha}{2}}{\sin\dfrac{\alpha}{2}}$
1				
2				
3				
4				

【思考题】

（1）分光计主要由哪几部分组成？各部分作用是什么？

（2）分光计的调整主要内容是什么？每一要求是如何实现的？

（3）分光计底座为什么没有水平调节装置？

（4）在调整分光计时，若旋转载物平台，三棱镜的 AB、AC、BC 三面反射回来的绿色小十字像均对准分化板水平叉丝等高的位置，这时还有必要再采用二分之一逐次逼近法来调节吗？为什么？

（5）望远镜对准三棱镜 AB 面时，A 窗口读数是 $293°21'30''$，写出这时 B 窗口的可能读数和望远镜对准面 AC 时，A、B 窗口的可能读数值。

（6）如图 6-9 所示，分光计中刻度盘中心 o 与游标盘中心 o' 不重合，则游标盘转过 φ 角时，刻度盘读出的角度 $\varphi_1 \neq \varphi_2 \neq \varphi$，但 $\varphi = \dfrac{1}{2}(\varphi_1 + \varphi_2)$，试证明。

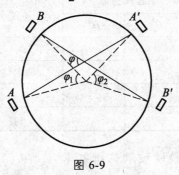

图 6-9

（7）什么是最小偏向角？在实验中，如何来调整测量最小偏向角的位置？若位置稍有偏离带来的误差对实验结果影响如何？为什么？

（周仙美）

实验 7 制流电路与分压电路

【实验目的】

（1）了解基本仪器的性能和使用方法。

（2）掌握制流与分压两种电路的连接方法、性能和特点，学习检查电路故障的一般方法。

（3）熟悉电磁学实验的操作规程和安全知识。

【实验仪器】

毫安表、电压表、万用电表、直流电源、滑线变阻器、电阻箱、开关、导线。

【实验原理】

电路可以千变万化，但一个电路一般可以分为电源、控制和测量三个部分。测量电路是先根据实验要求而确定好的，例如，要校准某一电压表，需选一标准的电压表和它并联，这就是测量线路，它可等效于一个负载，这个负载可能是容性的、感性的或简单的电阻，以 R_Z 表示其负载。根据测量的要求，负载的电流值和电压值 U 在一定的范围内变化，这就要求有一个合适的电源。控制电路的任务就是控制负载的电流和电压，使其数值和范围达到预定的要求。常用的是制流电路或分压电路，控制元件主要使用滑线变阻器或电阻箱。

1. 制流电路

电路如图 7-1 所示，图中 E 为直流电源，R_0 为滑线变阻器，A 为电流表，R_Z 为负载，本实验采用电阻箱，S 为电源开关。将滑线变阻器的滑动头 C 和任一固定端（如 A 端）串联在电路中，作为一个可变电阻，移动滑动头的位置可以连续改变 AC 之间的电阻 R_{AC}，从而改变整个电路的电流 I，$I = \dfrac{E}{R_Z + R_{AC}}$，当 C 滑至 A 点时 $R_{AC} = 0$，$I_{max} = \dfrac{E}{R_Z}$，负载处 $U_{max} = E$；

当 C 滑至 B 点，$R_{AC} = R_0$，$I_{min} = \dfrac{E}{R_Z + R_0}$，$U_{min} = \dfrac{E}{R_Z + R_0} R_Z$，电压调节范围：$\dfrac{E}{R_Z + R_0} R_Z \rightarrow E$，

相应的电流变化为 $\dfrac{E}{R_Z + R_0} \rightarrow \dfrac{E}{R_Z}$。一般情况下负载 R_Z 中的电流为 $I = \dfrac{E}{R_Z + R_{AC}} = \dfrac{\dfrac{E}{R_0}}{\dfrac{R_Z}{R_0} + \dfrac{R_{AC}}{R_0}}$

$= \dfrac{I_{max} K}{K + X}$，式中 $K = \dfrac{R_Z}{R_0}$，$X = \dfrac{R_{AC}}{R_0}$。

图 7-2 表示不同 K 值的制流特性曲线，从曲线可以清楚地看到制流电路有以下几个特点：

（1）K 越大电流调节范围越小。

（2）$K \geqslant 1$ 时调节的线性较好。

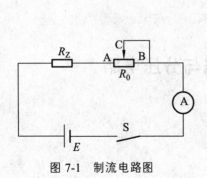

图 7-1 制流电路图

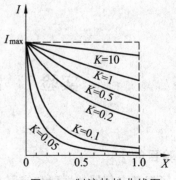

图 7-2 制流特性曲线图

（3）K 较小时（即 $R_0 >> R_Z$），X 接近 0 时电流变化很大，细调程度较差。

（4）不论 R_0 大小如何，负载 R_Z 上通过的电流 k 都不可能为零。

想一想：制流电路的细调范围是怎么确定的？

2. 分压电路

分压电路如图 7-3 所示，滑线变阻器两个固定端 A，B 与电源 E 相接，负载 R_Z 接滑动端 C 和固定端 A（或 B）上，当滑动头 C 由 A 端滑至 B 端，负载上电压由 0 变至 E，调节的范围与变阻器的阻值无关。当滑动头 C 在任一位置时，AC 两端的分压值 U 为

$$U = \frac{E}{\dfrac{R_Z R_C}{R_Z + R_{AC}} + R_{BC}} \cdot \frac{R_Z R_C}{R_Z + R_{AC}} = \frac{E}{1 + \dfrac{R_{BC}(R_Z + R_{AC})}{R_Z R_{AC}}} = \frac{E R_Z R_{AC}}{R_Z(R_{AC} + R_{BC}) + R_{AC} R_{BC}}$$

$$= \frac{R_Z R_{AC} E}{R_Z R_0 + R_{BC} R_{AC}} = \frac{\dfrac{R_Z}{R_0} R_{AC} E}{R_Z + \dfrac{R_{AC}}{R_0} R_{BC}} = \frac{K R_{AC} E}{R_Z + R_{BC} X}$$

式中，$R_0 = R_{AC} + R_{BC}$；$K = \dfrac{R_Z}{R_0}$；$X = \dfrac{R_{AC}}{R_0}$。

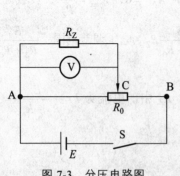

图 7-3 分压电路图

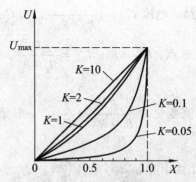

图 7-4 分压特性曲线图

由实验可得不同 K 值的分压特性曲线，如图 7-4 所示。从曲线可以清楚看出分压电路有如下几个特点：

（1）不论 R_0 的大小，负载 R_Z 的电压调节范围均可从 $0 \sim E$；

（2）K 越小电压调节越不均匀；

（3）K 越大电压调节越均匀，因此要求电压 U 在 $0 \sim U_{max}$ 范围内均匀变化。取 $K>1$ 比较合适，实际 $K=2$ 那条线可近似作为直线，故取 $R_0 \leqslant \dfrac{R_Z}{2}$ 即可认为电压调节已达到一般均匀的要求了。

想一想：分压电路的细调范围由哪些因数决定？

3. 制流电路与分压电路的差别与选择

（1）调节范围。

分压电路的电压调节范围大，可从 $0 \sim E$；而制流电路电压调节范围较小，只能从 $\dfrac{E}{R_Z + R_0} R_Z \rightarrow E$。

（2）细调程度。

当 $R_0 \leqslant \dfrac{R_Z}{2}$ 时，在整个调节范围内调节基本均匀，但制流电路可调范围小；负载上的电压值小，能调得较精细，而电压值大时调节变得很粗。

基于以上差别，当负载电阻较大，调节范围较宽时选分压电路；反之，当负载电阻较小，功耗较大，调节范围不太大的情况下则选用制流电路。若一级电路不能达到细调要求，则可采用二级制流（或二段分压）的方法以满足细调要求。

【实验内容】

（1）仔细观察电表和万用表的度盘，记录下度盘下侧的符号及数字，说明其意义？说明所用电表的最大允许误差是多少？

（2）记下所用电阻箱的级别，如果该电阻箱的示值是 400 Ω 时，它的最大容许电流是多少？

（3）用万用电表测一下所用滑线变阻器的全电阻是多少？检查一下滑动端 C 移动时，R_0 的变化是否正常？

（4）制流电路特性的研究。

① 按图 7-1 电路进行实验，用电阻箱为负载 R_Z，取 K（$R_Z=R_0$）为 0.1，确定 R_Z 的值为多少。根据所用的毫安表的量限和 R_Z 的最大容许电流，确定实验时的最大电流 I_{max} 及电源电压 E 值。注意 I_{max} 值应小于 R_Z 最大容许电流。

② 连接电路（注意电源电压及 R_Z 取值，R_{AC} 取最大值），复查一次电路无误后，闭合电源开关 S（如发现电流过大要立即切断电源），移动 C 点观察电流值的变化是否符合设计要求。

③ 移动变阻器滑动头 C，在电流从最小到最大过程中，测量 $8 \sim 10$ 次电流值及相应 C 在标尺上的位置 l，并记下变阻器绕线部分的长度 l_0，以 $\dfrac{l}{l_0}$（即 $\dfrac{R_{AC}}{R_0}$）为横坐标，电流 I 为纵坐标作图。

④ 注意，电流最大时 C 的标尺读数为测量 l 的零点。

⑤ 其次，测一下在 I 最小和最大时，C 移动一小格时电流值的变化 ΔI。

取 $K = 1$，重复上述测量并绘图。

（5）分压电路特性的研究。

① 按图 7-3 电路进行实验，用电阻箱当负载 R_Z，取 $K = 2$ 确定 R_Z 值，参照变阻器的额定电流和 R_Z 的容许电流，确定电源电压 E 之值。

② 要注意如图 7-3 所示，变阻器 BC 段的电流是 I_Z 和 I_{CA} 之和，确定 E 值时，特别要注意 BC 段的电流是否大于额定电流。

③ 移动变阻器滑动头 C，使加到负载 R_Z 上的电压从最小变到最大。在此过程中，测量 $8 \sim 10$ 次电压值 U 及 C 点在标尺上的位置 l，用 $\dfrac{l}{l_0}$ 为横坐标，U 为纵坐标作图。

④ 其次，测一下当电压值最小和最大时，C 移动一小格时电压值的变化 ΔU。

⑤ 取 $K = 0.1$，重复上述测量并绘图。

（6）参照图 7-5、图 7-6 连接二级制流、二段分压电路，再测量 C 移动一小格时的 ΔU 和 ΔI。

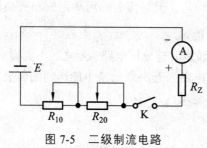

图 7-5　二级制流电路　　　　图 7-6　二段分压电路

【思考题】

（1）ZX21 型电阻箱的示值为 9 563.5 Ω，试计算它的最大允许误差和额定电流值。若示值改为 0.8 Ω，试计算它的最大允许误差？

（2）图 7-7 所示电路正确吗？若有错误，说明原因并改正之。

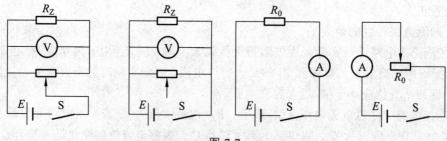

图 7-7

（3）从制流和分压特性曲线求出电流值（或电压值）近似为线性变化时，滑线电阻的阻值。

（熊泽本）

实验 8 伏安法测电阻

伏安法测电阻，就是用电压表直接测量加于待测电阻 R_X 两端的电压 V，同时用电流表直接测量通过该电阻的电流强度 I，再根据欧姆定律 $R_X = V/I$ 计算该电阻的阻值。因为电压的单位为"伏"，电流的单位为"安"，所以这种方法称为伏安法。用电压表并联来测量电阻两端的电压，用电流表串联来测量电阻通过的电流强度。但由于电表的内阻常常对测量结果会有影响，故该方法常带来明显的系统误差。

伏安法测电阻大致分为两种，电流表内接和电流表外接。电流表内接，即电流表接在电压表的里面，此时电流表准确，但电压表测得的是电流表和电阻的共同电压，根据欧姆定律，串联时电压分配和电阻成正比，这种接法适合测量阻值较大的电阻；电流表外接，即电流表接在电压表的外面，测得的是电压表和电阻并联的电流，此时测得的电压表的值是准确的，根据欧姆定律，并联时电流分配和电阻成反比，这种接法适合测量阻值较小的电阻。

伏安法测电阻的精度虽然不高，但所用的测量仪器比较简单，使用方便，是最基本的测量电阻的方法。除此之外，常见测电阻的方法还有替代法、惠斯通电桥法等。

【实验目的】
（1）掌握用伏安法测电阻的方法。
（2）正确使用伏特表、毫安表等，了解电表接入误差。
（3）了解二极管的伏安特性。

【实验仪器】
直流稳压电源、滑线变阻器、伏特表、毫安表或微安表（或万用表）、待测电阻、待测二极管等。

【实验原理】

1. 安培表的两种接法及其接入误差

用伏安法测电阻，可采用图 8-1 所示（a）和（b）两种电路。但由于安培表的内阻为 R_A，伏特表的内阻为 R_V，所以上述两种电路无论哪一种，都存在接入误差（系统误差）。

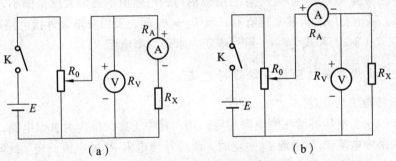

（a）   （b）

图 8-1 伏安法测电阻电路图

（1）安培表内接。

如图 8-1（a）所示的电路，安培表测出的 I 是通过待测电阻 R_X 的电流 I_X，但伏特表测出的 V 就不只是待测电阻 R_X 两端的电压 V_X，而是 R_X 与安培表两端的电压之和，即 $V_X + V_A$。若待测电阻的测量值为 R，则有

$$R = \frac{V}{I} = \frac{V_X + V_A}{I} = R_X + R_A = R_X\left(1 + \frac{R_A}{R_X}\right) \qquad (8\text{-}1)$$

由此可知，这种电路测得的电阻值 R 要比实际值大。式（8-1）中的 R_A/R_X 是由于安培表内接给测量带来的接入误差（系统误差）。如果安培表的内阻已知，可用下式进行修正：

$$R_X = \frac{V - V_A}{I} = R - R_A = R\left(1 - \frac{R_A}{R}\right) \qquad (8\text{-}2)$$

当 $R_X \gg R_A$ 时，相对误差 R_A/R_X 很小。所以，安培表的内阻小，而待测电阻大时，使用安培表内接电路较合适。

（2）安培表外接。

如图 8-1（b）所示的电路，伏特表测出的 V 是待测电阻 R_X 两端的电压 V_X，但安培表测出的 I 是流过 R_X 的电流 I_X 和流过伏特表的电流 I_V 之和，即 $I = I_X + I_V$。若待测电阻的测量值为 R，则有

$$R = \frac{V}{I} = \frac{V_X}{I_X + I_V} = \frac{V_X}{I_X\left(1 + \dfrac{I_V}{I_X}\right)} = \frac{R_X}{1 + \dfrac{R_X}{R_V}} \approx R_X\left(1 - \frac{R_X}{R_V}\right) \qquad (8\text{-}3)$$

由式（8-3）可知，这种电路测得的电阻值 R 要比实际值 R_X 小。式（8-3）中的 R_X/R_V 是由于安培表外接带来的接入误差（系统误差）。若伏特表的内阻 R_V 已知，可用下式修正：

$$R_X = \frac{V}{I - I_V} = \frac{V}{I\left(1 - \dfrac{I_V}{I}\right)} = \frac{R}{1 - \dfrac{R}{R_V}} \qquad (8\text{-}4)$$

当 $R_V \gg R_X$ 时，相对误差 R_X/R_V 很小。所以，伏特表的内阻大，而待测电阻小时，使用安培表外接较合适。

由以上分析可知用伏安法测电阻时，由于安培表和伏特表都有一定的内阻，将它们接入电路后，就存在着接入误差（系统误差），所以测得的电阻值不是偏大就是偏小，两个相比较，当 $R_A \ll R_X$ 时，采用安培表内接电路有利；当 $R_V \gg R_X$ 时，采用安培表外接电路有利。一般情况，都应根据式（8-2）和式（8-4）进行修正，求得待测电阻 R_X。

2. 通过补偿法对两种测量方法进行改进

（1）电压补偿法测电阻。

如图 8-2（a）为电压补偿法测电阻的原理图。其中，虚线框内为补偿电路，E_1 为补偿电源。当工作回路中电阻 R_0 和电源 E_2 一定时，流经待测电阻 R_X 的电流一定，此时其两端电势差一定。调节补偿回路中滑动变阻器 R_1 上 M\N 间的电势差，使灵敏电流计指示为零，则电

压表两端电压与 R_x 两端电压相等，同时电流表示数就是流经待测电阻的电流值。这样就避免了由于电流流经电压表而引起的系统误差。

（2）电流补偿法测电阻。

如图 8-2（b）为电流补偿法测电阻的原理图。其中，E 为工作电源，E_1 为补偿电源。在 M\N 支路中，由工作电源 E 产生的电流由 N 流向 M，而由补偿电源 E_1 产生的电流方向相反，由 M 流向 N。当工作电源 E 一定时，其产生的由 N 流向 M 的电流大小一定。适当调节补偿电源 E_1 电压和滑动变阻器 R_1 的阻值，使灵敏电流计的示数为零，即 M、N 两点间电势差为零。此时，电流表示数就是流经待测电阻的电流值，电压表两端的电压与 R_x 两端的电压相等，从而避免了由于电流表分压而引起的系统误差。

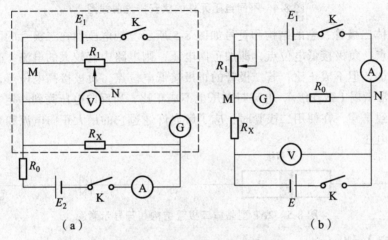

图 8-2　补偿法测电阻电路图

3. 补偿法测电压消除外接法的系统误差

图 8-3 为用补偿法测电压的电路，分压器 R_1 的滑动端 C 通过检流计 G 和待测电阻 R 的 B 端相接，调 C 点位置使检流计 G 中无电流通过，这时 U_{AB} = U_{DC}。用电压表测出 D、C 间电压，它与电阻 R 两端的电压相等，流过电流表中的电流仅仅是电阻的电流 I_R 而无电压表的电流 I_V，于是通过 U_{DC} 与 U_{AD} 的电压补偿，将电压表由 AB 间移至 DC 间，消除了由于电压表的电流引入的误差，加入电阻 R_2 是为了使滑动端 C 不在 R_1 的一端。

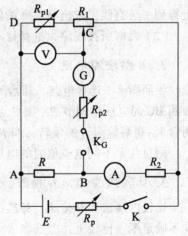

图 8-3　补偿法测电阻

4. 线性电阻和非线性电阻的伏安特性曲线

若一个电阻元件两端的电压与通过电流成正比，则以电压为横轴，以电流为纵轴所得到的图像是一条通过坐标原点的直线，如图 8-4（a）所示，这种电阻称为线性电阻。

若电阻元件电压与电流不成比例，则由实验数据所描绘的 I-V 图线为非直线，这种电阻称为非线性电阻。晶体二极管的特性就属于这种非线性情况，如图 8-4（b）所示。

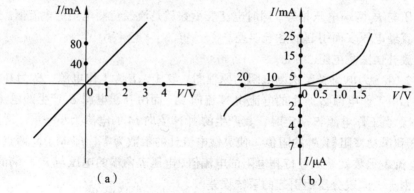

（a）   （b）

图 8-4　不同电阻元件的伏安特性曲线图

2AP 型晶体二极管，它的结构和符号如图 8-5 所示。把电压加在二极管的两端，如它的正极接高电位点，负极接低电位点，即加正向电压，则电路中有较大的电流（毫安级）且电流随电压的增加，但不成正比，若二极管的正极接低电位点，负极接高电位点，即加反向电压，则电流非常微弱（微安级），电流与电压也不成正比，当反向电压高到一定数值时，电位急剧增加，以致击穿，在使用二极管时，应了解允许通过它的最大正向电流和允许加于它两端的最高反向电压。

图 8-5　2AP 型晶体二极管结构和符号示意图

【实验内容】

1. 测量线性电阻

（1）根据待测电阻选择图 8-1（a）或（b）接好线路，调节变阻器的滑动头，由小到大均匀的测量 6 个电压值，并记录对应的电流值，以电压值为横坐标，电流值为纵坐标，从图上得到一条直线，求出其斜率的倒数即为 R。

（2）根据所接线路，选择修正公式进行修正，最后求出待测电阻 R_X。

2. 补偿法测电阻

参照图 8-3 连接电路，开始测量时先闭合开关 K，调节 R_P 得到合适的电流；其次用万用表测 BC 间电压，调节 R_{P1} 和 C 点位置使 $U_{BC}=0$，再将 R_{P2} 调到最大（降低检流计灵敏度），闭合 K_G 观察检流计的偏转，调 R_{P1} 和 C 的位置使偏转为零，最后将 R_{P2} 调节到最小再检查。测量几个不同电流值时的电压值。

3. 比较内接法、外接法、补偿法测量数据的电压、电流图线

比较内接法、外接法、补偿法测量数据的电压、电流图线，求出待测电阻值，并计算标准不确定度。比较上述方法测量结果。

4. 测量二极管的伏安特性

（1）正向特性：按图 8-6（a）接好电路，把 K 接通。实验自 0 V 开始，每增加一个电压

值，读取一次电流值，共读取 6～10 组数据，并填入事先准备好的数据表格内。注意在曲线拐弯处，电压间隔应取小一些。

（2）反向特性：按图 8-6（b）接好电路，实验自 0 V 开始，每隔一定电压间隔，读取一组电压和电流的数据，共测若干组。

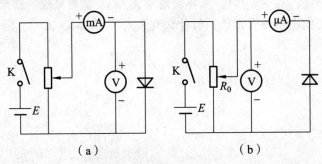

图 8-6　二极管正向、反向接法

（3）画伏安特性曲线：以电压为横坐标，电流为纵坐标，根据实验所得的数据作出被测二极管的伏安特性曲线。无论横轴或纵轴，在其正向和反向都可取不同的坐标分度，如图 8-4（b）所示。

【数据记录与处理】

按图 8-1（a）或（b）接好线路，调节变阻器的滑动头，由小到大均匀地测量 6 个电压值，并将对应的电流值记录到表 8-1、8-2 中。

表 8-1　不同电压对应的电流示数

序　号	电压/V	电流/A	电阻/Ω	电阻平均值/Ω
1				
2				
3				
4				
5				
6				

表 8-2　补偿法测电阻

序　号	电压/V	电流/A	电阻/Ω	电阻平均值/Ω
1				
2				
3				
4				
5				
6				

此外，还可以利用 Matlab 软件对实验数据进行处理。

【思考题】

（1）在本实验中，能否用限流电路测量固定电阻？为什么？

（2）在安培表外接，$R_V \gg R_X$ 时，相对误差为 R_X/R_V，试推导这一结果。

（3）二极管的正向电阻是否定值？与什么有关系？图 8-6（a）与（b）的电表接法为什么采用不同形式？

（王红）

实验 9   示波器的使用

【实验目的】

（1）了解示波器的主要结构和显示波形的基本原理。

（2）学会使用信号发生器。

（3）学会用示波器观察波形以及测量电压、周期和频率。

【实验仪器】

Caltek CA9040 型双踪示波器、Caltek CA1640-20 函数发生器/计数器等。

【实验原理】

电子示波器（简称示波器）能够简便地显示各种电信号的波形，一切可以转化为电压的电学量和非电学量及它们随时间作周期性变化的过程都可以用示波器来观测，示波器是一种用途十分广泛的测量仪器。示波器能把抽象的电变化过程转换成荧光屏上的可视图形，用来测定各种周期性的电信号，如周期、电压、频率、相位等物理量。

1. 示波器的基本结构

示波器的主要部分有示波管、带衰减器的 Y 轴放大器、带衰减器的 X 轴放大器、扫描发生器（锯齿波发生器）、触发同步和电源等，其结构方框图如图 9-1 所示。为了适应各种测量的要求，示波器的电路组成是多样而复杂的，这里仅就主要部分加以介绍。

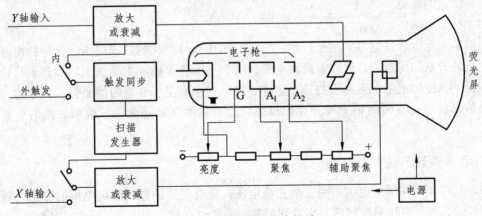

图 9-1   示波管的基本构造

（1）示波管。

如图 9-1 所示，示波管主要包括电子枪、偏转系统和荧光屏三大部分，全都密封在玻璃外壳内，里面抽成高真空。下面分别说明各部分的作用。

① 荧光屏：它是示波器的显示部分，当加速聚焦后的电子打到荧光上时，屏上所涂的荧光物质就会发光，从而显示出电子束的位置。当电子停止作用后，荧光剂的发光需经一定时间才会停止，称为余辉效应。

② 电子枪：由灯丝 H、阴极 K、控制栅极 G、第一阳极 A_1、第二阳极 A_2 五大部分组成。灯丝通电后加热阴极。阴极是一个表面涂有氧化物的金属筒，被加热后发射电子。控制栅极是一个顶端有小孔的圆筒，套在阴极外面。它的电位比阴极低，对阴极发射出来的电子起控制作用，只有初速度较大的电子才能穿过栅极顶端的小孔然后在阳极加速下奔向荧光屏。示波器面板上的"亮度"调整就是通过调节电位以控制射向荧光屏的电子流密度，从而改变了屏上的光斑亮度。阳极电位比阴极电位高很多，电子被它们之间的电场加速形成射线。当控制栅极、第一阳极、第二阳极之间的电位调节合适时，电子枪内的电场对电子射线有聚焦作用，所以第一阳极也称聚焦阳极。第二阳极电位更高，又称加速阳极。面板上的"聚焦"调节，就是调第一阳极电位，使荧光屏上的光斑成为明亮、清晰的小圆点。有的示波器还有"辅助聚焦"，实际是调节第二阳极电位。

③ 偏转系统：它由两对相互垂直的偏转板组成，一对垂直偏转板（Y），一对水平偏转板（X）。在偏转板上加以适当电压，电子束通过时，其运动方向发生偏转，从而使电子束在荧光屏上的光斑位置也发生改变。

容易证明，光点在荧光屏上偏移的距离与偏转板上所加的电压成正比，因而可将电压的测量转化为屏上光点偏移距离的测量，这就是示波器测量电压的原理。

（2）信号放大器和衰减器。

示波管本身相当于一个多量程电压表，这一作用是靠信号放大器和衰减器实现的。由于示波管本身的 X 及 Y 轴偏转板的灵敏度不高（约 $0.1 \sim 1$ mm/V），当加在偏转板的信号过小时，要预先将小的信号电压加以放大后再加到偏转板上。为此设置 X 轴及 Y 轴电压放大器。衰减器的作用是使过大的输入信号电压变小以适应放大器的要求，否则放大器不能正常工作，使输入信号发生畸变，甚至使仪器受损。对一般示波器来说，X 轴和 Y 轴都设置有衰减器，以满足各种测量的需要。

（3）扫描系统。

扫描系统也称时基电路，用来产生一个随时间作线性变化的扫描电压，这种扫描电压随时间变化的关系如同锯齿，故称锯齿波电压，这个电压经 X 轴放大器放大后加到示波管的水平偏转板上，使电子束产生水平扫描。这样，屏上的水平坐标变成时间坐标，Y 轴输入的被测信号波形就可以在时间轴上展开。扫描系统是示波器显示被测电压波形必需的重要组成部分。

2. 示波器显示波形的原理

如果只在竖直偏转板上加一交变的正弦电压，则电子束的亮点将随电压的变化在竖直方向来回运动，如果电压频率较高，则看到的是一条竖直亮线，如图 9-2 所示。要能显示波形，必须同时在水平偏转板上加一扫描电压，使电子束的亮点沿水平方向拉开。这种扫描电压的特点是电压随时间成线性关系增加到最大值，最后突然回到最小，此后再重复地变化。这种扫描电压即前面所说的"锯齿波电压"，如图 9-3 所示。当只有锯齿波电压加在水平偏转板上时，如果频率足够高，则荧光屏上只显示一条水平亮线。

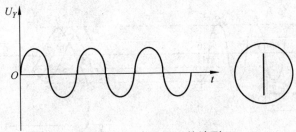

图 9-2 示波器显示的波形

如果在竖直偏转板上（简称 Y 轴）加正弦电压，同时在水平偏转板上（简称 X 轴）加锯齿波电压，电子受竖直、水平两个方向的力的作用，电子的运动就是两相互垂直的运动的合成。当锯齿波电压比正弦电压变化周期稍大时，在荧光屏上将能显示出完整周期的所加正弦电压的波形图，如图 9-4 所示。

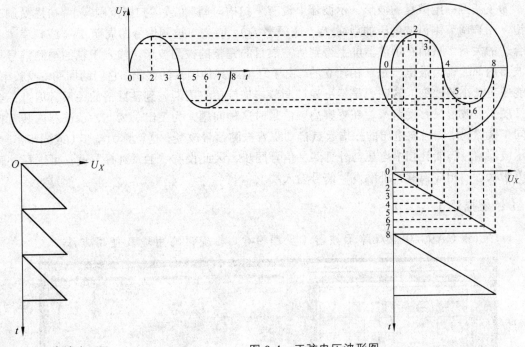

图 9-3 锯齿波电压   图 9-4 正弦电压波形图

3. 同步的概念

如果正弦波和锯齿波电压的周期稍微不同，屏上出现的是一移动着的不稳定图形。这种情形可用图 9-5 说明。设锯齿波电压的周期 T_x 比正弦波电压周期 T_y 稍小，如 $T_x/T_y = 7/8$。在第一扫描周期内，屏上显示正弦信号 0~4 点的曲线段；在第二周期内，显示 4~8 点的曲线段，起点在 4 处；第三周期内，显示 8~11 点的曲线段，起点在 8 处。这样，屏上显示的波形每次都不重叠，好像波形在向右移动。同理，如果 T_x 比 T_y 稍大，则好像在向左移动。以上描述的情况在示波器使用过程中经常会出现，其原因是扫描电压的周期与被测信号的周期不相等或不成整数倍，以致每次扫描开始时波形曲线上的起点均不一样所造成的。为了使屏上的图形稳定，必须使 $T_x/T_y = n$（$n = 1, 2, 3, \cdots$），n 是屏上显示完整波形的个数。

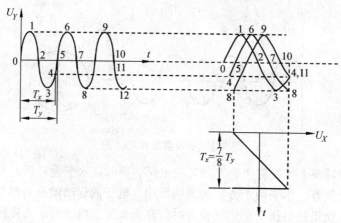

图 9-5　正弦波和锯齿波电压的周期不同时显示的波形图

为了获得一定数量的波形，示波器上设有"扫描时间"（或"扫描范围"）、"扫描微调"旋钮，用来调节锯齿波电压的周期 T_X（或频率 f_X），使之与被测信号的周期 T_Y（或频率 f_Y）成合适的关系，从而在示波器屏上得到所需数目的完整的被测波形。输入 Y 轴的被测信号与示波器内部的锯齿波电压是互相独立的。由于环境或其他因素的影响，它们的周期（或频率）可能发生微小的改变。这时，虽然可通过调节扫描旋钮将周期调到整数倍的关系，但过一会儿又变了，波形又移动起来。在观察高频信号时这种问题尤为突出。为此，示波器内装有扫描同步装置，让锯齿波电压的扫描起点自动跟着被测信号改变，这就称为整步（或同步）。有的示波器中，需要让扫描电压与外部某一信号同步，因此设有"触发选择"键，可选择外触发工作状态，相应设有"外触发"信号输入端。

【仪器描述】

1. Caltek CA9040 型双踪示波器（见图 9-6）各旋钮的用途及使用方法

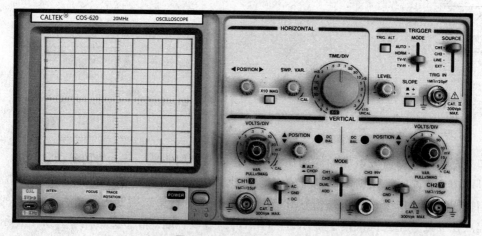

图 9-6　COS-620 前面板

前面板说明如下：

（1）CRT 显示屏。

INTEN：轨迹及光点亮度控制钮。

FOCUS：轨迹聚焦调整钮。

TRACE ROTATION：使水平轨迹与刻度线成平行的调整钮。

POWER：电源主开关，压下此钮可接通电源，电源指示灯会亮；再按一次，开关凸起时，则切断电源。

FILTER：滤光镜片，可使波形易于观察。

（2）VERTICAL 垂直偏向。

VOLTS/DIV：垂直衰减选择钮，以此钮选择 CH1 及 CH2 的输入信号衰减幅度，范围为 5mV/DIV ~ 5V/DIV，共 10 挡。

AC-GND-DC：输入信号耦合选择按键组

AC：垂直输入信号电容耦合，截止直流或极低频信号输入。

GND：按下此键则隔离信号输入，并将垂直衰减器输入端接地，使之产生一个零电压参考信号。

DC：垂直输入信号直流耦合，AC 与 DC 信号一齐输入放大器。

CH1（X）输入：CH1 的垂直输入端，在 X-Y 模式中为 X 轴的信号输入端。

VARIABLE：灵敏度微调控制，至少可调到显示值的 1/2.5。在 CAL 位置时，灵敏度即为挡位显示值。当此旋钮拉出时（×5 MAG 状态），垂直放大器灵敏度增加 5 倍。

CH2（Y）输入：CH2 的垂直输入端。在 X-Y 模式中，为 Y 轴的信号输入端。

（3）↕POSITION：轨迹及光点的垂直位置调整钮。

VERT MODE：CH1 及 CH2 选择垂直操作模式。

CH1：设定本示波器以 CH1 单一频道方式工作。

CH2：设定本示波器以 CH2 单一频道方式工作。

DUAL：设定本示波器以 CH1 及 CH2 双频道方式工作，此时可切换 ALT/CHOP 模式来显示两轨迹。

ADD：用以显示 CH1 及 CH2 的相加信号。当 CH2 INV 键为压下状态时，即可显示 CH1 及 CH2 的相减信号。

CH1&CH2：调整垂直直流平衡点，详细调整步骤请参照 DC BAL 的调整。

ALT/CHOP：当在双轨迹模式下放开此键，则 CH1&CH2 以交替方式显示（一般用于较快速的水平扫描文件位）。当在双轨迹模式下按下此键，则 CH1&CH2 以切割方式显示（一般用于较慢速的水平扫描文件位）。

CH2 INV：此键按下时，CH2 的讯号将会被反向。CH2 输入讯号于 ADD 模式时，CH2 触发截选讯号（Trigger Signal Pickoff）亦会被反向。

（4）TRIGGER 触发。

SLOPE：触发斜率选择键。

+：凸起时为正斜率触发，当信号正向通过触发准位时进行触发。

-：压下时为负斜率触发，当信号负向通过触发准位时进行触发。

EXT TRIG. IN：TRIG. IN 输入端子，可输入外部触发信号。欲用此端子时，须先将 SOURCE 选择器 置于 EXT 位置。

TRIG ALT：触发源交替设定键。当 VERT MODE 选择器在 DUAL 或 ADD 位置，且 SOURCE 选择器置于 CH1 或 CH2 位置时，按下此键，本仪器即会自动设定 CH1 与 CH2 的输入信号以交替方式轮流作为内部触发信号源。

SOURCE：内部触发源信号及外部 EXT TRIG IN 输入信号选择器。

CH1：当 VERT MODE 选择器在 DUAL 或 ADD 位置时，以 CH1 输入端的信号作为内部触发源。

CH2：当 VERT MODE 选择器在 DUAL 或 ADD 位置时，以 CH2 输入端的信号作为内部触发源。

LINE：将 AC 电源线频率作为触发信号。

EXT：将 TRIG IN 端子输入的信号作为外部触发信号源。

TRIGGER MODE：触发模式选择开关。

AUTO：当没有触发信号或触发信号的频率小于 25 Hz 时，扫描会自动产生。

NORM：当没有触发信号时，扫描将处于预备状态，屏幕上不会显示任何轨迹。本功能主要用于观察 25 Hz 的信号。

TV-V：用于观测电视讯号的垂直画面讯号。

TV-H：用于观测电视讯号的水平画面讯号。

LEVEL：触发准位调整钮，旋转此钮以同步波形，并设定该波形的起始点。将旋钮向"+"方向旋转，触发准位会向上移；将旋钮向"－"方向旋转，则触发准位向下移。

（5）水平偏向。

TIME/DIV：扫描时间选择钮，扫描范围从 0.2 μS/DIV ~ 0.5μS/DIV 共 20 个挡位。

X-Y：设定为 *X-Y* 模式。

SWP. VAR：扫描时间的可变控制旋钮。若按下 SWP. UNCAL 键，并旋转此控制钮，扫描时间可延长至少为指示数值的 2.5 倍；该键若未压下时，则指示数值将被校准。

×10 MAG：水平放大键。按下此键可将扫描放大 10 倍。

◀POSITION▶：轨迹及光点的水平位置调整钮。

（6）其他功能。

CAL（2 Vp-p）：此端子会输出一个 2 Vp-p，1 kHz 的方波，用以校正测试棒及检查垂直偏向的灵敏度。

GND：本示波器接地端子。

2. Caltek CA1640-20 函数发生器/计数器

这是一种正弦信号发生器，它能产生频率为 1 Hz ~ 1 MHz 的正弦电压。其频率比较稳定，输出幅度可调。面板上的电压表指示的是在输出衰减前的信号电压有效值。面板布置如图 9-7 所示。

频率范围共分 8 挡。每一挡中，又由右方旋钮来调节信号频率。

信号发生器的输出电压是经过内部衰减器后输出的。输出信号的大小由面板上电压表读数和衰减倍数的大小决定。由于衰减倍数范围较大，故取其对数值刻在"输出衰减"旋钮周围。衰减倍数用分贝（dB）值表示，其定义为

$$分贝值 = 20\lg\frac{U}{U_{出}}$$

式中，U 为未经衰减器的电压，由面板上电压表读出，示值为有效值；$U_{出}$ 为经过衰减器后的输出电压有效值。

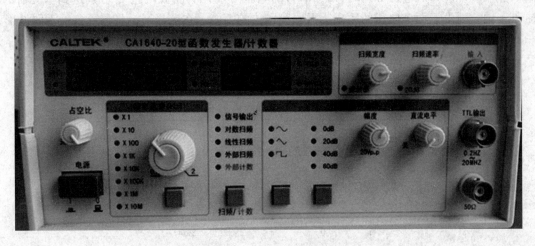

图 9-7　Caltek CA1640-20 函数发生器/计数器

【实验内容】

1. 观察信号发生器波形

（1）将信号发生器的输出端接到示波器 Y 轴输入端上。

（2）开启信号发生器，调节示波器（注意信号发生器频率与扫描频率），观察正弦波形，并使其稳定。

2. 测量正弦波电压

在示波器上调节出大小适中、稳定的正弦波形，选择其中一个完整的波形，先测算出正弦波电压峰-峰值 $U_{\text{p-p}}$，即

$$U_{\text{p-p}} = （垂直距离 DIV）×（挡位 V/DIV）×（探头衰减率）$$

然后求出正弦波电压有效值 U 为

$$U = \frac{0.71 \times U_{\text{p-p}}}{2}$$

3. 测量正弦波周期和频率

在示波器上调节出大小适中、稳定的正弦波形，选择其中一个完整的波形，先测算出正弦波的周期 T，即

$$T = （水平距离 DIV）×（挡位 t/DIV）$$

然后求出正弦波的频率 $f = \dfrac{1}{T}$。

4. 利用李萨如图形测量频率

将未知频率 f_Y 的电压 U_Y 和已知频率 f_X 的电压 U_X（均为正弦电压），分别送到示波器的 Y 轴和 X 轴，则由于两个电压的频率、振幅和相位的不同，在荧光屏上将显示各种不同波形，一般得不到稳定的图形，但当两电压的频率成简单整数比时，将出现稳定的封闭曲线，称为李萨如图形。根据这个图形可以确定两电压的频率比，从而确定待测频率的大小。

图 9-8 列出各种不同的频率比在不同相位差时的李萨如图形，不难得出：

$$\frac{\text{加在}Y\text{轴电压的频率}f_Y}{\text{加在}X\text{轴电压的频率}f_X} = \frac{\text{水平直线与图形相交的点数}N_X}{\text{垂直直线与图形相交的点数}N_Y}$$

所以未知频率

$$f_Y = \frac{N_X}{N_Y} f_X$$

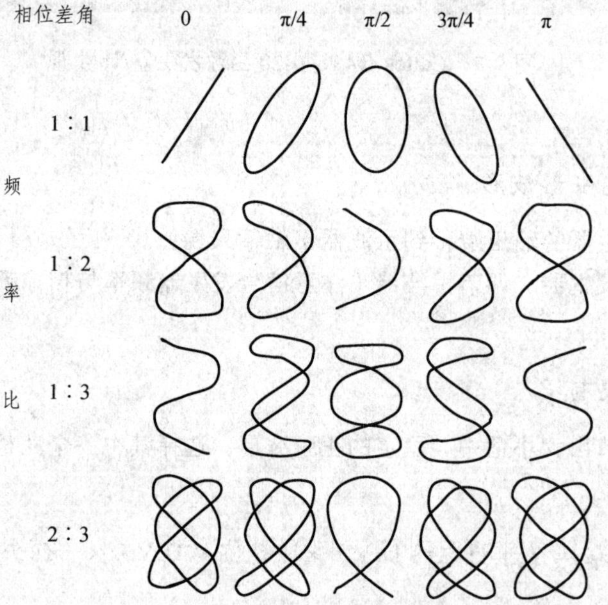

图 9-8　各种不同的频率比在不同相位差时的李萨如图形

但应指出水平、垂直直线不应通过图形的交叉点。

测量方法如下：

（1）将一台信号发生器的输出端接到示波器 Y 轴输入端上，并调节信号发生器输出电压的频率为 50 Hz，作为待测信号频率。把另一信号发生器的输出端接到示波器 X 轴输入端上作为标准信号频率。

（2）分别调节与 X 轴相连的信号发生器输出正弦波的频率 f_X 约为 25 Hz、50 Hz、100 Hz、150 Hz、200 Hz 等。观察各种李萨如图形，微调 f_X 使其图形稳定时，记录 f_X 的确切值，再分别读出水平线和垂直线与图形的交点数，由此求出各频率比及被测频率 f_Y，并记录于表 9-1 中。

（3）观察时图形大小不适中，可调节"V/DIV"和与 X 轴相连的信号发生器输出电压。

【实验数据处理】

将不同信号频率对应的数据记录到表 9-1 中。

表 9-1   不同信号频率对应数据

标准信号频率 f_X/Hz	25	50	100	150	200
李萨如图形（稳定时）					
频比 $=\dfrac{水平线交点数 N_X}{垂直线交点数 N_Y}$					
待测电压频率 $f_Y = f_X N_X/N_Y$					
f_y 的平均值/Hz					

此外，我们还可以使用电子仿真软件 MulitSIM 9 进行虚拟示波器的演示操作练习。

【思考题】

（1）示波器为什么能显示被测信号的波形？

（2）荧光屏上无光点出现，有几种可能的原因？怎样调节才能使光点出现？

（3）荧光屏上波形移动，可能是什么原因引起的？

（4）示波器屏幕上水平扫描点为什么是匀速运动？

（王红）

实验 10 杨氏模量的测定（拉伸法）

杨氏模量是固体材料的一个重要物理参数，它标志着材料对于拉伸或压缩形变的抵抗能力。测定材料的杨氏模量的方法有很多，如静态拉伸法、弯曲法、动力学共振法、超声相位差法等。本实验是用静态拉伸法测定金属丝的杨氏模量。

【实验目的】

（1）掌握用光杠杆测量微小长度的原理和方法，测量金属丝的杨氏模量。
（2）训练正确调整测量系统的能力。
（3）学习一种处理实验数据的方法——逐差法。

【实验仪器】

杨氏模量测定仪、螺旋测微器、游标卡尺、钢卷尺、光杠杆及望远镜直横尺等。

【实验原理】

胡克定律指出，在弹性限度内，弹性体的应力和应变成正比。设有一根长为 L，横截面积为 S 的钢丝，在外力 F 作用下伸长了 ΔL，则

$$\frac{F}{S} = E\frac{\Delta L}{L} \tag{10-1}$$

式中，比例系数 E 称为杨氏模量，单位为 $N \cdot m^{-2}$。设实验中所用钢丝直径为 d，则 $s = \frac{1}{4}\pi d^2$。将此公式代入式（10-1）整理后得

$$E = \frac{4FL}{\pi d^2 \Delta L} \tag{10-2}$$

式（10-2）表明，在长度 L，直径 d 和所加外力 F 相同的情况下，杨氏模量 E 大的金属丝的伸长量 ΔL 小。因而，杨氏模量表达了金属材料抵抗外力产生拉伸（或压缩）形变的能力。

如图 10-1 安装光杠杆 G 及望远镜直横尺。光杠杆前后足尖的垂直距离为 h，光杠杆平面镜到标尺的距离为 D，设加砝码 m 后金属丝伸长为 ΔL，加砝码 m 前后望远镜中直尺的读数差为 Δx，则由图 10-2 可知，$\tan\theta = \Delta L / h$，反射线偏转了 2θ，$\tan 2\theta = \Delta x / D$，当 $\theta < 5°$ 时，$\tan 2\theta \approx 2\theta$，$\tan\theta \approx \theta$，故有 $2\Delta L / h = \Delta x / D$，即

$$\Delta L = \Delta x h / 2D \tag{10-3}$$

将式（10-3）代入式（10-2），得出用伸长法测金属丝的杨氏模量 E 的公式为

$$E = \frac{8FLD}{\pi d^2 h \Delta x} \tag{10-4}$$

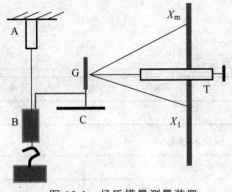

图 10-1 杨氏模量测量装置

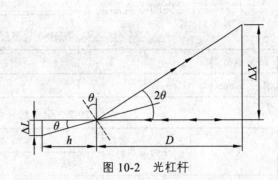

图 10-2 光杠杆

【实验内容】

1. 杨氏模量测定仪的调整

（1）调节杨氏模量测定仪底脚螺丝，使立柱处于垂直状态；

（2）将钢丝上端夹住，下端穿过钢丝夹子和砝码相连；

（3）将光杠杆放在平台上，调节平台的上下位置，尽量使三足在同一水平面上。

2. 光杠杆及望远镜直横尺的调节

（1）在杨氏模量测定仪前方约 1 m 处放置望远镜直横尺，使望远镜和光杠杆在同一高度，并使光杠杆的镜面和标尺都与钢丝平行；

（2）调节望远镜，在望远镜中能看到平面镜中直尺的像；

（3）仔细调节望远镜的目镜，使望远镜内的十字线看起来清楚为止，调节平面镜、标尺的位置及望远镜的焦距，使人们能清楚地看到标尺刻度的像。

3. 测　量

（1）将砝码托盘挂在下端，再放上一个砝码作为本底砝码，拉直钢丝，记下此时望远镜中所对应的读数。

（2）顺次增加砝码 1 kg，直至将砝码全部加完为止，然后再依次减少 1 kg 直至将砝码全部取完为止，分别记录下读数。注意加减砝码要轻放，由对应同一砝码值的两个读数求平均，然后再分组对数据应用逐差法进行处理。

（3）用钢卷尺测量钢丝长度 L。

（4）用钢卷尺测量标尺到平面镜之间的距离 D。

（5）用螺旋测微器测量钢丝直径 d，变换位置测 6 次（注意不能用悬挂砝码的钢丝），求平均值。

（6）将光杠杆在纸上压出 3 个足印，用卡尺测量出 h。

【数据记录及处理】

1. 数据记录

钢丝长度 L = _____；

标尺到平面镜的距离 $D =$ _____；

光杠杆前后足尖的垂直距离 $h =$ _____。

表 10-1　测量钢丝直径

测量次数	1	2	3	4	5	6	平均值
直径 d/mm							

表 10-2　记录加外力后标尺的读数

次数	砝码重/kg	标尺读数/mm			逐差/mm
		加砝码 x_i	减砝码 x_i	$\overline{x}_i$	
1					
2					
3					
4					
5					
6					
7					
8					
9					
10					

2. 用逐差法处理数据

按逐差法将数据分成前后两组：（$\overline{x}_1$，$\overline{x}_2$，$\overline{x}_3$，$\overline{x}_4$，$\overline{x}_5$）和（$\overline{x}_6$，$\overline{x}_7$，$\overline{x}_8$，$\overline{x}_9$，$\overline{x}_{10}$），实行对应项相减：

$$\Delta x_1 = \left| \overline{x}_6 - \overline{x}_1 \right|$$
$$\Delta x_2 = \left| \overline{x}_7 - \overline{x}_2 \right|$$
$$\Delta x_3 = \left| \overline{x}_8 - \overline{x}_3 \right|$$
$$\Delta x_4 = \left| \overline{x}_9 - \overline{x}_4 \right|$$
$$\Delta x_5 = \left| \overline{x}_{10} - \overline{x}_5 \right|$$

可得每增减 5 kg 砝码时，望远镜中标尺像读数的变化量的平均值

$$\overline{\Delta x} = \frac{1}{5}(\Delta x_1 + \Delta x_2 + \Delta x_3 + \Delta x_4 + \Delta x_5)$$

3. 计算钢丝的杨氏模量 E 和不确定度

有关计算应列出计算公式，代入实验数据，再写出计算结果。

【注意事项】

（1）光杠杆的主脚不能接触钢丝，不要靠着圆孔边，也不要放在夹缝中。

（2）实验系统调好后，一旦开始测量 x_i ，在实验过程中绝对不能对系统的任一部分进行任何调整，否则，所有数据将重新再测。

（3）加减砝码时，要轻拿轻放，并使系统稳定后才能读取标尺刻度 x_i 。

（4）注意保护平面镜和望远镜，不能用手触摸镜面。

（5）实验完成后，应将砝码取下，防止钢丝疲劳。

【思考题】

（1）简述光杠杆的放大原理。

（2）怎样调节光杠杆及望远镜等组成的系统，使在望远镜中能看到标尺的清晰像？

（杨小云）

实验 11　等厚干涉现象的研究（牛顿环）

【实验目的】

（1）观察牛顿环产生的等厚干涉条纹，加深对等厚干涉现象的认识。

（2）掌握利用牛顿环测量平凸透镜曲率半径的方法。

（3）熟悉读数显微镜的结构，掌握其使用方法。

【实验仪器】

JCD3 型读数显微镜、牛顿环仪、钠光灯（波长 $\lambda = 589.3$ nm[①]）。

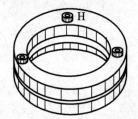

图 11-1　牛顿环仪

牛顿环仪的构造说明：牛顿环仪是由曲率半径约为 200 ~ 700 cm 的待测平凸透镜 L 和磨光的平玻璃板 P 叠合装在金属框架 F 中构成，如图 11-1 所示。框架边上有 3 个螺旋 H，用来调节 L 和 P 之间的接触，以改变干涉条纹的形状和位置。调节 H 时，螺旋不可旋得过紧，以免接触压力过大引起透镜弹性形变，甚至损坏透镜。

【实验原理】

如图 11-2 所示，在平面玻璃板 BB' 上放置一曲率半径为 R 的平凸透镜 AOA'，两者之间便形成一层空气薄层。当用单色光垂直照射下来时，从空气上下两个表面反射的光束 1 和光束 2 在空气表面层附近相遇产生干涉，空气层厚度相等处形成相同的干涉条纹，这种干涉现象称为等厚干涉。此等厚干涉条纹最早由牛顿发现，故称为牛顿环。在干涉条纹上，光程差相等处，是以接触点 O 为中心，半径为 r 的明暗相间的同心圆，r、h、R 三者关系为

$$h = \frac{r^2}{2R - h} \qquad (11\text{-}1)$$

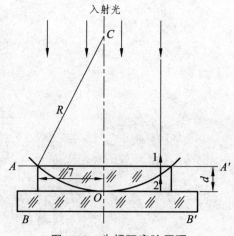

图 11-2　牛顿环实验原理

① 低压钠灯双黄线波长分别为 589.0 nm、589.6 nm，此处取平均值。

因 $R \gg h$（R 为几米，h 为几分之一厘米）。

所以

$$h \approx \frac{r^2}{2R}$$

光程差为

$$\delta = 2h - \frac{\lambda}{2} \qquad\qquad (11\text{-}2)$$

即

$$\delta = \frac{r^2}{R} - \frac{\lambda}{2} \qquad\qquad (11\text{-}3)$$

式（11-3）是进入透镜的光束，光束 1 先由透镜凸面反射回去，光束 2 穿过透镜进入空气膜后，由平面玻璃板反射形成的光程差，式中 $\lambda/2$ 为额外光程差。

在反射光中见到的亮环

$$\frac{r_k^2}{R} - \frac{\lambda}{2} = 2k\frac{\lambda}{2} \qquad\qquad (11\text{-}4)$$

在反射光中见到的暗环

$$\frac{r_k^2}{R} - \frac{\lambda}{2} = (2k-1)\frac{\lambda}{2} \qquad\qquad (11\text{-}4)$$

式中，$k = 0$，1，2，$\cdots$。

从上观察，以中心暗环为准，则有

$$r_k^2 = k\lambda R$$

可得

$$R = \frac{r_k^2}{k\lambda} \qquad\qquad (11\text{-}5)$$

可见，测出条纹的半径 r，依式（11-5）便可计算出平凸透镜的半径 R。

【实验内容】

1. 观察牛顿环

（1）接通钠光灯电源使灯管预热。

（2）将牛顿环装置放置在读数显微镜镜筒下，镜筒置于读数标尺中央约 25 cm 处。

（3）待钠光灯正常发光后，调节读数显微镜下底座平台高度（底座可升降），使 45°玻璃片正对钠灯窗口，并且同高。

（4）在目镜中观察从空气层反射回来的光，整个视场应较亮，颜色呈钠光的黄色，如果看不到光斑，可适当调节 45° 玻璃片的倾斜度及平台高度，直至看到反射光斑，并均匀照亮视场。

（5）调节目镜，在目镜中看到清晰的十字准线的像。

（6）转动物镜调节手轮，调节显微镜镜筒与牛顿环装置之间的距离。先将镜筒下降，使45°玻璃片接近牛顿环装置但不能碰上，然后缓慢上升，直至在目镜中看到清晰的十字准线和牛顿环像。

2. 测量 21 环到 30 环的直径

（1）粗调仪器，移动牛顿环装置，使十字准线的交点与牛顿环中心重合。

（2）放松目镜紧固螺丝（该螺丝应始终对准槽口），转动目镜使十字准线中的一条线与标尺平行，即与镜筒移动方向平行。

（3）转动读数显微镜读数鼓轮，镜筒将沿着标尺平行移动，检查十字准线中竖线与干涉环的切点是否与十字准线交点重合，若不重合，按步骤（1）（2）再仔细调节（检查左右两侧测量区域）。

（4）把十字准线移到测量区域中央（25 环左右），仔细调节目镜及镜筒的焦距，使十字准线像与牛顿环像无视差。

（5）转动读数鼓轮，观察十字准线从中央缓慢向左（或向右）移至 37 环，然后反方向自 37 环向右移动，当十字准线竖线与 30 环外侧相切时，记录读数显微镜上的位置读数 x_{30} 然后继续转动鼓轮，使竖线依次与 29、28、27、26、25、24、23、22、21 环外侧相切，并记录读数。过了 21 环后继续转动鼓轮，并注意读出环的顺序，直到十字准线回到牛顿环中心，核对该中心是否是 $k = 0$。

（6）继续按原方向转动读数鼓轮，越过干涉圆环中心，记录十字准线与右边第 21、22、23、24、25、26、27、28、29、30 环内外切时的读数，注意从 37 环移到另一侧 30 环的过程中鼓轮不能倒转。然后再反向转动鼓轮，并读出反向移动时各暗环次序，并核对十字准线回到牛顿环中心时 k 是否是 0。

（7）按上述步骤重复测量 3 次，将牛顿暗环位置的读数填入自拟表中。

【数据处理】

1. 方法

如图 11-3 所示，因圆心处 O 的位置无法确定，故先测出 $OL_n \cdots$，OL_3，OL_2，OL_1 之间的距离，再读出 OL_1'，OL_2'，$\cdots OL_n'$，其中 $OL_1 - OL_1'$ 为 k_1 级的圆环直径 D_1。同理可得 k_2，k_3，$\cdots$，k_n 的圆环直径。采用多项逐差法处理：

首先把实验所测得 D_k 的数据分为 A、B 两组

A 组：D_1，D_2，D_3，$\cdots$，D_a，$\cdots$，D_m。

B 组：D_{m+1}，D_{m+2}，D_{m+3}，$\cdots$，D_b，$\cdots$，D_{2m}。

于是可将式（11-5）改为

$$R = \frac{D_k^2}{4k\lambda}$$

得

$$D_a^2 = 4a\lambda R \tag{11-6}$$

$$D_b^2 = 4b\lambda R \tag{11-7}$$

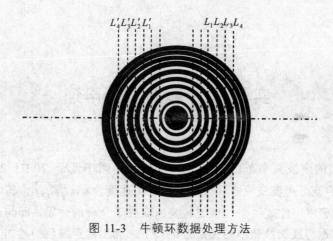

图 11-3　牛顿环数据处理方法

将式（11-6）和式（11-7）相减得

$$R = \frac{D_b^2 - D_a^2}{4(b-a)\lambda}$$

（11-8）

式中，D_a，D_b 为 A，B 两组中的对应项，且 $b-a = m$（恒值）。

2. 步骤

（1）列出原始测量数据。

（2）计算各环位置读数的平均值，并列在表中。

（3）计算各环的直径 $\overline{D_k}$，并列在表中。

（4）计算各环的直径平方 $\overline{D_k^2}$，并列在表中。

（5）求 $\overline{D_b^2} - \overline{D_a^2}$。

（6）用式（11-8）求出 R 的值。

（7）计算出 $\overline{\Delta R}$、相对误差 $\dfrac{\overline{\Delta R}}{R}$ 及 $\overline{R} \pm \overline{\Delta R}$ 的数值。

【注意事项】

（1）使用读数显微镜时，为避免引进螺距差，移测时必须向同一方向旋转，中途不可倒退。

（2）调节 H 时，螺旋不可旋得过紧，以免接触压力过大引起透镜弹性形变。

（3）实验完毕应将牛顿环仪上的 3 个螺旋松开，以免牛顿环变形。

【思考题】

（1）牛顿环干涉条纹一定会成为圆环形状吗？其形成的干涉条纹定域在何处？

（2）从牛顿环仪透射出到环底的光能形成干涉条纹吗？如果能形成干涉环，则与反射光形成的条纹有何不同？

（3）实验中为什么要测牛顿环直径，而不测其半径？

（4）实验中为什么要测量多组数据且采用多项逐差法处理数据？

（5）实验中如果用凹透镜代替凸透镜，所得数据有何异同？

（曾令准）

实验 12 超声波测声速

人耳能够听到的声波频率范围为 20～20 000 Hz，频率低于 20 Hz 的为次声波，高于 20 000 Hz 的为超声波。声波在液体和气体中传播的速度为 $u = \sqrt{K/\rho}$，其中 K 为介质的体积模量，ρ 为介质的密度。此式说明机械波的波速取决于介质的性质，而与声波的频率无关。波速与波长及频率的关系为 $u = \lambda f$，利用超声波测声速时，如果知道超声波的频率 f，只需测出超声波在空气中的波长 λ，就可以计算出超声波在空气中的波速 u，本实验测声速的方法正是如此。

空气中的
声速测定

超声波具有波长短、方便定向传播等特点，在超声波段进行声速测量比较方便。超声波的发射和接受是利用压电陶瓷换能器，通过电磁振动和机械振动的相互转换来实现的，发射端压电陶瓷将电磁振动信号转化为同频率的超声波，而在接收端将超声波转化为同频率的电磁振动信号。

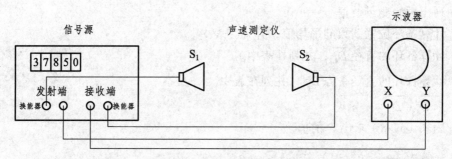

图 12-1 超声波测声速原理图

【实验目的】

（1）学习用共振干涉法和相位比较法测量声速。
（2）了解压电陶瓷换能器产生、发射和接受声波信号的工作原理。
（3）熟悉示波器处理信号的方法。

【实验仪器】

低频信号发生器、声速测定仪、双踪示波器、防干扰同轴信号线等。

【实验原理】

1. 声波的速度

声波的速度公式为 $u = \lambda f$。本实验中的超声波频率 f 可由信号发生器的显示屏直接读出，实验要做的就是测出声波的波长 λ 值，代入公式就可以算出声波的速度 u。

2. 超声波的产生、发射和接收

信号发生器产生电磁振荡信号，信号频率可调，频率值由信号发射器的显示屏显示。信号发射端为一压电陶瓷换能器，它将信号发生器发出的电磁信号转换为同频率的超声波，而接收端也是压电陶瓷换能器，它将超声波转换为电磁信号导入示波器进行信号处理。

3. 共振干涉法（驻波法）测声波波长

图 12-1 中超声波发射端 S_1 与接收端 S_2 为一对相互平行的平面，S_1 发出的超声波与 S_2 反射的超声波相互干涉形成驻波。设两反向传播的波动方程分别为：

$$y_1 = A\cos 2\pi\left(ft - \frac{x}{\lambda}\right)$$

$$y_2 = A\cos 2\pi\left(ft + \frac{x}{\lambda}\right)$$

两波在空间某点 x 相遇时形成的合振动方程（驻波）为：

$$y = y_1 + y_2 = \left(2A\cos 2\pi\frac{x}{\lambda}\right)\cos 2\pi ft$$

当 $x = 2n\dfrac{\lambda}{4}(n = 0,\ 1,\ 2,\cdots)$ 时，合振动最大，这些位置为驻波波腹；当 $x = (2n+1)\dfrac{\lambda}{4}$ $(n = 0,\ 1,\ 2,\cdots)$ 时，合振幅最小，这些位置为驻波波节。其余各点的振幅在最大与最小之间。两相邻波腹（或波节）间的距离为 $\dfrac{\lambda}{2}$。

将发射端 S_1 的信号与接收端 S_2 接收到的信号同时输入示波器的 CH1/CH2 通道合成，在示波器上显示合成波的信号波形图。当 S_1 与 S_2 之间的距离发生连续改变时，合成波的振幅会发生变化，距离恰为半波长整数倍时，合成波的振幅最大，利用这个道理可以测出超声波的波长 λ。

4. 相位比较法测波长

将发射端 S_1 发出的信号与接收端 S_2 接收到的信号分别输入示波器相互垂直的两个方向合成，形成频率比为 1∶1 的李萨如图，而李萨如图的形态反映的是两信号的相位差，如图 12-2 所示。

两信号的波动方程分别为

$$x = A_1\cos(2\pi ft + \varphi_1)$$

$$y = A_2\cos(2\pi ft + \varphi_2)$$

图 12-2　相位比较法测波长

合成振动方程为

$$\frac{x^2}{A_1^2} + \frac{y^2}{A_2^2} - \frac{2xy}{A_1 A_2}\cos(\varphi_2 - \varphi_1) = \sin^2(\varphi_2 - \varphi_1)$$

此方程轨迹为椭圆，椭圆的长、短轴和倾斜方向由相位差 $\Delta\varphi = \varphi_2 - \varphi_1 = 2\pi\dfrac{x}{\lambda}$ 决定。这里

x 可理解为 S_1 与 S_2 之间的距离，摇动手柄可连续改变 S_1 与 S_2 之间的距离 x，示波器上的椭圆形态发生如下连续变化：当 x 的大小每改变一个波长时，李萨如图也发生一个周期性变化回到原来的形状，利用这种方法可以很方便测出超声波的波长，这样测得的波长比共振干涉法测得的波长数值精确度更高。

【实验内容及步骤】

1. 连接与调试

接通示波器预热 5 min，接通信号发生器自动工作正弦波方式，介质选择为空气，信号发生器、声速测定仪、双踪示波器的连接如图 12-1。

2. 压电陶瓷换能器最佳工作状态的调节

当换能器 S_1 和 S_2 的发上面平行时才有较好的接收效果，而当外加信号频率与换能器发射谐振时，才能在示波器上显示稳定的波形图。首先调节信号源的电压输出在 100 ~ 500 mV 之间，信号频率在 35 ~ 40 kHz，观察接收波信号变化，当接收信号幅度最大时，记下频率 f_0。

3. 共振干涉法（驻波法）测波长

信号源信号类型置于正弦波，一切连接妥当后，观察示波器的 CH1 和 CH2 上发射波与接收波信号，调至最佳工作状态。将示波器上竖直扫描信号显示状态置于 ADD，在示波器上显示的叠加波波形图，转动鼓轮手柄调节 S_1 与 S_2 之间的距离 x 连续变化，波的振幅大小也随着变化，当合成波振幅最大时开始计数，连续两次振幅最大之间的距离为一个波长。

4. 相位比较法测波长

将示波器的水平扫描时间（频率）控制旋钮顺时针旋到底至 X-Y 挡，此时示波器上出现频率比为 1 : 1 的李萨如图，转动鼓轮手柄，调节 S_1 与 S_2 之间的距离 x 连续变化，观察示波器上李萨如图也跟着连续变化。当李萨如图变为一条直线并向左倾斜时开始记录数据，连续两次向左倾斜的直线出现之间的 x 的改变值为一个波长 $\Delta x = \lambda$。

【数据记录与处理】

将实验数据记录到表 12-1、12-2 中。

表 12-1　实验数据记录表 1　　（室温：$t=$_____℃ ）

驻波法：振幅最大位置	x/mm												f/Hz
	x_0	x_1	x_2	x_3	x_4	x_5	x_6	x_7	x_8	x_9	x_{10}	x_{11}	

表 12-2　实验数据记录表 2　　（室温：$t=$_____℃ ）

相位法：直线左倾位置	x/mm							f/Hz
	x_0	x_1	x_2	x_3	x_4	x_5	x_6	

1. 数据处理

（1）用逐差法处理数据。

对于共振干涉法：

$$\Delta x_{4-0} = x_4 - x_0 = 2\lambda = \underline{\qquad}$$
$$\Delta x_{5-1} = x_5 - x_1 = 2\lambda = \underline{\qquad}$$
$$\Delta x_{6-2} = x_6 - x_2 = 2\lambda = \underline{\qquad}$$
$$\Delta x_{7-3} = x_7 - x_3 = 2\lambda = \underline{\qquad}$$

于是得到
$$\bar{\lambda} = \frac{1}{8}(x_7 + x_6 + x_5 + x_4 - x_3 - x_2 - x_1 - x_0) = \underline{\qquad}。$$

（2）对于相位比较法，直接计算波长。

$$\bar{\lambda} = \frac{1}{6}(x_6 - x_0) = \underline{\qquad}$$

（3）计算声速。

将以上测得的波长值，以及信号源上显示的频率，代入公式 $u = \lambda f$，计算出声速 u。

2. 误差分析

声速在一个标准大气压下的理论值为

$$v = 331.45 + 0.56t \ (\text{m/s}) \qquad （t \ \text{为摄氏温度}）$$

将以上测得的声速值与此公式计算结果比较，估算出测量结果的相对误差，并用标准形式表达。

【思考题】

（1）用共振干涉法和相位比较法测波长，哪种方法测得的结果更准确？两种方法测量波长的误差来源哪里？

（2）用逐差法处理数据与直接求平均值的方法处理数据，哪种方法更科学？

（付承志）

实验 13　霍尔效应

　　霍尔效应是导电材料中的电流与磁场相互作用而产生电动势的效应。1879 年，美国霍普金斯大学研究生霍尔在研究金属导电机理时发现了这种电磁现象，故称霍尔效应。后来曾有人利用霍尔效应制成测量磁场的磁传感器，但因金属的霍尔效应太弱而未能得到实际应用。随着半导体材料和制造工艺的发展，人们又利用半导体材料制成霍尔元件，由于它的霍尔效应显著而得到实用和发展，现在广泛用于非电量的测量、电动控制、电磁测量和计算装置等方面。在电流体中的霍尔效应也是目前在研究中的"磁流体发电"的理论基础。近年来，霍尔效应实验不断有新发现。1980 年，德国科学家冯·克利青发现整数量子霍尔效应，1982 年，美国科学家崔琦和施特默发现分数量子霍尔效应，这两项成果分别于 1985 年和 1998 年获得诺贝尔物理学奖。1988 年，美国物理学家霍尔丹提出可能存在不需要外磁场的量子霍尔效应，即量子反常霍尔效应。2013 年，由清华大学薛其坤院士领衔，清华大学、中科院物理所研究人员联合组成的团队在量子反常霍尔效应研究中取得重大突破，他们从实验中首次观测到量子反常霍尔效应，这是中国科学家从实验中独立观测到的一个重要物理现象，也是物理学领域基础研究的一项重要科学发现。

　　　　霍尔效应　　　　量子霍尔效应　　　量子反常霍尔效应

　　目前对量子霍尔效应正在进行深入研究，并取得了重要应用。例如，用于确定电阻的自然基准，可以极为精确地测量光谱精细结构常数等。在磁场、磁路等磁现象的研究和应用中，霍尔效应及其元件是不可缺少的，利用它观测磁场直观，干扰小，灵敏度高，效果明显。

【实验目的】

（1）了解霍尔效应产生的原理。

（2）测绘霍尔元件的 V_H-I_S，V_H-I_M 曲线。

（3）测绘霍尔元件的 V_H-X 曲线，利用霍尔效应测量磁感应强度 B 及磁场分布。

（4）用"对称交换测量法"消除负效应产生的系统误差。

【实验仪器】

HLD-HL-V 型霍尔效应与螺线管组合实验仪等。

1. 霍尔效应与螺线管组合实验仪（主机，见图 13-1）

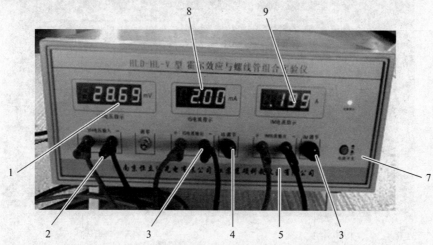

图 13-1　霍尔效应与螺线管组合实验仪（主机）

1—霍尔电压测量指示；2—霍尔电压输入端；3—霍尔电流输出端；4—霍尔电流调节；
5—励磁电流输出；6—励磁电流调节；7—电源开关；
8—霍尔电流指示；9—励磁电流指示

2. 霍尔效应实验（附件，见图 13-2）

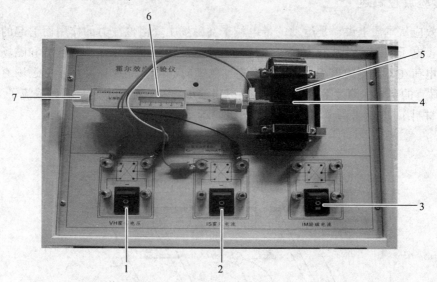

图 13-2　霍尔效应与螺线管组合实验仪（附件）

1—霍尔电压输出端及霍尔电压换向；2—霍尔电流输入端及霍尔电流换向；3—励磁电流
输入端及励磁电流换向；4—霍尔元件；5—电磁铁（通电后产生磁场）；
6—霍尔移动标尺及刻度指示；7—霍尔移动标尺调节旋钮

3. 螺线管磁场测定仪（见图 13-3）

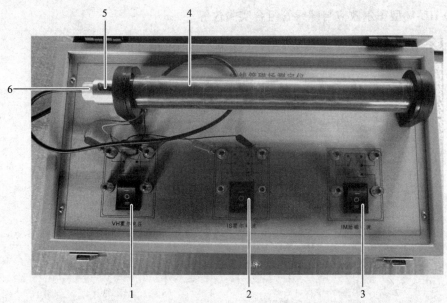

图 13-3　霍尔效应与螺线管组合实验仪（螺线管磁场测定仪）

1—霍尔电压输出端及霍尔电压换向；2—霍尔电流输入端及霍尔电流换向；3—励磁电流
输入端及励磁电流换向；4—螺线管（通电后产生磁场）；5—霍尔移动标尺及
刻度指示；6—霍尔移动尺调节（拉杆式）

【实验原理】

1. 实验原理概述

霍尔效应从本质上讲，是运动的带电粒子在磁场中受洛伦兹力的作用而引起的偏转。当带电粒子（电子或空穴）被约束在固体材料中，这种偏转就导致在垂直电流和磁场的方向上产生正负电荷在不同侧的聚积，从而形成附加的横向电场。如图 13-4 所示，磁场 B 沿 z 轴正向，与之垂直的半导体薄片上沿 x 轴正向通以电流 I_S（称为工作电流），假设载流子为电子（N 型半导体材料），它沿着与电流 I_S 相反的 x 负向运动。

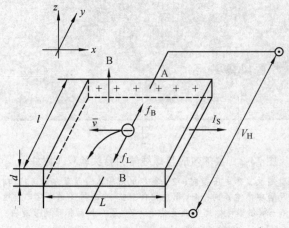

图 13-4　霍尔效应原理示意图

由于洛伦兹力 f_L 作用，电子即向图中虚线箭头所指的位于 y 轴负方向的 B 侧偏转，并使 B 侧形成电子积累，而相对的 A 侧形成正电荷积累。与此同时运动的电子还受到由于两种积累的异种电荷形成的反向电场力 f_E 的作用。随着电荷积累的增加，f_E 增大，当两个力大小相等方向相反时，$f_L = -f_E$，则电子积累便达到动态平衡。这时在 A，B 两端面之间建立的电场称为霍尔电场 E_H，相应的电势差称为霍尔电压 V_H。

设电子按均一速度 $\overline{V}$，向图示的 x 负方向运动，在磁场 B 作用下，所受洛伦兹力为

$$f_L = -e\overline{V}B \tag{13-1}$$

式中，e 为电子电量；$\overline{V}$ 为电子漂移平均速度；B 为磁感应强度。同时，电场作用于电子的力为

$$f_E = -eE_H = -eV_H/l \tag{13-2}$$

式中，E_H 为霍尔电场强度；V_H 为霍尔电压；l 为霍尔元件宽度。

当达到动态平衡时，有

$$\overline{V}B = V_H/l \tag{13-3}$$

设霍尔元件宽度为 l，厚度为 d，载流子浓度为 n，则霍尔元件的工作电流为

$$I_S = ne\overline{V}ld \tag{13-4}$$

由（13-3）、（13-4）两式可得

$$V_H = E_Hl = \frac{1}{ne}\frac{I_SB}{d} = R_H\frac{I_SB}{d} \tag{13-5}$$

即霍尔电压 V_H（A、B 间电压）与 I_S、B 的乘积成正比，与霍尔元件的厚度成反比，比例系数 $R_H = 1/ne$ 称为霍尔系数（严格来说，对于半导体材料，在弱磁场下应引入一个修正因子 $A = 3\pi/8$，从而有 $R_H = 3\pi/8ne$），它是反映材料霍尔效应强弱的重要参数，根据材料的电导率 $\sigma = ne\mu$ 的关系，还可以得到

$$\mu = |R_H|\sigma \tag{13-6}$$

式中，μ 为载流子的迁移率，即单位电场下载流子的运动速度，一般电子迁移率大于空穴迁移率。因此，制作霍尔元件时大多采用 N 型半导体材料。

当霍尔元件的材料和厚度确定时，设

$$K_H = \frac{R_H}{d} = \frac{1}{ned} \tag{13-7}$$

将式（13-7）代入式（13-5）中得

$$V_H = K_HI_SB \tag{13-8}$$

式中，K_H 称为元件的灵敏度，它表示霍尔元件在单位磁感应强度和单位控制电流下的霍尔电压大小，其单位是 mV/（mA·T），一般要求 K_H 愈大愈好。由于金属的电子浓度（n）很高，

所以它的 R_H 或 K_H 都不大，因此不适宜作霍尔元件。此外元件厚度 d 愈薄，K_H 愈大，所以制作时，往往采用减少 d 的办法来增加灵敏度，但不能认为 d 愈薄愈好，因为此时元件的输入和输出电阻将会增加，这对霍尔元件是不希望的。本实验采用的霍尔片的厚度 d 为 0.2 mm，宽度 l 为 1.5 mm。

应当注意：当磁感应强度 B 和元件平面法线成一角度时（见图 13-5），作用在元件上的有效磁场是其法线方向上的分量 $B\cos\theta$，此时

$$V_H = K_H I_S B \cos \theta$$

所以一般在使用时应调整元件两平面方位，使 V_H 达到最大，即 $\theta = 0$，这时有

$$V_H = K_H I_S B \cos \theta = K_H I_S B \qquad\qquad （13-9）$$

$$B = \frac{V_H}{K_H I_S} \qquad\qquad （13-10）$$

由式（13-9）可知，当工作电流 I_S 或磁感应强度 B 两者之一改变方向时，霍尔电压 V_H 方向随之改变；若两者方向同时改变，则霍尔电压 V_H 极性不变。

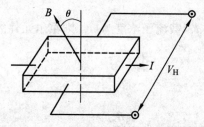

图 13-5　磁感应强度 B 和元件平面法线成 θ 角（$0<\theta<\pi/2$）

霍尔元件测量磁场的基本电路（见图 13-6），将霍尔元件置于待测磁场的相应位置，并使元件平面与磁感应强度 B 垂直，在其控制端输入恒定的工作电流 I_S，霍尔元件的霍尔电压输出端接毫伏表，测量霍尔电压 V_H 的值。利用式（13-10）可计算出磁感应强度 B。

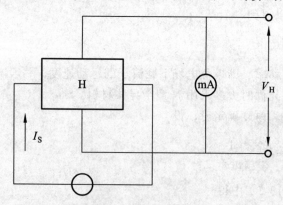

图 13-6　利用霍尔效应测量磁场的基本电路

2. 实验系统误差及其消除

测量霍尔电压 V_H 时，不可避免地会产生一些副效应，由此而产生的附加电压叠加在霍尔

电压上，形成测量系统误差，这些副效应有：

（1）不等位电势 V_0。

制作时，由于两个焊点不可能绝对对称地焊在霍尔片两侧，霍尔片电阻率不均匀，控制电极的端面接触不良（见图 13-7）都可能造成 A，B 两极不处在同一等位面上，此时虽未加磁场，但 A，B 间存在电势差 V_0，称为不等位电势。$V_0 = I_S R_0$，R_0 是两等位面间的电阻。由此可见，在 R_0 确定的情况下，V_0 与 I_S 的大小成正比，且其正负随 I_S 的方向而改变。

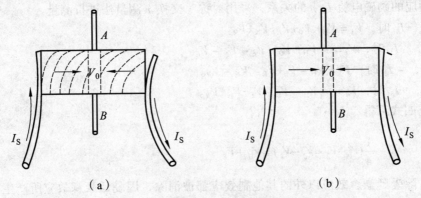

（a）   （b）

图 13-7 不等位电势 V_0 产生的原因

（2）爱廷豪森效应。

当元件 X 方向通以工作电流 I_S，Z 方向加磁场 B 时，由于霍尔片内的载流子速度服从统计分布，有快有慢。在到达动态平衡时，在磁场的作用下载流子将在洛伦兹力和霍耳电场的共同作用下，沿 Y 轴分别向相反的两侧偏转，这些载流子的动能将转化为热能，使两侧的温升不同，从而造成 Y 方向上两侧的温差（$T_A - T_B$）。因为霍尔电极和元件两者材料不同，电极和元件之间形成温差电偶，温差在 A，B 间产生温差电动势 V_E，$V_E \propto I_S B$。这一效应称爱廷豪森效应，V_E 的大小与正负符号与 I_S、B 的大小和方向有关，跟 V_H 与 I_S、B 的关系相同，所以不能在测量中消除。正电子运动平均速度如图 13-8 所示。

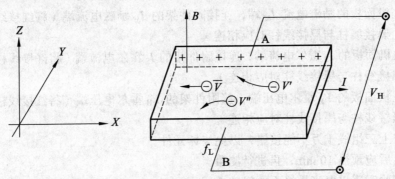

图 13-8 正电子运动平均速度（图中 $V' < \bar{V}$，$V'' > \bar{V}$）

（3）伦斯脱效应。

由于控制电流的两个电极与霍尔元件的接触电阻不同，控制电流在两电极处将产生不同的焦耳热，引起两电极间的温差电动势，此电动势又产生温差电流（称为热扩散电流），热扩散电流在磁场作用下将发生偏转，结果在 Y 方向上产生附加的电势差 V_N，且 $V_N \propto B$，这一效应称为伦斯脱效应。由上式可知 V_N 的符号只与 B 的方向有关。

（4）里纪-勒杜克效应。

如（3）所述霍尔元件在 X 方向有温度梯度 dT/dX，引起载流子沿梯度方向扩散而有热扩散电流通过元件，在此过程中载流子在 Z 方向的磁场 B 作用下，在 Y 方向引起类似爱廷豪森效应的温差（$T_A - T_B$），由此产生的电势差 $V_R \propto B$，其符号与 B 的方向有关，与 I_S 的方向无关。

为了减少和消除以上副效应的附加电压，利用这些附加电压与霍尔元件工作电流 I_S，磁场 B（即相应的励磁电流 I_M）的关系，采用对称（交换）测量法进行测量。

当 $+I_S$，$+I_M$ 时，$V_1 = V_H + V_0 + V_E + V_N + V_R$。

当 $+I_S$，$-I_M$ 时，$V_2 = -V_H + V_0 - V_E - V_N - V_R$。

当 $-I_S$，$-I_M$ 时，$V_3 = V_H - V_0 + V_E - V_N - V_R$。

当 $-I_S$，$+I_M$ 时，$V_4 = V_H - V_0 - V_E + V_N + V_R$。

由以上四式可得

$$\frac{1}{4}(V_1 - V_2 + V_3 - V_4) = V_H + V_E$$

可见，除爱廷豪森效应以外的其他副效应都被消除，因爱廷豪森效应所产生的电压 V_E 的符号和霍尔电压 V_H 的符号，与 I_S 及 B 的方向关系相同，故无法消除，但在非大电流、非强磁场下，$V_H \gg V_E$，因而 V_E 可以忽略不计，由此可得

$$V_H \approx V_H + V_E = \frac{V_1 - V_2 + V_3 - V_4}{4} \tag{13-11}$$

【实验内容及步骤】

1. 实验连接线

（1）按仪器面板上的文字和符号提示将霍尔效应与螺线管组合实验仪中主机与附件架正确连接。注意将"I_S 调节"和"I_M 调节"置零位（逆时针旋到底）。

（2）将主机面板的励磁电流 I_M 端，连接附件架的 I_M 励磁电流端（将红接线柱与红接线柱对应相连，黑接线柱与黑接线柱对应相连）。

（3）将主机面板的 I_S 霍尔电流端，连接附件架的 I_S 霍尔电流端（将红接线柱与红接线柱对应相连，黑接线柱与黑接线柱对应相连）。

（4）将主机面板的 V_H 霍尔电压端，接附件架的 V_H 霍尔电压端（将红接线柱与红接线柱对应相连，黑接线柱与黑接线柱对应相连）。

注意：以上三组线千万不能接错，以免烧坏元件。

（5）开机后应预热 10 min，再进行测量。

（6）做实验时霍尔电流最好不要超过 5 mA。

（7）霍尔电流和励磁电流在换向时要慢，不要快速换向，换向后等待几秒后读取数据。

2. 研究霍尔电压 V_H 与工作电流 I_S 的关系

（1）先将 I_S，I_M 都调零。

（2）将霍尔元件移至磁场中心，调节 $I_M = 0.5A$，I_S 每次递增 0.50 mA，分别测量相应的

霍尔电压 V_1, V_2, V_3, V_4。

（3）绘制 V_H-I_S 曲线，验证 V_H 与 I_S 之间的线性关系。

3. 研究霍尔电压 V_H 与励磁电流 I_M 的关系

（1）先将 I_S, I_M 调零。

（2）将霍尔元件移至磁场中心，调节 $I_S = 1.00$ mA，I_M 每次递增 0.100A，分别测量相应的霍尔电压 V_1, V_2, V_3, V_4。

（3）绘制 V_H-I_M 曲线，验证 V_H 与 I_M 之间的线性关系。

4. 研究霍尔电压 V_H 与 X 的关系

（1）先将 I_S, I_M 调零。

（2）调节 $I_S = 1.00$ mA，$I_M = 0.5$ A。

（3）将霍尔元件从一端向另一端移动，从 0 mm 开始每隔 5 mm 测量一次相应的霍尔电压 V_1, V_2, V_3, V_4。

（4）由以上数据计算 V_H 值，绘制 V_H-X 图。由公式 $V_H = K_H I_S B$ 可知 $B = V_H/K_H I_S$，计算出各位置的磁感应强度，可以得出通电圆线圈内磁场 B 的分布。

【数据处理】

数据表格自拟。参考表格如表 13-1 ~ 13-3 所示。

表 13-1 保持 I_M 不变（$I_M = 0.5$A），用对称交换测量法测霍尔电压

I_S/mA	V_1/mV $+I_S, +I_M$	V_2/mV $+I_S, -I_M$	V_3/mV $-I_S, -I_M$	V_4/mV $-I_S, +I_M$	$V_H = \dfrac{V_1 - V_2 + V_3 - V_4}{4}$/mV
0.50					
1.00					
1.50					
2.00					
2.50					
3.00					

表 13-2 保持 I_S 不变（$I_S = 1.00$ mA），用对称交换测量法测霍尔电压

I_M/A	V_1/mV $+I_S, +I_M$	V_2/mV $+I_S, -I_M$	V_3/mV $-I_S, -I_M$	V_4/mV $-I_S, +I_M$	$V_H = \dfrac{V_1 - V_2 + V_3 - V_4}{4}$/mV
0.100					
0.200					
0.300					
0.400					
0.500					
0.600					

表 13-3　保持 I_S，I_M 不变（$I_S = 1.00$ mA，$I_M = 0.5$A），用对称交换测量法测霍尔电压

X/mm	V_1/mV	V_2/mV	V_3/mV	V_4/mV	$V_H = \dfrac{V_1 - V_2 + V_3 - V_4}{4}$ /mV
	$+I_S, +I_M$	$+I_S, -I_M$	$-I_S, -I_M$	$-I_S, +I_M$	
0					
5					
10					
15					
20					
25					
30					
35					
40					

【思考题】

（1）如果磁场 B 不垂直于霍尔片，对测量结果有什么影响？如何由实验判断 B 与霍尔片是否垂直？

（2）根据霍尔系数与载流子浓度的关系，试解释金属为何不宜制作霍尔元件。

（3）试判断当其他条件一样时，温度升高，V_H 变大还是变小？由判断的结果，设想霍尔元件还有什么用途。

（4）利用霍尔元件可以读取磁带或磁盘记录的信息，试说明其原理。

（5）利用霍尔元件可制成罗盘指示方向，试说明其原理。

（6）在理想情况下 K_H 是常数，实际上它随温度而改变，试设计一种测量方法，可以消除 K_H 随温度而改变的影响。

（黄兴奎）

实验 14　液体黏度的测量

当液体内各部分之间有相对运动时，接触面之间存在内摩擦力，阻碍液体的相对运动，这种性质称为液体的黏滞性，液体的内摩擦力称为黏滞力。黏滞力的大小与接触面面积以及接触面处的速度梯度成正比，比例系数 η 称为黏度（或黏滞系数）。

对液体黏滞性的研究在流体力学、化学化工、医疗、水利等领域都有广泛的应用，例如，在用管道输送液体时要根据输送液体的流量、压力差、输送距离及液体黏度，设计输送管道的口径。

测量液体黏度可用落球法、毛细管法、转筒法等方法，其中落球法适用于测量黏度较高的液体。

黏度的大小取决于液体的性质与温度，温度升高，黏度将迅速减小。例如，对于蓖麻油，在室温附近温度改变 1 ℃，黏度值改变约 10%。因此，测定液体在不同温度的黏度有很大的实际意义，欲准确测量液体的黏度，必须精确控制液体温度。

PID 调节原理

【实验目的】

（1）用落球法测量不同温度下蓖麻油的黏度。

（2）了解 PID 温度控制的原理。

（3）练习用秒表计时。

【实验仪器】

变温黏度测量仪、ZKY-PID 温控实验仪、秒表、钢球若干等。

1. 落球法变温黏度测量装置

变温黏度仪装置的外形如图 14-1 所示。待测液体装在细长的样品管中，能使液体温度较快的与加热水温达到平衡，样品管壁上有刻度线，便于测量小球下落的距离。样品管外的加热水套连接到温控仪，通过热循环水加热样品。底座下有调节螺钉，用于调节样品管的铅直。

2. 开放式 PID 温控实验仪

温控实验仪包含水箱、水泵、加热器、控制及显示电路等部分。

本温控试验仪内置微处理器，带有液晶显示屏，具有操作菜单化，能根据实验对象选择 PID 参数以达到最佳控制，能显示温控过程的温度变化曲线和功率变化曲线及温度和

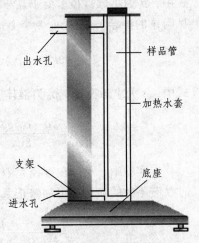

图 14-1　变温黏度仪装置

功率的实时值，能存储温度及功率变化曲线，控制精度高等特点，仪器面板如图 14-2 所示。

图 14-2　温控实验仪面板

开机后，水泵开始运转，显示屏显示操作菜单，可选择工作方式，输入序号及室温，设定温度及 PID 参数。使用 SET 进入设置界面，"◀"键选择高低位，"▲""▼"键设置参数，按 SET 键返回。

3. 秒　表

电子秒表具有多种功能。按功能转换键，待显示屏上方出现符号 ------- 且第 1 和第 6、7 短横线闪烁时，即进入秒表功能。此时按开始/停止键可开始或停止计时，多次按开始/停止键可以累计计时。一次测量完成后，按暂停/回零键使数字回零，准备进行下一次测量。

【实验原理】

1. 落球法测定液体的黏度

1 个在静止液体中下落的小球受到重力、浮力、黏滞阻力和运动阻力等几个力的作用，其中运动阻力在速度 v 很小时（<<0.01 m/s），可以忽略。且液体可以看成在各方向上都是无限广阔的情况下，则从流体力学的基本方程可以导出表示黏滞阻力的斯托克斯（George Gabriel Stokes）公式：

$$F = 3\pi\eta dv \tag{14-1}$$

式中，d 为小球直径。由于黏滞阻力与小球速度 v 成正比，小球在下落很短一段距离后（参见附录的推导），所受前 3 个力达到平衡，小球将以 v_0 匀速下落，此时有

$$\frac{1}{6}\pi d^3(\rho - \rho_0)g = 3\pi\eta v_0 d \tag{14-2}$$

式中，ρ 为小球密度；ρ_0 为液体密度。由式（14-2）可解出黏度 η 的表达式：

$$\eta = \frac{(\rho - \rho_0)gd^2}{18v_0} \tag{14-3}$$

本实验中，小球在直径为 D 的玻璃管中下落，液体在各方向无限广阔的条件不满足，此时黏滞阻力的表达式可加修正系数（1+2.4d/D），而式（14-3）可修正为

$$\eta = \frac{(\rho - \rho_0)gd^2}{18v_0(1 + 2.4\,d/D)} \tag{14-4}$$

当小球的密度较大，直径不是太小，而液体的黏度值又较小时，小球在液体中的平衡速度 v_0 会达到较大的值，奥西思-果尔斯公式反映了液体运动状态对斯托克斯公式的影响：

$$F = 3\pi \eta v_0 d \left(1 + \frac{3}{16}Re - \frac{19}{1\,080}Re^2 + \cdots \right) \qquad (14\text{-}5)$$

式中，Re 称为雷诺数，是表征液体运动状态的无量纲参数。

$$Re = v_0 d \rho_0 / \eta \qquad (14\text{-}6)$$

当 Re 小于 0.1 时，可认为式（14-1）、式（14-2）成立。当 $0.1 < Re < 1$ 时，应考虑式（14-5）中 1 级修正项的影响；当 Re 大于 1 时，还须考虑高次修正项。

考虑式（14-5）中 1 级修正项的影响及玻璃管的影响后，黏度 η_1 可表示为

$$\eta_1 = \frac{(\rho - \rho_0)gd^2}{18v_0(1 + 2.4\,d/D)(1 + 3Re/16)} = \eta \frac{1}{1 + 3Re/16} \qquad (14\text{-}7)$$

由于式（14-7）中当小球下落速度和直径、密度的乘积 $v_0 d \rho_0 \ll \eta$ 时，$3Re/16$ 是远小于 1 的数，将 $1/(1+3Re/16)$ 按幂级数展开后近似为 $1 - 3Re/16$，式（14-7）又可表示为

$$\eta_1 = \eta - \frac{3}{16}v_0 d \rho_0 \qquad (14\text{-}8)$$

已知或测量得到 ρ，ρ_0，D，d，v 等参数后，由式（14-4）计算黏度 η，再由式（14-6）计算 Re。若需计算 Re 的 1 级修正，则由式（14-8）计算经修正的黏度 η_1。

在国际单位制中，η 的单位是 Pa·s（帕斯卡·秒）；在厘米·克·秒制中，η 的单位是 P（泊）或 cP（厘泊），它们之间的换算关系是：

$$1\ \text{Pa·s} = 10\ \text{P} = 1\,000\ \text{cP} \qquad (14\text{-}9)$$

2. PID 调节原理

PID 调节是自动控制系统中应用最为广泛的一种调节规律，自动控制系统的原理可用图 14-3 说明。

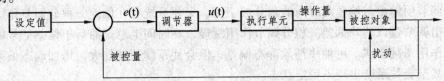

图 14-3　自动控制原理图

假如被控量与设定值之间有偏差 $e(t)$ = 设定值 − 被控量，调节器依据 $e(t)$ 及一定的调节规律输出调节信号 $u(t)$，执行单元按 $u(t)$ 输出操作量至被控对象，使被控量逼近直至最后等于设定值。调节器是自动控制系统的指挥机构。

在我们的温控系统中，调节器采用 PID 调节，执行单元是由可控硅控制加热电流的加热器，操作量是加热功率，被控对象是水箱中的水，被控量是水的温度。

PID 调节器是按偏差的比例（proportional）、积分（integral）、微分（differential），进行调节，其调节规律可表示为

$$u(t) = K_{\mathrm{P}}\left[e(t) + \frac{1}{T_{\mathrm{I}}}\int_0^t e(t)\mathrm{d}t + T_D \frac{\mathrm{d}e(t)}{\mathrm{d}t} \right] \tag{14-10}$$

式中，第一项为比例调节，K_{P} 为比例系数；第二项为积分调节，T_{I} 为积分时间常数；第三项为微分调节，T_{D} 为微分时间常数。

　　PID 温度控制系统在调节过程中温度随时间的一般变化关系可用图 14-4 表示，控制效果可用稳定性、准确性和快速性评价。

　　系统重新设定（或受到扰动）后经过一定的过渡过程能够达到新的平衡状态，则为稳定的调节过程；若被控量反复振荡，甚至振幅越来越大，则为不稳定调节过程，不稳定调节过程是有害而不能采用的。准确性可用被调量的动态偏差和静态偏差来衡量，二者越小，准确性越高。快速性可用过渡时间表示，过渡时间越短越好。实际控制系统中，上

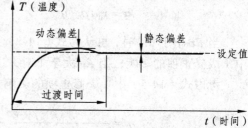

图 14-4　PID 调节系统过渡过程

述三方面指标常常是互相制约，互相矛盾的，应结合具体要求综合考虑。

　　由图 14-4 可见，系统在达到设定值后一般并不能立即稳定在设定值，而是超过设定值后经一定的过渡过程才重新稳定，产生超调的原因可从系统惯性，传感器滞后和调节器特性等方面予以说明。系统在升温过程中，加热器温度总是高于被控对象温度，在达到设定值后，即使减小或切断加热功率，加热器存储的热量在一定时间内仍然会使系统升温，降温有类似的反向过程，这称之为系统的热惯性。传感器滞后是指由于传感器本身热传导特性或是由于传感器安装位置的原因，使传感器测量到的温度比系统实际的温度在时间上滞后，系统达到设定值后调节器无法立即作出反应，产生超调。对于实际的控制系统，必须依据系统特性合理整定 PID 参数，才能取得好的控制效果。

　　由式（14-10）可见，比例调节项输出与偏差成正比，它能迅速对偏差作出反应，并减小偏差，但它不能消除静态偏差。这是因为任何高于室温的稳态都需要一定的输入功率维持，而比例调节项只有偏差存在时才输出调节量。增加比例调节系数 K_{P} 可减小静态偏差，但在系统有热惯性和传感器滞后时，会使超调加大。

　　积分调节项输出与偏差对时间的积分成正比，只要系统存在偏差，积分调节作用就不断积累，输出调节量以消除偏差。积分调节作用缓慢，在时间上总是滞后于偏差信号的变化。增加积分作用（减小 T_{I}）可加快消除静态偏差，但会使系统超调加大，增加动态偏差，积分作用太强甚至会使系统出现不稳定状态。

　　微分调节项输出与偏差对时间的变化率成正比，它阻碍温度的变化，能减小超调量，克服振荡。在系统受到扰动时，它能迅速作出反应，减小调整时间，提高系统的稳定性。

　　PID 调节器的应用已有一百多年的历史，理论分析和实践都表明，应用这种调节规律对许多具体过程进行控制时，都能取得满意的结果。

【实验内容与步骤】

　　1. 给水箱加水，将水箱水加到适当值

　　打开仪器主机电源，并关闭加热开关，将仪器主机背后的进水管与水龙头连接或通过虹

吸管方式给仪器内水箱加水。在水位较低时，仪器面板上的"缺水指示"灯亮，水位达到工作要求时，"缺水指示"灯熄灭，若继续加水，水位超过合理值时，"溢水指示"灯变亮，这时应立即停止加水，再适度排水，使"溢水指示"灯熄灭即可。

2. 设定 PID 参数

若对 PID 调节原理及方法感兴趣，可在不同的升温区段有意改变 PID 参数组合，观察参数改变对调节过程的影响，探索最佳控制参数。

若只是把温控仪作为实验工具使用，则保持仪器设定的初始值，也能达到较好的控制效果。

3. 测定小球在液体中下落速度并计算黏度

在 PID 控温器上预设所需的温度，温控仪温度达到设定值后再等约 10 min，使样品管中的待测液体温度与加热水温基本一致，才能测液体黏度。计算液体黏度时的温度按实测值记录。

用镊子夹住小球沿样品管中心轻轻放入液体，观察小球是否一直沿中心下落，若样品管倾斜，应调节其铅直。测量过程中，尽量避免对液体的扰动。

用秒表测量小球落经一段距离的时间 t，并计算小球速度 v_0，用式（14-4）或式（14-8）计算黏度 η，记入表 14-1 中。表 14-1 中，列出了部分温度下黏度的标准值，可将这些温度下黏度的测量值与标准值比较，并计算相对误差。

将表 14-1 中 η 的测量值在坐标纸上作图，标明黏度随温度的变化关系。

实验全部完成后，用磁铁将小球吸引至样品管口，用镊子夹入蓖麻油中保存，以备下次实验使用。

表 14-1　黏度的测定

$\rho = 7.8 \times 10^3 \, \text{kg/m}^3$；$\rho_0 = 0.95 \times 10^3 \, \text{kg/m}^3$；$D = 3.6 \times 10^{-2} \, \text{m}$；$L = 400 \, \text{mm}$

设定温度 /°C	实测温度 /°C	小球下落时间/s						速度 /（m/s）	η（Pa·s）测量值
		1	2	3	4	5	平均		
10									
15									
20									
25									
30									
35									
40									
45									
50									
55									

【注意事项】

（1）实验开始前一定要检查水箱中的水位是否正常，水泵循环水管中运行时应没有气泡。

（2）仪器主机与变温黏度仪装置间的水管连接不能有漏水现象。

（3）实验时控温器的温度只能逐步增加，不能一开始就设定在一个比较高的温度，否则想要降温须等很长时间。

（4）油温在较高时，由于液体的黏度下降，小球下降速度明显加快，这时必须按上面的公式（14-7）或公式（14-8）计算黏滞系数，否则会引入比较大误差。

（5）冬天气温较低时，不做实验时必须把水箱中的水排空，以免水结冰冻坏水箱。

附录

HLD-IVM-III 型落球法变温黏滞系数实验仪使用说明

1. 仪器概述

本仪器是一种通过测定落球在黏性液体中下落速度来研究黏性液体在不同温度下的黏滞系数的仪器。在仪器中有一控温加热系统给机内水箱中的水加温，再通过循环水泵给油管加热水套中的油液加热，达到使油液变温的目的。小球从油管中下落时，由于油管中柱面液体的光学放大作用，很容易用肉眼观察小球的运动状况，根据油管的长度和秒表的计时，就可以测出小球下落的速度。在油液中有一个测温探头，可以监视油温的变化，于是我们根据相关的实验推导就可以测出在不同温度情况下液体的黏滞系数。

2. 仪器主要技术指标

（1）PID 控温：室温 - 70 °C。

（2）用 PT100 传感器测液体温度，读数精度 0.1 °C。

（3）变温黏滞仪装置：油管长度：400 mm；双层结构：内部加油，外部为循环水，通过软管与机内水箱的循环水泵连接。

（4）金属小球直径 1 mm。

（5）加热水箱缺水有自动保护功能。

3. 仪器结构

实验主机面板如图 14-5 所示。

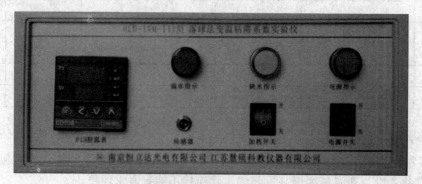

图 14-5　实验主机面板

整体装置如图 14-6 所示。

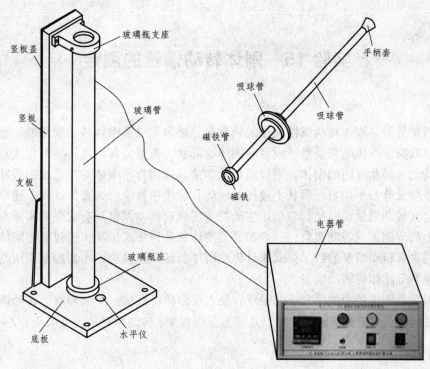

图 14-6　整体装置图

【思考题】

（1）PID 温度控制系统在本实验中的应用有什么优点？

（2）PID 温度控制系统在设置温度变化范围时要注意什么？为什么？

（3）温度较高时测量液体黏度应该注意什么？

（熊泽本　钟明新）

实验 15　刚体转动惯量的测定

转动惯量是描述刚体转动惯性大小的物理量，是研究描述刚体转动规律的一个重要物理量，它不仅取决于刚体的总质量，而且与刚体的形状、质量分布以及转轴的位置有关。对于质量分布均匀、形状规则的刚体，可以通过数学公式直接算出刚体对于给定的转动轴的转动惯量。对于质量分布不均匀、形状不规则的刚体，没法用数学公式直接计算，通常用实验的方法来测定其转动惯量，因此，学会用实验的方法测定转动惯量具有重要的实际意义。

实验上测定刚体的转动惯量，一般都是使刚体从某种形式运动，通过测定刚体的运动特性，再使用含有转动惯量的数学公式来计算出刚体的转动惯量值，本实验是利用刚体转动惯量实验仪来测定刚体的转动惯量。

转动惯量是刚体转动惯性大小的量度，是表征刚体特性的一个物理量。转动惯量的大小与物理的质量有关，还与转轴的位置以及质量分布有关。转动惯量的定义式为：$I = \sum_{i} r_i^2 m_i$ 或

$I = \int r^2 \, dm$。

【实验目的】

（1）学习用转动惯量仪测定物体的转动惯量。

（2）研究作用在刚体上的外力矩与刚体角动量的关系，验证刚体的转动定律。

（3）观察转动惯量随质量及质量分布和转轴的不同位置而改变的情况。

【实验仪器】

刚体转动惯量实验台、游标卡尺、砝码、天平金属圆柱及圆盘、电脑毫秒计等。

1. 刚体转动惯量仪（见图 15-1）

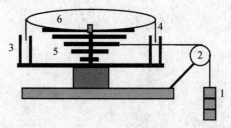

图 15-1　刚体转动惯量仪

1—砝码；2—滑轮；3—光电门；4—挡光板；5—绕线塔轮；6—载物台

2. 电脑多功能计时器的使用方法

（1）启动计时状态。

DDJ-Ⅱ型电脑多功能计时器前面板如图 15-2 所示，接通电源后，面板中 A、B 显示 "88-888888"，按"*"或"#"键，面板上显示"P-0164"。再按一次"*"或"#"键，计时器待命准备计时。此时挡光板每扫过一次光电门，脉冲记录一次，显示脉冲序号，记录下遮光时刻值，总共可以记录 64 次。

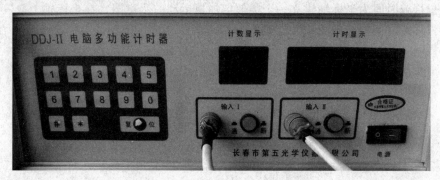

图 15-2   电脑多功能计时器前面板

（2）取出时间。

"*"和"#"键同时也是前进和后退键，每按一次，脉冲序号增加或减少 1，同时显示对应的时间。

（3）重新计时。

按"9"键两次，仪器清除以前内部时间记录；按复位键，计时器回到初始状态。

【实验原理】

1. 基本原理和设计思路

（1）根据刚体的转动定律，有

$$M = J\beta \tag{15-1}$$

式中，J 为转动惯量；$\beta = \dfrac{d\omega}{dt}$ 为角速度。力矩 M 可由拉力大小和绕线塔轮半径的乘积算出，载物台的角加速度 β 可以用角位移与所用时间之间的关系计算得出。

（2）计算公式。

转动定律中的力矩 M 为动力力矩与阻力力矩的合力矩，载物台不加外力矩作用时做匀减加速转动，加上外力矩后在合力矩作用下做匀加速转动。

$$M_\mu = J\beta' \tag{15-2}$$
$$Tr + M_\mu = J\beta \tag{15-3}$$

式中，M_μ 为空转时的阻力矩；β' 为空转时的角加速度。M_μ 和 β' 实际计算时应该为负值，细绳的拉力通过计算得出 $T = m(g - r\beta)$，因此可以得转动惯量的计算公式：

$$J = \frac{m(g - r\beta)r}{\beta - \beta'} \tag{15-4}$$

式（15-4）比较复杂，实际做实验时，砝码质量较小，角加速度 β 的值较小，可以简化为

$$J \approx \frac{mgr}{\beta - \beta'} \qquad (15-5)$$

2. 角加速度 β 的测量计算

以角位移或时间为坐标轴建立一个类似匀加速运动的示意图，在坐标轴上取三点两段，对应的角位移或时间坐标如图 15-3，则有

$$\theta_1 = \omega_0 t_1 + \frac{1}{2}\beta t_1^2 \qquad (15-6)$$

$$\theta_2 = \omega_0 t_2 + \frac{1}{2}\beta t_2^2 \qquad (15-7)$$

得到
$$\beta = \frac{2\left(\dfrac{\theta_2}{t_2} - \dfrac{\theta_1}{t_1}\right)}{t_2 - t_1} = \frac{2(\theta_2 t_1 - \theta_1 t_2)}{t_1 t_2 (t_2 - t_1)} \qquad (15-8)$$

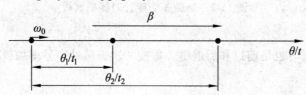

图 15-3　角加速度 β 测量原理图

3. 转动惯量的理论值计算

对于圆环形被测件，质量为 m，内、外直径分别为 D_1，D_2，则其转动惯量的理论值为

$$J = \frac{1}{8}m(D_1^2 + D_2^2) \qquad (15-9)$$

对于质量为 m，半径为 D 的均匀圆盘，则

$$J = \frac{1}{8}mD^2 \qquad (15-10)$$

【实验内容及步骤】

1. 熟悉和调节实验仪器

（1）熟悉电脑多功能计时器的使用。

开启电源，连接好信号线，观察脉冲计数和时间计数的变化，按"#"或"*"键开启计时功能。慢慢转动试验台，观察计时器上的脉冲计数变化和计时数字的变化，以及这些变化与挡光板通过光电门之间的关系（两挡光板的情况下，每转动一个 π 角脉冲计数增加一个）。

停止计时，再按"#"或"*"键，观察脉冲计数和计时计数的变化。

按"恢复"键，观察脉冲和计时的变化（数字回零，内部计数清除）。

（2）载物试验台。

观察载物台是否平滑转动，观察挡光板和光电门的位置，观察载物试验台下塔轮的结构

和如何缠绕拉线，注意保持拉线的水平。

2. 测量和记录

（1）加载情况：

空载或加被测件动力矩： $m = \underline{\hspace{1cm}}$（kg）， $r = \underline{\hspace{1.5cm}}$（m）。

表 15-1　实验数据记录表

脉冲 n	计时 t	时间 Δt_1	时间 Δt_2	$\Delta \theta_1$	$\Delta \theta_2$	β

注： $\Delta t_1 = t_2 - t_1$ ； $\Delta t_2 = t_3 - t_1$ ； $\Delta \theta_1 = \theta_2 - \theta_1$ ； $\Delta \theta_2 = \theta_3 - \theta_1$ ； $\beta = \dfrac{2(\Delta \theta_2 \Delta t_1 - \Delta \theta_1 \Delta t_2)}{\Delta t_1 \Delta t_2 (\Delta t_2 - \Delta t_1)}$ 。

（2）注意事项：

① 时间和角位移的计算，都是以所选第一脉冲信号为基准。

② 此表格根据需要多次重复记录，可以根据需要在只调整砝码质量 m 和塔轮半径 r 的情况下多次测出 β 然后求平均值。

③ 为保证拉力大小等于砝码的重量，砝码的质量不能太大。

3. 实验过程

（1）先测载物台的转动惯量。

先空载空转，测出阻力矩产生的角加速度 β' ；空载加转矩（加砝码拉转产生动力矩 mgr ），测出角加速度 β ，代入公式 $J \approx \dfrac{mgr}{\beta - \beta'}$ ，计算载物台的转动惯量 J_0 。

（2）加载（放上被测件）空转，测阻力矩产生的角加速度 β' ；加转加载，测角加速度 β ，代入前面公式计算被测件和载物台共同的转动惯量 $J_合$ 。

（3）被测件的转动惯量及误差估算。

从上面的测量计算得出被测件对其中心垂直转轴转动惯量的实验值：

$$J = J_合 - J_0$$

用天平测量被测件的质量 m ，用直尺测出被测件的内外半径 D_1 ， D_2 ，由公式 $J = \dfrac{1}{8} m(D_1^2 + D_2^2)$ 计算出被测件相对其中心垂直转轴的转动惯量 $J_{理论}$ ，估算出相对误差：

$$\eta = \frac{J - J_{理论}}{J_{理论}} \times 100\%$$

（付承志）

- 131 -

实验 16　铁磁材料磁滞回线的测量

　　磁性材料应用广泛，从常用的永久磁铁、变压器铁心到录音、录像、计算机存储用的磁带、磁盘等都采用磁性材料。磁滞回线和基本磁化曲线反映了磁性材料的主要特征。通过实验研究这些性质不仅能掌握用示波器观察磁滞回线以及基本磁化曲线的测量基本方法，而且能从理论和实际应用上加深对材料磁特性的认识。

磁性材料

矩磁铁氧体

　　铁磁材料分为硬磁材料、软磁材料和矩磁铁氧体材料三大类，其根本区别在于矫顽磁力 H_c 的大小不同。硬磁材料的磁滞回线宽，剩磁和矫顽磁力大（达 120～20 000 A/m），因而磁化后，其磁感应强度可长久保持，适宜做永久磁铁。软磁材料的磁滞回线窄，矫顽磁力 H_c 一般小于 120 A/m，但其磁导率和饱和磁感强度大，容易磁化和去磁，故广泛用于电机、电器和仪表制造等工业部门。矩磁铁氧体材料的剩磁和矫顽磁力都很大，适宜做磁记录材料。磁化曲线和磁滞回线是铁磁材料的重要特性，也是设计电磁仪表的重要依据之一。

　　本实验采用动态法测量磁滞回线。需要说明的是用动态法测量的磁滞回线与静态磁滞回线是不同的，动态测量时除了磁滞损耗还有涡流损耗，因此，动态磁滞回线的面积要比静态磁滞回线的面积大一些。另外涡流损耗还与交变磁场的频率有关，所以测量的电源频率不同，得到的 $B\text{-}H$ 曲线是不同的，这可以在实验中清楚地从示波器上观察到。

【实验目的】

　　（1）掌握磁滞、磁滞回线和磁化曲线的概念，加深对铁磁材料的主要物理量：矫顽力、剩磁和磁导率的理解。

　　（2）学会用示波法测绘基本磁化曲线和磁滞回线。

　　（3）根据磁滞回线确定磁性材料的饱和磁感应强度 B_s、剩磁 B_r 和矫顽力 H_c 的数值。

　　（4）研究不同频率下动态磁滞回线的区别，并确定某一频率下的饱和磁感应强度 B_s、剩磁 B_r 和矫顽力 H_c 的数值。

【实验仪器】

　　HLD-ML-I 型磁性材料磁滞回线和磁化曲线测定仪，如图 16-1 所示。

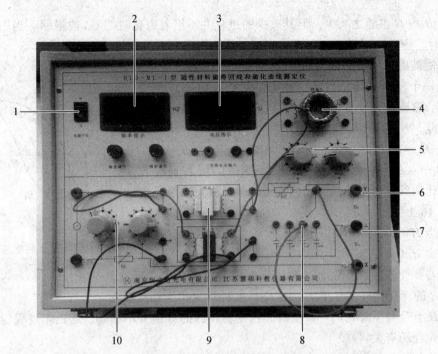

图 16-1　HLD-ML-I 型磁性材料磁滞回线和磁化曲线测定仪

1—电源开关；2—频率指示和频率调节；3—交流电压表；4—待测环型样品；5—R_2可变电阻 1～11 KΩ；
6—Y输出（接示波器）；7—X输出（接示波器）；8—电容选择：0.1 μF、1 μF、10 μF、20 μF；
9—待测 E 型样品 2 个；10—R_1可变电阻 0.1～11 Ω

【实验原理】

1. 磁化曲线

如果在由电流产生的磁场中放入铁磁质，磁场将明显增强，此时铁磁质中的磁感应强度比单纯由电流产生的磁感应强度增大百倍，甚至千倍以上。铁磁质内部的磁场强度 H 与磁感应强度 B 有如下的关系：

$$B = \mu H \qquad\qquad (16\text{-}1)$$

对于铁磁物质而言，磁导率 μ 并非常数，而是随 H 的变化而改变的物理量，即 $\mu = f(H)$，为非线性函数。所以如图 16-2 所示，B 与 H 也是非线性关系。

铁磁材料的磁化过程为：其未被磁化时的状态称为去磁状态，这时若在铁磁材料上加一个由小到大的磁场，则铁磁材料内部的磁场强度 H 与磁感应强度 B 也随之变大，其 B-H 变化曲线如图 16-2 所示。但当 H 增加到一定值（H_s）后，B 几乎不再随 H 的增加而增加，说明磁化已达饱和，从未磁化到饱和磁化的这段磁化曲线称为材料的起始磁化曲线，如图 16-2 中的 OS 端曲线所示。

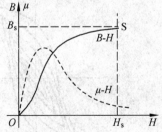

图 16-2　磁化曲线和 μ-H 曲线

2. 磁滞回线

磁滞回线如图 16-3 所示。当铁磁材料的磁化达到饱和之后，如果将磁场减小，则铁磁材

料内部的 B 和 H 也随之减少，但其减少的过程并不沿着磁化时的 Oa 段退回。当磁场撤销，即 $H=0$ 时，磁感应强度为 B_r（$B_r\neq0$），B_r 称为剩磁（剩余磁感应强度）。

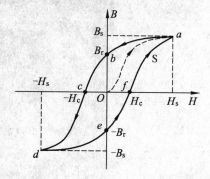

若要使被磁化的铁磁材料的磁感应强度 B 减小到 0，必须加上一个反向磁场，当反向磁场强度增加到 $H=H_c$ 时（c 点），磁感应强度 B 才等于 0，达到退磁。bc 段曲线为退磁曲线，H_c 为矫顽磁力。当 H 按 $0\rightarrow H_s\rightarrow 0\rightarrow -H_c\rightarrow -H_s\rightarrow 0\rightarrow H_c\rightarrow H_s$ 的顺序变化时，B 相应地沿 $0\rightarrow B_s\rightarrow B_r\rightarrow 0\rightarrow -B_s\rightarrow -B_r\rightarrow 0\rightarrow B_s$ 的顺序变化。图中的 Oa 段曲线称起始磁化曲线，所形成的封闭曲线 $abcdefa$ 称为磁滞回线。由图 16-3 可知：

图 16-3　起始磁化曲线与磁滞回线

（1）当 $H=0$ 时，$B\neq0$，这说明铁磁材料还残留有剩余感应强度 B_r（剩磁）。

（2）若要使铁磁物质完全退磁，即 $B=0$，必须加一个反方向磁场 H_c。

（3）B 的变化始终落后于 H 的变化，这种现象称为磁滞现象。

（4）H 上升与下降到同一数值时，铁磁材料内的 B 值并不相同，退磁化过程与铁磁材料过去的磁化经历有关。

（5）当从初始状态 $H=0$，$B=0$ 开始周期性地改变磁场强度的幅值时，在磁场由弱到强地单调增加过程中，可以得到面积由大到小的一簇磁滞回线，如图 16-4 所示。其中最大面积的磁滞回线称为极限磁滞回线。

（6）由于铁磁材料磁化过程的不可逆性及具有剩磁的特点，在测定磁化曲线和磁滞回线时，首先必须将铁磁材料预先退磁，以保证外加磁场 $H=0$ 时，$B=0$；其次，磁化电流在实验过程中只允许单调增加或减少，不能时增时减。在理论上，要消除剩磁 B_r，只需通过一反向磁化电流，使外加磁场正好等于铁磁材料的矫顽磁力即可。实际上，矫顽磁力的大小通常并不知道，因而无法确定退磁电流的大小。我们从磁滞回线得到启示，如果使铁磁材料磁化达到磁饱和，然后不断改变磁化电流的方向，与此同时逐渐减少磁化电流，直到为零，则该材料的磁化过程就是一连串逐渐缩小而最终趋于原点的环状曲线，如图 16-5 所示。当 H 减小到零时，B 也同时降为零，达到完全退磁。

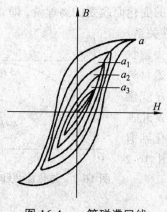

图 16-4　一簇磁滞回线

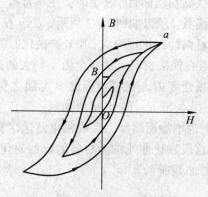

图 16-5　铁磁材料的退磁过程

实验表明，经过多次反复磁化后，$B \sim H$ 的量值关系形成一个稳定的闭合的"磁滞回线"。通常以这条曲线来表示该材料的磁化性质。这种反复磁化的过程称为"磁锻炼"。本实验使用交变电流，所以每个状态都经过了充分的"磁锻炼"，随时可以获得磁滞回线。

图 16-4 中原点 O 和各个磁滞回线的顶点 a_1，a_2，a_3，…，a 所连成的曲线，称为铁磁材料的基本磁化曲线。不同的铁磁材料，其基本磁化曲线是不相同的。为了使样品的磁特性可以重复出现，也就是指所测得的基本磁化曲线都是由原始状态（$H=0$，$B=0$）开始，在测量前必须进行退磁，以消除样品中的剩余磁性。

在测量基本磁化曲线时，每个磁化状态都要经过充分的"磁锻炼"。否则，得到的 B-H 曲线即为前面介绍的起始磁化曲线，两者不可混淆。

3. 示波器显示 B-H 曲线的原理（见图 16-6）

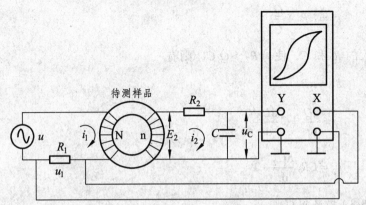

图 16-6　示波器显示 B-H 曲线的原理

本实验研究的铁磁物质为环型和 EI 型矽钢片，N 为励磁绕组，n 为用来测量磁感应强度 B 而设置的绕组。R_1 为励磁电流取样电阻，设通过 N 的交流励磁电流为 i_1，根据安培环路定律，样品的磁场强度为

$$H = \frac{N i_1}{L} \qquad (16\text{-}2)$$

式中，L 为样品的平均磁路长度。因为 $i_1 = U_1/R_1$，所以有

$$H = \frac{N i_1}{L} = \frac{N}{L R_1} \times U_1 \qquad (16\text{-}3)$$

式中，N，L，R_1 均为已知常数。所以由 U_1 可确定 H。

在交变磁场下，样品的磁感应强度瞬时值 B 是测量绕组 n 和 R_2C 电路给定的，根据法拉第电磁感应定律，由于样品中的磁通 Φ 的变化，在测量线圈中产生的感生电动势的大小为

$$\varepsilon_2 = n\frac{\mathrm{d}\Phi}{\mathrm{d}t}$$

$$\Phi = \frac{1}{n}\int \varepsilon_2 \mathrm{d}t$$

$$B = \frac{\Phi}{S} = \frac{1}{nS} \int \varepsilon_2 dt \qquad (16\text{-}4)$$

式中，S 为样品的截面积。

如果忽略自感电动势和电路损耗，则回路方程为

$$\varepsilon_2 = i_2 R_2 + U_2 \qquad (16\text{-}5)$$

式中，i_2 为感生电流；U_2 为积分电容 C 两端电压。设在 Δt 时间内，i_2 向电容 C 的充电电量为 Q，则有

$$U_2 = \frac{Q}{C}$$

所以

$$\varepsilon_2 = i_2 R_2 + \frac{Q}{C} \qquad (16\text{-}6)$$

如果选取足够大的 R_2 和 C，使 $i_2 R_2 \gg Q/C$，则有

$$\varepsilon_2 = i_2 R_2 \qquad (16\text{-}7)$$

因为

$$i_2 = \frac{dQ}{dt} = C \frac{dU_2}{dt}$$

所以

$$\varepsilon_2 = CR_2 \frac{dU_2}{dt} \qquad (16\text{-}8)$$

由（16-4）、（16-8）两式可得

$$B = \frac{CR_2}{nS} U_2 \qquad (16\text{-}9)$$

式中，C、R_2、n 和 S 均已知常数。所以由 U_2 可确定 B。

综上所述，将图 16-6 中的 U_1 和 U_2 分别加到示波器的"X 输入"和"Y 输入"便可观察样品的动态磁滞回线；接上数字电压表则可以直接测出 U_1 和 U_2 的值，即可绘制出 $B \sim H$ 曲线，通过计算可测定样品的饱和磁感应强度 B_s、剩磁 B_r、矫顽力 H_c、磁滞损耗（BH）以及磁导率 μ 等参数。

在满足上述条件下，U_2 振幅很小，不能直接绘出大小适合需要的磁滞回线。为此，需将 U_2 经过示波器 Y 轴放大器增幅后输至 Y 轴偏转板上。这就要求在实验磁场的频率范围内，放大器的放大系数必须稳定，不会带来较大的相位畸变。事实上示波器难以完全达到这个要求，因此在实验时经常会出现如图 16-7 所示的畸变。观测时将 X 轴输入选择"AC"，Y 轴输入选择"DC"挡，并选择合适的 R_1 和 R_2 阻值，可避免这种畸变，得到最佳磁滞回线图形。

这样，在磁化电流变化的一个周期内，电子束的径迹描出一条完整的磁滞回线。适当调节示波器 X 和 Y 轴增益，再由小到大调节信号发生器的输出电压，

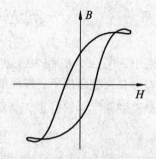

图 16-7　磁滞回线的畸变

即能在屏上观察到由小到大扩展的磁滞回线图形。逐次记录其正顶点的坐标，并在坐标纸上把它连成光滑的曲线，就得到样品的基本磁化曲线。

【实验内容及步骤】

（1）实验前先熟悉实验原理和仪器构成。使用仪器前先将信号源输出幅度调节旋钮逆时针旋到底（多圈电位器），使输出信号为最小。标有箭头的线表示接线的方向，样品的更换是通过换接连线来完成的。

注意：由于信号源、电阻 R_1 和电容 C 的一端已经与地相连，所以不能与其他接线端相连接。否则会短路信号源、U_1 或 U_2，从而无法正确做出实验。

（2）显示和观察两种样品在 50 Hz、75 Hz、100 Hz 交流信号下的磁滞回线图形。

① 按图 16-6 所示的原理线路接线。逆时针调节幅度调节旋钮到底，使信号输出最小。

② 调示波器显示工作方式为 X-Y 方式，即图示仪方式。

③ 示波器 X 输入为 AC 方式，测量采样电阻 R_1 的电压 U_1。

④ 示波器 Y 输入为 DC 方式，测量积分电容的电压 U_2。

⑤ 选择样品 1 或 2 进行实验。接通示波器和动态磁滞回线实验仪电源，适当调节示波器辉度，以免荧光屏中心受损。预热 10 min 后开始测量。

（3）示波器光点调至显示屏中心，调节实验仪频率调节旋钮，频率显示窗显示 50.00 Hz。

（4）单调增加磁化电流，即缓慢顺时针调节幅度调节旋钮，使示波器显示的磁滞回线上 B 值缓慢增加，达到饱和。改变示波器上 X，Y 输入增益段开关并锁定增益电位器（一般为顺时针到底），调节 R_1，R_2 的大小，使示波器显示出典型美观的磁滞回线图形。

（5）单调减小磁化电流，即缓慢逆时针调节幅度调节旋钮，直到磁滞回线图形最后变为一个点，位于显示屏的中心，即 X 和 Y 轴线的交点，如不在中间，可调节示波器的 X 和 Y 位移旋钮。

（6）单调增加磁化电流，即缓慢顺时针调节幅度调节旋钮，使示波器显示的磁滞回线上 B 值缓慢增加，达到饱和，改变示波器上 X，Y 输入增益段开关和 R_1，R_2 的值，示波器显示典型美观的磁滞回线图形。

（7）逆时针调节（幅度调节旋钮到底），使信号输出最小，调节实验仪频率调节旋钮，频率显示窗分别显示 50 Hz、75 Hz、100 Hz，重复上述（3）～（6）的操作，比较磁滞回线形状的变化。结果表明磁滞回线形状与信号频率有关，频率越高磁滞回线包围面积越大，用于信号传输时磁滞损耗也大。

【数据处理】

1. 铁氧体基本磁化曲线的测量

在示波器显示屏上调出典型美观的磁滞回线。测量铁氧体的基本磁化曲线时，先将样品退磁，然后从零开始不断增大电流，记录各磁滞回线顶点的 B 和 H 值，直至达到饱和。注意由于基本磁化曲线各段的斜率并不相同，一条曲线至少要有 10 余个实验数据点，实验结果如表 16-1 所示（本示波器 1div = 1.00 cm）。

表 16-1　软磁铁氧体基本磁化曲线的测量

序号	U_1/cm	$H/$（A/m）	U_2/cm	B/mT
1				
2				
3				
4				
5				
6				
7				
8				
9				
10				
11				
12				

根据记录数据可以描绘出样品的基本磁化曲线。

2. 动态磁滞回线的描绘

在示波器显示屏上调出典型美观的磁滞回线，测出磁滞回线不同点所对应的格数，然后将数据填入表 16-2。

表 16-2　软磁铁氧体磁滞回线的测量

X（格）	-3.6	-3.2	-2.8	-2.4	-2.0	-1.6	-1.2	-0.8	-0.4	0
Y_1（格）										
Y_2（格）										
X（格）	0.4	0.8	1.2	1.6	2.0	2.4	2.8	3.2	3.6	
Y_1（格）										
Y_2（格）										

在坐标纸上绘出动态磁滞回线。

（1）并且记录得到矫顽力 H_c 在示波器上显示_____cm。

（2）剩磁 B_r 在示波器上显示_____cm。

（3）饱和磁感应强度 B_s 在示波器上显示_____cm。

附录

1. 环形磁芯参数

（1）铁氧体环状样品，外径 $\phi_1 = 37.0$ mm，内径 $\phi_2 = 21.0$ mm，高 $l_H = 16.0$ mm。

（2）平均周长 $\overline{l} = \pi(\phi_1 + \phi_2)/2 = 91.06 \times 10^{-3}$ m。

（3）磁环截面积 $S = (\phi_1 - \phi_2) \cdot l_H/2 = 128 \times 10^{-6}$ m^2。

（4）初级线圈和次级线圈匝数相等，即 $N_1 = N_2 = 200$ 匝。

2. E 型磁芯样品参数

（1）待测样品平均磁路长度 $L = 60$ mm。

（2）待测样品横截面积 $S = 80$ mm^2。

（3）待测样品励磁绕组匝数 $N = 50$。

（4）待测样品磁感应强度 B 的测量绕组匝数 $n = 150$。

3. 示波器 X 轴定标（示波器参数 $X = $ ＿＿＿mV 挡，$Y = $ ＿＿＿mV 挡）

调节示波器上出现稳定的正弦波且峰峰值在示波器上读数为 4.0 cm，用交流数字电压表测量 R_1 两端电压得有效值，

因为 $U_{峰-峰} = 2\sqrt{2}U_{有效}$，所以 X 轴灵敏度 $U_1' = 2\sqrt{2}U_{有效}/4 = \sqrt{2}U_{有效}/2$。

4. 示波器 Y 轴定标

因为电容两端输出不失真的正弦波，所以可以直接将电容两端的电压信号送入示波器，得峰峰值在示波器上显示为 4.0 cm，用交流数字电压表测量电容两端电压。

因为 $U_{峰-峰} = 2\sqrt{2}U_{有效}$，所以 Y 轴灵敏度 $U_2' = 2\sqrt{2}U_{有效}/4 = \sqrt{2}U_{有效}/2$。

5. 计算

（1）矫顽力 $H_C = \dfrac{N}{L}i_1 = \dfrac{N}{L}\dfrac{U_1'}{R_1} \times H_C$ 在示波器上显示的格数。

（2）剩磁 $B_r = \dfrac{R_2 C}{nS}U_2' \times B_r$ 在示波器上显示的格数。

（3）饱和磁感应强度 $B_s = \dfrac{R_2 C}{nS}U_2' \times B_s$ 在示波器上显示的格数。

【思考题】

（1）测绘磁滞回线和磁化曲线前为何先要退磁？如何退磁？

（2）如何判断铁磁材料属于软磁性材料还是硬磁性材料？

（3）本实验通过什么方法获得 H 和 B 两个物理量？简述其基本原理。

（4）铁磁材料的磁化过程是可逆过程还是不可逆过程？试用磁滞回线来解释。

（黄兴奎）

实验 17 超声光栅测液体中的声速

【实验目的】

（1）掌握分光计的调节方法。

（2）了解声光效应的原理。

（3）掌握利用声光效应测定液体中声速的方法。

【实验原理】

1922 年，布里渊（L. Brillouin）曾预言，当高频声波在液体中传播时，如果有可见光通过该液体，可见光将产生衍射效应。这一预言在 10 年后被验证，这一现象被称作声光效应。1935 年，拉曼（Raman）和奈斯（Nath）对这一效应进行研究发现，在一定条件下，声光效应的衍射光强分布类似于普通的光栅，所以也称为液体中的超声光栅。

压电陶瓷片（PZT）在高频信号源（频率约 10 MHz）所产生的交变电场的作用下，发生周期性的压缩和伸长振动，其在液体中的传播就形成超声波，当一束平面超声波在液体中传播时，其声压使液体分子作周期性变化，液体的局部就会产生周期性的膨胀与压缩，这使得液体的密度在波传播方向上形成周期性分布，促使液体的折射率也做同样分布，形成了所谓疏密波，这种疏密波所形成的密度分布层次结构，就是超声场的图像，此时若有平行光沿垂直于超声波传播方向通过液体时，平行光会被衍射。以上超声场在液体中形成的密度分布层次结构是以行波运动的，为了使实验条件易实现，衍射现象易于稳定观察，实验中是在有限尺寸液槽内形成稳定驻波条件下进行观察，由于驻波振幅可以达到行波振幅的两倍，这样就加剧了液体疏密变化的程度。驻波形成以后，某一时刻 t，驻波某一节点两边的质点涌向该节点，使该节点附近成为质点密集区，在半个周期以后，$t+T/2$ 这个节点两边的质点又向左右扩散，使该波节附近成为质点稀疏区，而相邻的两波节附近成为质点密集区。

图 17-1 为在 t 和 $t+T/2$（T 为超声振动周期）两时刻振幅 y、液体疏密分布和折射率 n 的变化分析。由图 17-1 可见，超声光栅的性质是，在某一时刻 t，相邻两个密集区域的距离为 λ，为液体中传播的行波的波长；而在半个周期以后，$t+T/2$ 所有这样区域的位置整个漂移了一个距离 $\lambda/2$；而在其他时刻，波的现象则完全消失，液体的密度处于均匀状态。超声场形成的层次结构消失，在视觉上是观察不到的，当光线通过超声场时，观察驻波场的结果是，波节为暗条纹（不透光），波腹为亮条纹（透光）。明暗条纹的间距为声波波长的一半，即为 $\lambda/2$。由此我们对由超声场的层次结构所形成的超声光栅性质有了了解。当平行光通过超声光栅时，光线衍射的主极大位置由光栅方程决定：

$$d\sin\varphi_k = k\lambda \quad (k = 0,\ 1,\ 2,\ \cdots) \tag{17-1}$$

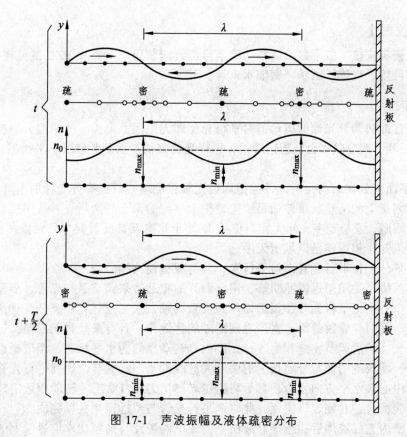

图 17-1　声波振幅及液体疏密分布

光路图如图 17-2 所示。

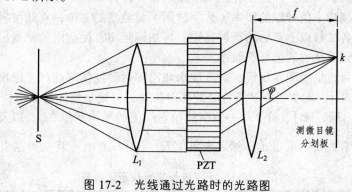

图 17-2　光线通过光路时的光路图

实际上由于 φ 角很小，可以认为

$$\sin \varphi_k = l_k / f \qquad (17\text{-}2)$$

式中，l_k 为衍射零级光谱线至第 k 级光谱线的距离；f 为 L_2 透镜的焦距。所以超声波的波长

$$d = k\lambda / \sin \varphi_k = k\lambda f / l_k \qquad (17\text{-}3)$$

超声波在液体中的传播速度

$$V = d\nu \qquad (17\text{-}4)$$

式中，ν 为信号源的振动频率。

【实验仪器】

超声光栅实验仪（数字显示高频功率信号源，内装压电陶瓷片 PZT 的液槽）、分光计、汞灯、测微目镜、液体（酒精、蒸馏水）等。

【实验内容】

（1）用自准法调分光计的望远镜对平行光（即无限远）聚焦，成像在分划板上。

① 先目测，调节载物台，望远镜筒，平行光管都初步达到共轴、水平状态，为进一步细调打下基础。

② 将平面镜放在载物台上，并与望远镜光轴目测垂直，点亮分光计的小灯，转动目镜，先看清晰分划板上的叉丝，再伸缩目镜筒，使十字窗的像十分清晰，并且用视差法检查（上下左右移动眼睛，像与十字叉丝无相对位移），使十字窗及其反射像与分划板叉丝无视差。由自准直原理可知，望远镜已调焦至无限远。

（2）调整分光计平行光管出射平行光，且与望远镜共轴。

取下平面镜，关闭望远镜照明灯，用已调好的望远镜来调节平行光管，步骤如下：从侧面和俯视两个方向把平行光管和望远镜调到大致共轴，点亮汞灯，照亮分光计狭缝，从望远镜筒中观察，同时伸缩狭缝筒，直到看到清晰的狭缝像，且与叉丝线无视差，这样平行光管出射为平行光。然后调节狭缝宽为 1 mm 以内，转动狭缝为水平状态，调节望远镜筒或平行光管的仰俯，使狭缝的像与分划板上的中心叉丝线的水平线重合，这样平行光管的光轴就与望远镜筒的中心轴水平方向重合，然后将狭缝转 90°为竖直状态，转动望远镜筒，使竖狭缝像与竖叉丝线重合，并锁定该位置，此时调平行光管与望远镜筒共轴完成。

（3）液槽内充好液体后，连接好液槽上的压电陶瓷片与高频功率信号源上的连线，将液槽放置到分光计的载物台上，且使光路与液槽内超声波传播方向垂直。

（4）调节高频功率信号源的频率（数字显示）和液槽的方位，直到视场中出现稳定而且清晰的左右至少各二级以上对称的衍射光谱，再细调频率，使衍射的谱线出现间距最大，且最清晰的状态，记录此时的信号源频率。

（5）分光计目镜更换测微目镜，对蒸馏水和乙醇两种液体的超声光栅现象进行测量，分别测量紫、绿、黄 1、黄 2 四条谱线各级的相对位置，并记录液体的温度。

（6）计算紫、绿、黄 1、黄 2 每一条谱线衍射级间的平均间距 $2l_k$，以及不同级数不同波长所对应的光栅常数 d_i，求出 $\bar{d}$，然后求出 V 及 $\dfrac{V-V_S}{V_S}\times100\%$，将实验结果记录到表 17-1。

表 17-1　不同波长的光数据记录表

			级数				$2l_k$		$\lambda_i = 2\lambda f / 2l_k$		$\bar{d}$
			-2	-1	$+1$	$+2$	$(l_2-l_{-2})/2$	l_1-l_{-1}	λ_{2-2}	λ_{1-1}	
测微目镜读数	黄	酒精									
	绿										
	紫										
	黄	水									
	绿										
	紫										
信号源频率		酒精									
		水									

附录

1. 一些参数

20 ℃ 时，乙醇（C_2H_5OH）中标准声速 $v_S = 1\ 168$ m/s；
水（H_2O）中标准声速 $v_S = 1\ 451.0$ m/s；
紫光波长 $\lambda = 425.83$ nm；
黄 1 光波长 $\lambda = 576.96$ nm；
绿光波长 $\lambda = 546.07$ nm；
黄 2 光波长 $\lambda = 579.07$ nm。

2. 测微目镜简介

测微目镜是带测微装置的目镜，可作为测微显微镜和测微望远镜等仪器的部件，在光学实验中有时也作为一个测长仪器独立使用（例如测量非定域干涉条纹的间距）。图 17-3（a）是一种常见的丝杠式测微目镜的结构剖面图。鼓轮转动时通过传动螺旋推动叉丝玻片移动；鼓轮反转时，叉丝玻片因受弹簧恢复力作用而反向移动。有 100 个分格的鼓轮每转一周，叉丝移动 1 mm，所以鼓轮上的最小刻度为 0.01 mm。图 17-3（b）表示通过目镜看到的固定分划板上的毫米尺、可移动分划板上的叉丝与竖丝以及被观测的几条干涉条纹。

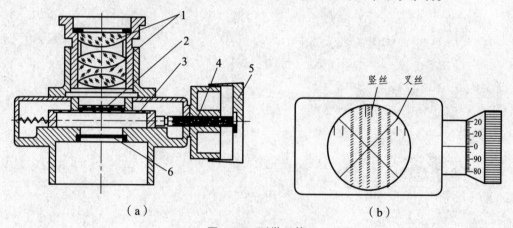

（a）　　　　　　　　　　　　　　（b）

图 17-3　测微目镜

1—复合目镜；2—固定的毫米刻度玻片；3—可动的叉丝玻片；4—传动螺旋；5—鼓轮；6—防尘玻璃

【例】　为了测量干涉条纹中的 10 个明（或暗）条纹距离，可以使叉丝和竖丝对准第 n 个明（或暗）条纹，先读毫米标尺上的整数，再加上鼓轮上的小数，即为该条纹的位置 A。再慢慢移动叉丝和竖丝，对准第 $n+10$ 个明（或暗）条纹，得到位置 B。若 $A = 2.735$ mm，$B = 4.972$ mm，则 11 个条纹间的 10 个距离就是

$$10\Delta x = B - A = 4.972 - 2.375 = 2.237 \text{ mm}$$

测微目镜的结构很精密，使用时应注意：虽然分划板刻尺是 0～8 mm，但一般测量应尽量在 1～7 mm 范围内进行，竖丝或叉丝交点不许越出毫米尺刻线之外，这是为保护测微装置

的准确度所必须遵守的规则。

【思考题】

（1）本实验如何保证平行光束垂直于声波的方向？

（2）驻波波节之间距离为半个波长 $\lambda/2$，为什么超声光栅的光栅常数等于超声波的波长 λ？

（蒋再富）

实验18 空气热机实验

　　热机是将热能转换为机械能的机器。历史上对热机循环过程及热机效率的研究，曾为热力学第二定律的确立起了奠基性的作用。斯特林1816年发明的空气热机，以空气作为工作介质，是最古老的热机之一。虽然现在已发展了内燃机，燃气轮机等新型热机，但空气热机结构简单，便于帮助理解热机原理与卡诺循环等热力学中的重要内容，是很好的热学实验教学仪器。

循环过程、热机效率　　　　斯特林发动机　　　热机工作循环动画

【实验目的】

（1）理解热机原理及循环过程。

（2）测量不同冷热端温度时的热功转换值，验证卡诺定理。

（3）测量热机输出功率随负载及转速的变化关系，计算热机实际效率。

【实验仪器】

空气热机实验仪、空气热机测试仪、电加热器及电源、计算机（或双踪示波器）等。

1. 电加热型热机实验仪（见图18-1）

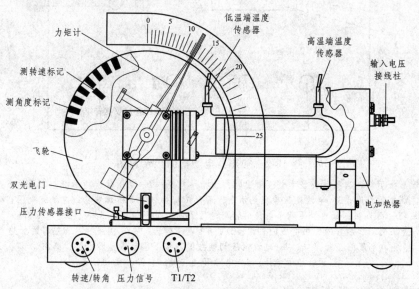

图18-1　电加热型热机实验装置图

飞轮下部装有双光电门，上边的一个用以定位工作活塞的最低位置，下边一个用以测量飞轮转动角度。热机测试仪以光电门信号为采样触发信号。

汽缸的体积随工作活塞的位移而变化，而工作活塞的位移与飞轮的位置有对应关系，在飞轮边缘均匀排列 45 个挡光片，采用光电门信号上下沿均触发方式，飞轮每转 4°给出一个触发信号，由光电门信号可确定飞轮位置，进而计算汽缸体积。

压力传感器通过管道在工作汽缸底部与汽缸连通，测量汽缸内的压力。在高温和低温区都装有温度传感器，测量高低温区的温度。底座上的 3 个插座分别输出转速/转角信号、压力信号和高低端温度信号，使用专门的线和实验测试仪相连，传送实时的测量信号。电加热器上的输入电压接线柱分别使用黄、黑两种线连接到电加热器电源的电压输出正负极上。

热机实验仪采集光电门信号，压力信号和温度信号，经微处理器处理后，在仪器显示窗口显示热机转速和高低温区的温度。在仪器前面板上提供压力和体积的模拟信号，供连接示波器显示 P-V 图。所有信号均可经仪器前面板上的串行接口连接到计算机。

加热器电源为加热电阻提供能量，输出电压从 24～36 V 连续可调，可以根据实验的实际需要调节加热电压。

力矩计悬挂在飞轮轴上，调节螺钉可调节力矩计与轮轴之间的摩擦力，由力矩计可读出摩擦力矩 M，并进而算出摩擦力和热机克服摩擦力所做的功。经简单推导可得热机输出功率 $P = 2\pi nM$，式中 n 为热机每秒的转速，即输出功率为单位时间内的角位移与力矩的乘积。

2. 电加热器电源

（1）加热器电源前面板简介（见图 18-2）。

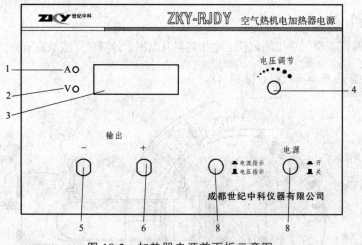

图 18-2　加热器电源前面板示意图

1—电流输出指示灯，当显示表显示电流输出时，该指示灯亮；2—电压输出指示灯，当显示表显示电压输出时，该指示灯亮；3—电流电压输出显示表，可以按切换方式显示加热器的电流或电压；4—电压调节旋钮，可以根据加热需要调节电源的输出电压，调节范围为 24～36 V；5—电压输出"－"接线柱，加热器的加热电压的负端接口；6—电压输出"＋"接线柱，加热器的加热电压的正端接口；7—电流电压切换按键，按下显示表显示电流，弹出显示表显示电压；8—电源开关按键，打开和关闭仪器

（2）加热器电源后面板简介（见图 18-3）。

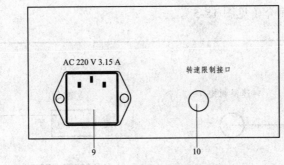

图 18-3　加热器后面板示意图

9—电源输入插座，输入 AC 220 V 电源，配 3.15 A 保险丝；10—转速限制接口，当热机转速
超过 15 n/s 后，主机会输出信号将电加热器电源输出电压断开，停止加热

3. 空气热机测试仪

空气热机测试仪分为微机型和智能型两种型号。微机型测试仪可以通过串口和计算机通讯，并配有热机软件，可以通过该软件在计算机上显示并读取 $P\text{-}V$ 图面积等参数和观测热机波形；智能型测试仪不能和计算机通信，只能用示波器观测热机波形。

（1）测试仪前面板简介（见图 18-4）。

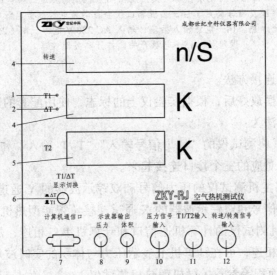

图 18-4　主机前面板示意图

1—T_1 指示灯，该灯亮表示当前的显示数值为热源端绝对温度；2—ΔT 指示灯，该灯亮表示当前显示数值为热源端和冷源端绝对温度差；3—转速显示，显示热机的实时转速，单位为"转/每秒（n/s）"；4—T_1/ΔT 显示，可以根据需要显示热源端绝对温度或冷热两端绝对温度差，单位"开尔文（K）"；5—T_2 显示，显示冷源端的绝对温度值，单位"开尔文（K）"；6—T_1/ΔT 显示切换按键，按键通常为弹出状态，表示 4 中显示的数值为热源端绝对温度 T_1，同时 T_1 指示灯亮，当按键按下后显示为冷源端绝对温度差 ΔT，同时 ΔT 指示灯亮；7—计算机通信口，使用串口线和计算机串口相连接，可以通过热机软件观测热机运转参数和热机波形（仅适用于微机型）；8—示波器压力接口，通过 Q9 线和示波器 Y 通道连接，可以观测压力信号波形；9—示波器体积接口，通过 Q9 线和示波器 X 通道连接，可以观测体积信号波形；10—压力信号输入口（四芯），用四芯连接线和热机相应的接口相连，输入压力信号；11—T_1/T_2 输入口（五芯），用六芯连接线和热机相应的接口相连，输入 T_1/T_2 温度信号；12—转速/转角信号输入口（五芯），用五芯连接线和热机相应的接口相连，输入转速/转角信号

（2）测试仪后面板简介（见图18-5）。

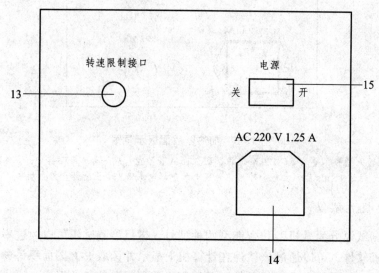

图18-5　主机后面板示意图

13—转速限制接口，加热源为电加热器时使用的限制热机最高转速的接口；当热机转速超过
15 n/s（会伴随发出蜂鸣声）后，热机测试仪会自动将电加热器电源输出断开，
停止加热。14—电源输入插座，输入 AC 220 V 电源，配 1.25 A
保险丝。15—电源开关，打开和关闭仪器

（3）各部分仪器的连接方法。

将各部分仪器安装摆放好后，根据实验仪上的标志，使用配套的连接线将各部分仪器装置连接起来。其连接方法为：

① 用适当的连接线将测试仪的"压力信号输入""T_1/T_2输入"和"转速/转角信号输入"三个接口与热机底座上对应的三个接口连接起来。

② 用一根 Q9 线将主机测试仪的压力信号和双踪示波器的 Y 通道连接，再用另一根 Q9 线将主机测试仪的体积信号和双踪示波器的 X 通道连接（智能型热机测试仪）。

③ 用串口线将主机测试仪的计算机通信口和计算机串口相连；热机测试仪配有计算机软件，将热机与计算机相连，可在计算机上显示压力与体积的实时波形，显示 *P-V* 图，并显示温度、转速、*P-V* 图面积等参数（微机型热机测试仪）。

④ 用两芯的连接线将主机测试仪后面板上的"转速限制接口"和电加热器电源后面板上的"转速限制接口"连接起来。

⑤ 用鱼叉线将电加热器电源的输出接线柱和电加热器的"输入电压接线柱"连接起来，黑色线对黑色接线柱，黄色线对红色接线柱，而在电加热器上的两个接线柱不需要区分颜色，可以任意连接。

【实验原理】

空气热机的结构及工作原理可用图18-6说明。热机主机由高温区、低温区、工作活塞及汽缸、位移活塞及汽缸、飞轮、连杆、热源等部分组成。

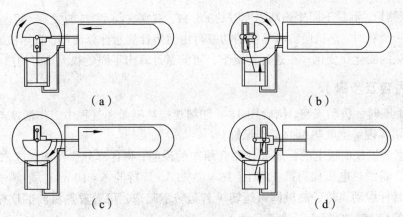

（a）　　　　　　　　（b）

（c）　　　　　　　　（d）

图 18-6　空气热机工作原理

　　热机中部为飞轮与连杆机构，工作活塞与位移活塞通过连杆与飞轮连接。飞轮的下方为工作活塞与工作汽缸，飞轮的右方为位移活塞与位移汽缸，工作汽缸与位移汽缸之间用通气管连接。位移汽缸的右边是高温区，可用电热方式或酒精灯加热，位移汽缸左边有散热片，构成低温区。

　　工作活塞使汽缸内气体封闭，并在气体的推动下对外做功。位移活塞是非封闭的占位活塞，其作用是在循环过程中使气体在高温区与低温区间不断交换，气体可通过位移活塞与位移汽缸间的间隙流动。工作活塞与位移活塞的运动是不同步的，当某一活塞处于位置极值时，它本身的速度最小，而另一个活塞的速度最大。

　　当工作活塞处于最底端时，位移活塞迅速左移，使汽缸内气体向高温区流动，如图 18-6（a）所示；进入高温区的气体温度升高，使汽缸内压强增大并推动工作活塞向上运动，如图 18-6（b）所示，在此过程中热能转换为飞轮转动的机械能；工作活塞在最顶端时，位移活塞迅速右移，使汽缸内气体向低温区流动，如图 18-6（c）所示；进入低温区的气体温度降低，使汽缸内压强减小，同时工作活塞在飞轮惯性力的作用下向下运动，完成循环，如图 18-6（d）所示。在一次循环过程中气体对外所作净功等于 P-V 图所围的面积。

　　根据卡诺对热机效率的研究而得出的卡诺定理，对于循环过程可逆的理想热机，热功转换效率：

$$\eta = \frac{A}{Q_1} = \frac{Q_1 - Q_2}{Q_1} = \frac{T_1 - T_2}{T_1} = \frac{\Delta T}{T_1} \tag{18-1}$$

式中，A 为每一循环中热机做的功；Q_1 为热机每一循环从热源吸收的热量；Q_2 为热机每一循环向冷源放出的热量；T_1 为热源的绝对温度；T_2 为冷源的绝对温度。

　　实际的热机都不可能是理想热机，由热力学第二定律可以证明，循环过程不可逆的实际热机，其效率不可能高于理想热机，此时热机效率

$$\eta \leqslant \frac{\Delta T}{T_1} \tag{18-2}$$

　　卡诺定理指出了提高热机效率的途径，就过程而言，应当使实际的不可逆机尽量接近可逆机。就温度而言，应尽量提高冷热源的温度差。

　　热机每一循环从热源吸收的热量 Q_1 正比于 $\Delta T/n$，n 为热机转速，η 正比于 $nA/\Delta T$。n，A，

T_1 及 ΔT 均可测量,测量不同冷热端温度时的 $nA/\Delta T$,观察它与 $\Delta T/T_1$ 的关系,可验证卡诺定理。

当热机带负载时,热机向负载输出的功率可由力矩计测量计算而得,且热机实际输出功率的大小随负载的变化而变化。在这种情况下,可测量计算出不同负载大小时的热机实际效率。

【实验内容及步骤】

(1)用手顺时针拨动飞轮,结合图 18-6 仔细观察热机循环过程中工作活塞与位移活塞的运动情况,切实理解空气热机的工作原理。

(2)根据测试仪面板上的标志和仪器介绍中的说明,将各部分仪器连接起来,开始实验。取下力矩计,将加热电压加到第 11 挡(36 V 左右)。等待约 6~10 min,加热电阻丝已发红后,用手顺时针拨动飞轮,热机即可运转(若运转不起来,可看看热机测试仪显示的温度,冷热端温度差在 100 ℃ 以上时易于启动)。

(3)减小加热电压至第 1 挡(24 V 左右),调节示波器,观察压力和容积信号,以及压力和容积信号之间的相位关系等,并把 P-V 图调节到最适合观察的位置。等待约 10 min,温度和转速平衡后,记录当前加热电压,并从热机测试仪(或计算机)上读取温度和转速,从双踪示波器显示的 P-V 图估算(或计算机上读取)P-V 图面积,记入表 18-1 中。

(4)逐步加大加热功率,等待约 10 min,温度和转速平衡后,重复以上测量 4 次以上,将数据记入表 18-1。

表 18-1 测量不同冷热端温度时的热功转换值

加热电压 V	热端温度 T_1	温度差 ΔT	$\Delta T/T_1$	A(P-V 图面积)	热机转速 n	$nA/\Delta T$

(5)以 $\Delta T/T_1$ 为横坐标,$nA/\Delta T$ 为纵坐标,在坐标纸上作 $nA/\Delta T$ 与 $\Delta T/T_1$ 的关系图,验证卡诺定理。

(6)在最大加热功率下,用手轻触飞轮让热机停止运转,然后将力矩计装在飞轮轴上,拨动飞轮,让热机继续运转。调节力矩计的摩擦力(不要停机),待输出力矩、转速、温度稳定后,读取并记录各项参数于表 18-2 中。

表 18-2 测量热机输出功率随负载及转速的变化关系　　输入功率 $P_i = VI =$ _____

热端温度 T_1	温度差 ΔT	输出力矩 M	热机转速 n	输出功率 $P_o = 2\pi n M$	输出效率 $\eta_{o/i} = P_o/P_i$

(7)保持输入功率不变,逐步增大输出力矩,重复以上测量 5 次以上。

(8)以 n 为横坐标,P_o 为纵坐标,在坐标纸上作 P_o 与 n 的关系图,表示同一输入功率下,输出偶合不同时输出功率或效率随偶合的变化关系。

（9）表18-1、18-2中的热端温度 T_1、温差 ΔT、转速 n、加热电压 V、加热电流 I、输出力矩 M 可以直接从仪器上读出来，P-V 图面积 A 可以根据示波器上的图形估算得到，也可以从计算机软件直接读出（仅适用于微机型热机测试仪），其单位为焦耳；其他的数值可以根据前面的读数计算得到。

（10）示波器 P-V 图面积的估算方法如下。根据仪器介绍和说明，用 Q9 线将仪器上的示波器输出信号和双踪示波器的 X，Y 通道相连。将 X 通道的调幅旋钮旋到"0.1 V"挡，将 Y 通道的调幅旋钮旋到"0.2 V"挡，然后将两个通道都打到交流挡位，并在"X-Y"挡观测 P-V 图，再调节左右和上下移动旋钮，可以观测到比较理想的 P-V 图。再根据示波器上的刻度，在坐标纸上描绘出 P-V 图，如图 18-7 所示。以图中椭圆所围部分每个小格为单位，采用割补法、近似法（如近似三角形、近似梯形、近似平行四边形等）等方法估算出每小格的面积，再将所有小格的面积加起来，得到 P-V 图的近似面积，单位为"V^2"。根据容积 V、压强 P 与输出电压的关系，可以换算为焦耳。

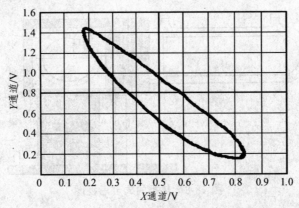

图 18-7　示波器观测的热机实验 P-V 曲线图

容积（X 通道）：$1V = 1.333 \times 10^{-5} \, \text{m}^3$，压力（Y 通道）：$1V = 2.164 \times 10^4 \, \text{Pa}$，则 $1V^2 = 0.288 \, \text{J}$。

【注意事项】

（1）加热端在工作时温度很高，而且在停止加热后 1 h 内仍然会有很高温度，小心操作，否则会被烫伤。

（2）热机在没有运转状态下，严禁长时间大功率加热。若热机运转过程中因各种原因停止转动，必须用手拨动飞轮帮助其重新运转或立即关闭电源，否则会损坏仪器。

（3）热机汽缸等部位为玻璃制造，容易损坏，请谨慎操作。

（4）记录测量数据前须保证已基本达到热平衡，避免出现较大误差。等待热机稳定读数的时间一般在 10 min 左右。

（5）在读力矩的时候，力矩计可能会摇摆。这时可以用手轻托力矩计底部，缓慢放手后稳定力矩计。如还有轻微摇摆，读取中间值。

（6）飞轮在运转时，应谨慎操作，避免被飞轮边沿割伤。

（7）热机实验仪上贴的标签不可撕毁，否则保修无效。

附录

1. 空气热机实验仪的维护

由于空气热机实验仪是运动的机械装置，所以需要时常维护，维护的主要方式是给仪器内玻管水平滑动轴加润滑油。每次加油的间隔约为一周，加油量为用加油勺加一小滴油到水平轴上。详细的加油方法如下：

如图 18-8 所示。在热机处于冷却状态的时候，将热机实验仪调整至图中所示位置，内部偏心轮也调整至图中所示位置。然后用擦干净的加油勺在配备的油瓶中蘸取一小滴润滑油，从后玻盖孔中间缓慢伸入，将润滑油涂抹在水平轴上。再用手拨动飞轮，让润滑油均匀地分布在水平轴上，起到充分的润滑作用。加完油后将油瓶盖好，加油勺需擦拭干净并妥善放置，以备下次使用。

注意，加油的量不宜过多，否则会影响到其他地方。

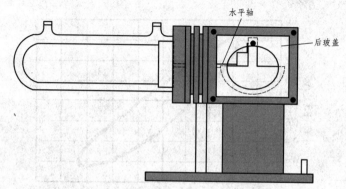

图 18-8 热机的局部后视图

2. 热机测量数据及数据处理例子

热机容积、压力随转角变化曲线如图 18-9 所示。

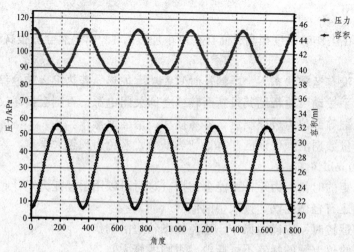

图 18-9 热机容积、压力随转角变化曲线

热机实验 *P-V* 曲线图如图 18-10 所示。

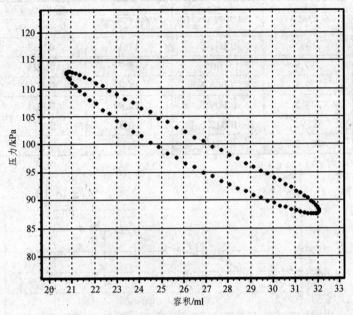

图 18-10　热机 *P-V* 曲线

表 18-3　测量不同冷热端温度时的热功转换

加热电压 V	热端温度 T_1	温度差 ΔT	$\Delta T/T_1$	A（$P{\sim}V$ 图面积）	热机转速 n	$nA/\Delta T$
23.6	435.2	123.8	0.284	0.0514 9	8.6	0.0035 8
25.8	449.7	133.4	0.297	0.0489 5	10.7	0.0039 3
27.7	470.5	151.4	0.322	0.0526 6	12.1	0.0042 1
28.6	489.8	165.8	0.339	0.0556 2	13.3	0.0044 6
29.7	492.8	166.8	0.338	0.0572 7	14	0.0048 1

注：实验时间：2007 年 2 月 27 日；实验条件：室温 19 ℃

以 $\Delta T/T_1$ 为横坐标，$nA/\Delta T$ 为纵坐标，得到 $nA/\Delta T$ 与 $\Delta T/T_1$ 的关系图，如图 18-11 所示。

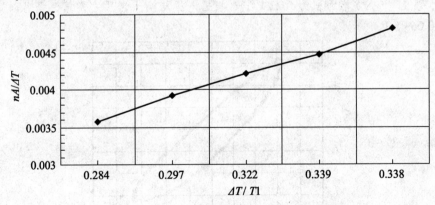

图 18-11　不同冷热温差时的热功转换关系图

结论：由图 18-11 可分析，在外加负载不变的情况下，随加热功率增大，$nA/\Delta T$ 与 $\Delta T/T_1$ 基本具有线性关系，验证了卡诺定理。

表 18-4　测量热机输出功率随负载及转速的变化关系

热端温度 T_1	温度差 ΔT	输出力矩 M	热机转速 n	输出功率 $P_o = 2\pi nM$	输出效率 $\eta_{o/i} = P_o/P_i$
543.3	208	0.001 5	17.3	0.163	0.08%
553.2	217.8	0.005	15.7	0.493	0.25%
567.2	232.1	0.006 5	14.9	0.609	0.31%
583.9	248.2	0.009 5	12.8	0.764	0.39%
593.8	259	0.012 5	10.5	0.825	0.42%
600.2	261.2	0.016	7.5	0.754	0.38%

注：输入功率 $P_i = VI = 35.4 \times 5.6 = 198$ W。

以 n 为横坐标，P_o 为纵坐标，得到 P_o 与 n 的关系图，如图 18-12 所示。

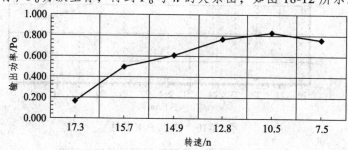

图 18-12　输出功率随负载及转速的变化曲线

结论：由图 18-12 可分析，在同一加热功率下，随摩擦力矩加大，转速降低，热端温度升高，温度差增加。输出效率先是随摩擦力矩的加大而增加，有一个最佳匹配点。过了该点后，由于转速下降较多，导致输出效率下降。

3. 用示波器估算 $P\text{-}V$ 图面积的方法

如图 18-13 所示，将椭圆围成的部分通过割补法可以大致划分为约 11 个小方格（图中标的数字为小方格的个数，第 11 个格为未标识格的面积和），而每个小方格的面积为 $0.1 \times 0.2 = 0.02$ V^2，则 11 个小方格面积为 0.22 V^2，再根据电压转换为焦耳的换算公式可以得到：$0.22 \times 0.288 = 0.063$ 5 J。

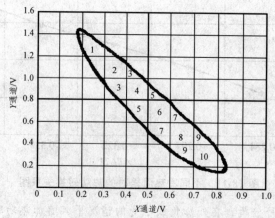

图 18-13　坐标纸示波器观测的热机实验 $P\text{-}V$ 曲线图

【思考题】

（1）为什么 P-V 图的面积即等于热机在一次循环过程中将热能转换为机械能的数值？

（2）什么是理想的 P-V 图像？

（熊泽本）

实验 19 多普勒效应综合实验

当波源和接收器之间有相对运动时，接收器接收到的波的频率与波源发出的频率不同的现象称为多普勒效应。多普勒效应在科学研究，工程技术，交通管理，医疗诊断等各方面都有十分广泛的应用。例如，原子、分子和离子由于热运动使其发射和吸收的光谱线变宽，称为多普勒增宽，在天体物理和受控热核聚变实验装置中，光谱线的多普勒增宽已成为一种分析恒星大气及等离子体物理状态的重要测量和诊断手段。基于多普勒效应原理的雷达系统已广泛应用于导弹、卫星、车辆等运动目标速度的监测。在医学上利用超声波的多普勒效应来检查人体内脏的活动情况，血液的流速等。电磁波（光波）与声波（超声波）的多普勒效应原理是一致的。本实验既可研究超声波的多普勒效应，又可利用多普勒效应将超声探头作为运动传感器，研究物体的运动状态。

【实验目的】

（1）测量超声接收器运动速度与接收频率之间的关系，验证多普勒效应，并由 f-V 关系直线的斜率求声速。

（2）利用多普勒效应测量物体运动过程中多个时间点的速度，查看 V-t 关系曲线，或查阅有关测量数据，即可得出物体在运动过程中的速度变化情况，可研究：

① 自由落体运动，并由 V-t 关系直线的斜率求重力加速度。

② 简谐振动，可测量简谐振动的周期等参数，并与理论值比较。

③ 匀加速直线运动，测量力、质量与加速度之间的关系，验证牛顿第二定律。

④ 其他变速直线运动。

【实验仪器】

多普勒效应综合实验仪由实验仪、超声发射/接收器、红外发射/接收器、导轨、运动小车、支架、光电门、电磁铁、弹簧、滑轮、砝码等组成。实验仪内置微处理器，带有液晶显示屏。图 19-1 为实验仪面板图。

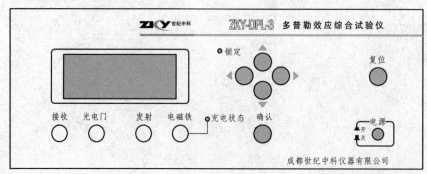

图 19-1 实验仪前面板图

实验仪采用菜单式操作，显示屏显示菜单及操作提示，由"◄""►""▼""▲"键选择菜单或修改参数，按"确认"键后仪器执行。可在"查询"页面，查询到在实验时已保存的实验的数据。操作者只需按提示即可完成操作，学生可把时间和精力用于物理概念和研究对象，不必花大量时间熟悉特定的仪器使用，提高了课时利用率。

【实验原理】

1. 超声的多普勒效应

根据声波的多普勒效应公式，当声源与接收器之间有相对运动时，接收器接收到的频率 f 为

$$f = \frac{f_0(u + v_1 \cos \alpha_1)}{u - v_2 \cos \alpha_2} \tag{19-1}$$

式中，f_0 为声源发射频率；u 为声速；v_1 为接收器运动速率；α_1 为声源与接收器连线与接收器运动方向之间的夹角；v_2 为声源运动速率；α_2 为声源与接收器连线与声源运动方向之间的夹角。

若声源保持不动，运动物体上的接收器沿声源与接收器连线方向以速度 V 运动，则从式（19-1）可得接收器接收到的频率应为

$$f = f_0 \left(1 + \frac{v}{u}\right) \tag{19-2}$$

当接收器向着声源运动时，V 取正，反之取负。

若 f_0 保持不变，以光电门测量物体的运动速度，并由仪器对接收器接收到的频率自动计数。根据式（19-2），作 f-V 关系图可直观验证多普勒效应，且由实验点作直线，其斜率应为 $k = f_0/u$，由此可计算出声速 $u = f_0/k$。

由式（19-2）可解出

$$v = u \left(\frac{f}{f_0} - 1\right) \tag{19-3}$$

若已知声速 u 及声源频率 f_0，通过设置使仪器以某种时间间隔对接收器接收到的频率 f 采样计数，由微处理器按式（19-3）计算出接收器运动速度，由显示屏显示 $V \sim t$ 关系图，或调阅有关测量数据，即可得出物体在运动过程中的速度变化情况，进而对物体运动状况及规律进行研究。

2. 超声的红外调制与接收

早期产品中，接收器接收的超声信号由导线接入实验仪进行处理。由于超声接收器安装在运动体上，导线的存在对运动状态有一定影响，导线的折断也给使用带来麻烦。新仪器对接收到的超声信号采用了无线的红外调制-发射-接收方式。即用超声接收器信号对红外波进行调制后发射，固定在运动导轨一端的红外接收端接收红外信号后，再将超声信号解调出来。由于红外发射/接收的过程中信号的传输是光速，远远大于声速，它引起的多普勒效应可忽略

不计。采用此技术将实验中运动部分的导线去掉，使得测量更准确，操作更方便。信号的调制-发射-接收-解调，在信号的无线传输过程中是一种常用的技术。

一、验证多普勒效应并由测量数据计算声速

让小车以不同速度通过光电门，仪器自动记录小车通过光电门时的平均运动速度及与之对应的平均接收频率。由仪器显示的 f-V 关系图可看出速度与频率的关系，若测量点成直线，符合式（19-2）描述的规律，即直观验证了多普勒效应。用作图法或线性回归法计算 f-V 直线的斜率 k，由 k 计算声速 u 并与声速的理论值比较，计算其百分误差。

如图 19-2 所示，所有需固定的附件均安装在导轨上，并在两侧的安装槽上固定。调节水平超声发射器的高度，使其与超声接收器（已固定在小车上）在同一个平面上，再调整红外接收器高度和方向，使其与红外发射器（已固定在小车上）在同一轴线上。将组件电缆接入实验仪的对应接口上。安装完毕后，让电磁铁吸住小车，给小车上的传感器充电，第一次充电时间约 6~8 s，充满后（仪器面板充电灯变绿色）可以持续使用 4~5 min。在充电时要注意,必须让小车上的充电板和电磁铁上的充电针接触良好。光电门安装及调整示意图如图 19-3 所示。

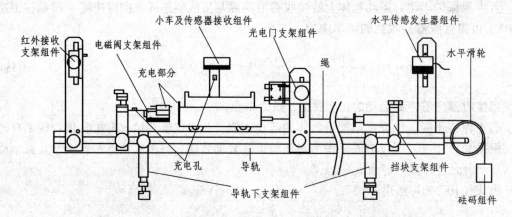

图 19-2　多普勒效应验证实验及测量小车水平运动安装示意图

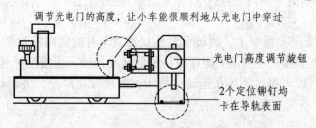

图 19-3　光电门安装及调整示意图

【注意事项】

（1）安装时要尽量保证红外接收器、小车上的红外发射器和超声接收器、超声发射器三者之间在同一轴线上，以保证信号传输良好；

（2）安装时不可挤压连接电缆，以免导线折断；

（3）小车不使用时应立放，避免小车滚轮沾上污物，影响实验进行。

【测量准备】

实验仪开机后，首先要求输入室温。因为计算物体运动速度时要代入声速，而声速是温度的函数。利用"◄""►"将室温 T 值调到实际值，按"确认"。

【测量步骤】

（1）在液晶显示屏上，选中"多普勒效应验证实验"，并按"确认"。

（2）利用"►"键修改测试总次数（选择范围 $5\sim10$，一般选 5 次），按"▼"，选中"开始测试"。

（3）准备好后，按"确认"，电磁铁释放，测试开始进行，仪器自动记录小车通过光电门时的平均运动速度及与之对应的平均接收频率。改变小车的运动速度，可用以下两种方式：

① 砝码牵引：利用砝码的不同组合实现；

② 用手推动：沿水平方向对小车施以变力，使其通过光电门。

为便于操作，一般由小到大改变小车的运动速度。

（4）每一次测试完成，都有"存人"或"重测"的提示，可根据实际情况选择，"确认"后回到测试状态，并显示测试总次数及已完成的测试次数；

（5）改变砝码质量（砝码牵引方式），并退回小车让磁铁吸住，按"开始"，进行第二次测试；

（6）完成设定的测量次数后，仪器自动存储数据，并显示 f-V 关系图及测量数据。

【注意事项】

小车速度不可太快，以防小车脱轨跌落损坏。

【数据记录与处理】

由 f-V 关系图可看出，若测量点成直线，符合式（19-2）描述的规律，即直观验证了多普勒效应。用"►"键选中"数据"，"▼"键翻阅数据并记入表 19-1 中，用作图法或线性回归法计算 f-V 关系直线的斜率 k。公式（19-4）为线性回归法计算 k 值的公式，其中测量次数 $i=5\sim n$（$n\leqslant10$）。

$$k=\frac{\overline{V_i}\times\overline{f_i}-\overline{V_i\times f_i}}{\overline{V_i}^2-\overline{V_i^2}} \tag{19-4}$$

由 k 计算声速 $u=f_0/k$，并与声速的理论值比较。声速理论值由 $u_o=331\times\left(1+\dfrac{t}{273}\right)^{\frac{1}{2}}$（m/s）计算，$t$ 表示室温。测量数据的记录是仪器自动进行的。在测量完成后，只需在出现的显示界面上，用"►"键选中"数据"，"▼"键翻阅数据并记入表 19-1 中，然后按照上述公式计算出相关结果并填入表格。

表 19-1　多普勒效应的验证与声速的测量　　　　　$f_0=$ _____

测量数据							直线斜率	声速测量值	声速理论值	百分误差
次数 i	1	2	3	4	5	6	$k/$（1/m）	$u=f_0/k/$（m/s）	$u_0/$（m/s）	$(u-u_0)/u_0$
$V_i/$（m/s）										
$f_i/$Hz										

【思考题】

（1）光电门测量的小车速度值是瞬时速度还是平均速度？

（2）如何确定声速的理论值？如何推导式（19-4）？

二、研究自由落体运动，求自由落体加速度

让带有超声接收器的接收组件自由下落，利用多普勒效应测量物体运动过程中多个时间点的速度，查看 $V\text{-}t$ 关系曲线，并调阅有关测量数据，即可得出物体在运动过程中的速度变化情况，进而计算自由落体加速度。

【仪器安装与测量准备】

仪器安装如图 19-4 所示。为保证超声发射器与接收器在一条垂线上，可用细绳拴住接收器，检查从电磁铁下垂时是否正对发射器。若对齐不好，可用底座螺钉加以调节。

充电时，让电磁阀吸住自由落体接收器，并让该接收器上充电部分和电磁阀上的充电针接触良好。充满电后，将接收器脱离充电针，下移悬挂在电磁铁上。

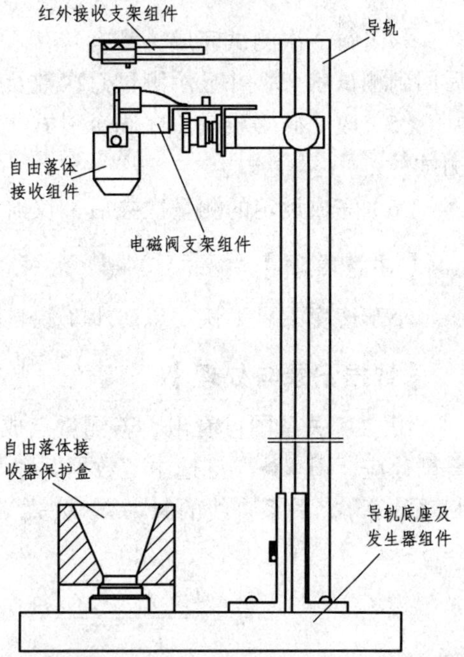

【测量步骤】

（1）在液晶显示屏上，用"▼"选中"变速运动测量实验"，并按"确认"；

（2）利用"►"键修改测量点总数为 8（选择范围 8～150），"▼"选择采样步距，并修改为 50 ms（选择范围 50～100 ms），选中"开始测试"；

（3）按"确认"后，电磁铁释放，接收器组件自由下落。测量完成后，显示屏上显示 $v\text{-}t$ 图，用"►"键选择"数据"，阅读并记录测量结果。

（4）在结果显示界面中用"►"键选择"返回"，"确认"后重新回到测量设置界面。可按以上程序进行新的测量。

图 19-4　自由落体运输安装示意图

红外接收支架组件
导轨
自由落体接收组件
电磁阀支架组件
自由落体接收器保护盒
导轨底座及发生器组件

【数据记录与处理】

将测量数据记入表 19-2 中，由测量数据求得 $V\text{-}t$ 直线的斜率即为重力加速度 g。

为减小偶然误差，可作多次测量，将测量的平均值作为测量值，并将测量值与理论值比较，求百分误差。

表 19-2　自由落体运动的测量

t_i/s	0.05	0.10	0.15	0.20	0.25	0.30	0.35	0.40	$g/(\text{m/s}^2)$	平均值 g	理论值 g_0	百分误差 $(g-g_0)/g_0$
V_i												
V_i												
V_i												
V_i												

【注意事项】

（1）须将"自由落体接收器保护盒"套于发射器上，避免发射器在非正常操作时受到冲击而损坏；

（2）安装时切不可挤压电磁阀上的电缆；

（3）接收器组件下落时，若其运动方向不是严格的在声源与接收器的连线方向，则 α_1（为声源与接收器连线与接收器运动方向之间的夹角，图 19-5 是其示意图）在运动过程中增加，此时公式（19-2）不再严格成立，由式（19-3）计算的速度误差也随之增加。故在数据处理时，可根据情况对最后两个采样点进行取舍。

【思考题】

1. 光电门测量的小车速度值是瞬时速度还是平均速度？

2. 如何确定数据的有效性？图 19-5 中如何尽量减小 α_1？若 α_1 较大，怎样处理数据比较合理？

图 19-5　运动过程中 α_1 角度
变化示意图

三、研究简谐振动

当质量为 m 的物体受到大小与位移成正比，而方向指向平衡位置的力的作用时，若以物体的运动方向为 x 轴，其运动方程为

$$m\frac{\mathrm{d}^2 x}{\mathrm{d}t^2} = -kx \qquad (19\text{-}5)$$

由式（19-5）描述的运动称为简谐振动，当初始条件为 $t = 0$ 时，$x = -A_0$，$V = \mathrm{d}x/\mathrm{d}t = 0$，则方程（19-5）的解为

$$x = -A_0 \cos \omega_0 t \qquad (19\text{-}6)$$

将式（19-6）对时间求导，可得速度方程

$$v = \omega_0 A_0 \sin \omega_0 t \qquad (19\text{-}7)$$

由式（19-6）、（19-7）可见物体作简谐振动时，位移和速度都随时间周期变化，式中 $\omega_0 = (k/m)^{1/2}$，为振动的角频率。

若忽略空气阻力，根据胡克定律，作用力与位移成正比，悬挂在弹簧上的物体应作简谐振动，而式（19-5）中的 k 为弹簧的倔强系数。

【仪器安装与测量准备】

仪器的安装如图 19-6 所示，将弹簧悬挂于电磁铁上方的挂钩孔中，接收器组件的尾翼悬挂在弹簧上。

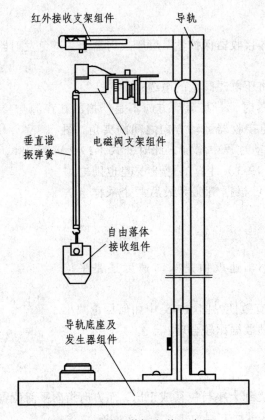

图 19-6　垂直谐振安装示意图

接收组件悬挂上弹簧之后，测量弹簧长度。加挂质量为 m 的砝码，测量加挂砝码后弹簧的伸长量 Δx，记入表 19-3 中，然后取下砝码。由 m 及 Δx 就可计算 k。

表 19-3　简谐振动的测量

M /kg	Δx /m	$k = mg/\Delta x$ /（kg/s²）	$\omega_0 = （k/M）^{1/2}$ /（1/s）	$N_{1\,max}$	$N_{11\,max}$	$T = 0.01（N_{11\,max} - N_{1max}）$ /s	$\omega = 2\pi/T$ /（1/s）	百分误差 $（\omega - \omega_0）/\omega_0$

用天平称量垂直运动超声接收器接收器组件的质量 M，由 k 和 M 就可计算 ω_0，并与角频率的测量值 ω 比较。

【测量步骤】

（1）在液晶显示屏上，用"▼"选中"变速运动测量实验"，并按"确认"。

（2）利用"▶"键修改测量点总数为 150（选择范围 8～150），"▼"选择采样步距，并修改为 100（选择范围 50～100 ms），选中"开始测试"。

（3）将接收器从平衡位置垂直向下拉约 20 cm，松手让接收器自由振荡，然后按"确认"，接收器组件开始作简谐振动。实验仪按设置的参数自动采样，测量完成后，显示屏上出现速度随时间变化的关系曲线。

（4）在结果显示界面中用"▶"键选择"返回"，"确认"后重新回到测量设置界面。可按以上程序进行新的测量。

【注意事项】

接收器自由振荡开始后，再按"确认"键；

【数据记录与处理】

查阅数据，记录第 1 次速度达到最大时的采样次数 $N_{1\,max}$ 和第 11 次速度达到最大时的采样次数 $N_{11\,max}$，就可计算实际测量的运动周期 T 及角频率 ω，并可计算 ω_0 与 ω 的百分误差。

【思考题】

（1）怎样判断接收器进入自由振荡状态？

（2）怎样记录接收器的振荡周期？

四、研究匀变速直线运动，验证牛顿第二运动定律

质量为 M 的接收器组件，与质量为 m 的砝码托及砝码悬挂于滑轮的两端（$M>m$），系统的受力情况为：

接收组件的重力 Mg，方向向下。砝码组件通过细绳和滑轮施加给接收组件的力 mg，方向向上。

摩擦阻力，大小与接收器组件对细绳的张力成正比，可表示为 $CM(g-a)$，a 为加速度，c 为摩擦系数，摩擦力方向与运动方向相反。

系统所受合外力为 $Mg-mg-cM(g-a)$。

运动系统的总质量为 $M+m+\dfrac{J}{R^2}$。J 为滑轮的转动惯量，R 为滑轮绕线槽半径，J/R^2 相当于将滑轮的转动等效于线性运动时的等效质量。

根据牛顿第二定律，可列出运动方程：

$$Mg-mg-cM(g-a)=\left(M+m+\frac{J}{R^2}\right)a \qquad (19\text{-}8)$$

实验时改变砝码组件的质量 m，即改变了系统所受的合外力和质量。对不同的组合测量，其运动情况，采样结束后会显示 $V\text{-}t$ 曲线，将显示的采样次数及对应速度记入表 19-4 中。由记录的 t，V 数据求得 $V\text{-}t$ 直线的斜率，即为此次实验的加速度 a。

表 19-4　$V\text{-}t$ 数据表

$t_i/$s	0.1	0.2	0.3	0.4	0.5	0.6	0.7	0.8	a /（m/s^2）	m /kg	$[(1-C)M-m]/$ $[(1-C)M+m+J/R^2]$
V_i											
V_i											
V_i											
V_i											

式（19-8）可以改写为

$$a = \frac{[(1-c)M - m]g}{(1-c)M + m + \dfrac{J}{R^2}}$$

(19-9)

将表 19-4 得出的加速度 a 作纵轴，$[(1-c)M - m]/[(1-c)M + m + J/R^2]$ 作横轴作图，若为线性关系，符合式（19-9）描述的规律，即验证了牛顿第二定律，且直线的斜率应为重力加速度。

在我们的系统中，摩擦系数 $c = 0.07$，滑轮的等效质量 $J/R^2 = 0.015$ kg。

【仪器安装】

（1）仪器安装如图 19-7 所示，让电磁阀吸住接收器组件，测量准备同前（二、研究自由落体运动，求自由落体加速度）。

（2）用天平称量接收器组件的质量 M，砝码托及砝码质量，每次取不同质量的砝码放于砝码托上，记录每次实验对应的 m。

【注意事项】

（1）安装滑轮时，滑轮支杆不能遮住红外接收和自由落体组件之间信号传输。

（2）其余注意事项同前（二、研究自由落体运动，求自由落体加速度）。

【测量步骤】

（1）在液晶显示屏上，用"▼"选中"变速运动测量实验"，并按"确认"。

（2）利用"▶"键修改测量点总数为 8（选择范围 8~150），"▼"选择采样步距，并修改为 100 ms（选择范围 50~100 ms），选中"开始测试"。

（3）按"确认"后，磁铁释放，接收器组件拉动砝码作垂直方向的运动。测量完成后，显示屏上出现测量结果。

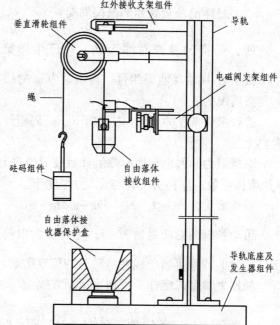

图 19-7　匀变速直线运动安装示意图

（4）在结果显示界面中用"▶"键选择"返回"，"确认"后重新回到测量设置界面。改变砝码质量，按以上程序进行新的测量。

【数据记录与处理】

采样结束后显示 V-t 直线，用"▶"键选择"数据"，将显示的采样次数及相应速度记入表 19-4 中，t_i 为采样次数与采样步距的乘积。由记录的 t，V 数据求得 V-t 直线的斜率，就是此次实验的加速度 a。

【注意事项】

当砝码组件质量较小时，加速度较大，可能没几次采样后接收组件已落到底，此时可将后几次的速度值舍去。

【思考题】

（1）为什么要保持导轨竖直放置？不如此，会导致什么结果？

（2）安装整套仪器时需要注意哪些？

（3）用什么方法处理数据求得 V-t 直线的斜率？

五、其他变速运动的测量

以上介绍了部分实验内容的测量方法和步骤，这些内容的测量结果可与理论比较，便于得出明确的结论，适合学生基础实验，也便于使用者对仪器的使用及性能有所了解。若让学生根据原理自行设计实验方案，也可用作综合实验。

图 19-8 表示了采样数 60，采样间隔 80 ms 时，对用两根弹簧拉着的小车（小车及支架上留有弹簧挂钩孔）所做水平阻尼振动的一次测量及显示实例。（在实验中，可以将小车上传感器和电磁阀用充电电缆连接，保证实验连续）。

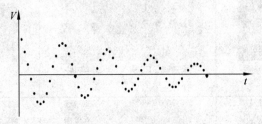

图 19-8　测量阻尼振动

与传统物理实验用光电门测量物体运动速度相比，用本仪器测量物体的运动具有更多的设置灵活性，测量快捷，既可根据显示的 V-t 图一目了然的定性了解所研究的运动的特征，又可查阅测量数据作进一步的定量分析。特别适合用于综合实验，让学生自主的对一些复杂的运动进行研究，对理论上难于定量的因素进行分析，并得出自己的结论（如研究摩擦力与运动速度的关系，或与摩擦介质的关系）。

【实验内容】

采用多普勒综合效应实验仪及其他必要实验仪器，结合相关物理原理，自己设计相关实验方案，自拟实验步骤，研究其他变速问题。简单故障排除如表 19-5 所示。

表 19-5　简单故障排除

故障现象	处理办法
电缆连接时发现有一根电缆的插头与一个插座不匹配	4 芯插头插到了 2 芯插座的位置，交换过来即可
光电门或超声发射器的定位铆钉未卡在导轨表面	将附件安装到位
电磁铁无磁性	电磁铁连接电缆有断点，检查导线，并将断开处焊好即可
多普勒效应的验证与声速的测量时，出现的不是一条倾斜直线	未改变小车的运动速度或速度改变太小。

附录

1. 多普勒效应各组件实物示意图

小车及传感接收器组件（水平） 各1件	水平谐振弹簧 2 根 垂直谐振弹簧 1 根	接收器组件（自由落体） 1 件
传感发生器支架组件（水平） 1 件	竖轨底座及发生器组件 （自由落体） 各1件	导 轨 1 件
光电门支架组件 1 件	滑轮组件（水平） 1 件	滑轮组件（垂直） 1 件
红外接收组件 1 件	砝码和小弹簧组件 1 件	自由落体接收组件保护盒 1 件
挡块组件 2 件 挡块支架组件 1 件	导轨下支架组件 2 件	电磁阀组件 1 件 电磁阀支架组件 1 件

2. 多普勒效应各实验装置安装示意图（见图19-9）

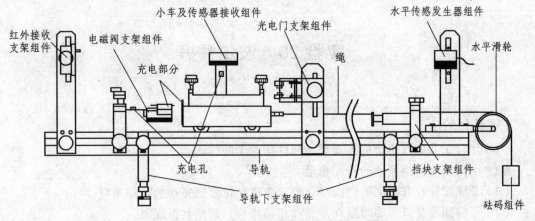

图 19-9　多普勒效应各实验装置安装示意图

（熊泽本）

实验 20 波尔共振

【实验目的】

（1）用波尔共振仪研究机械系统（弹性摆轮）的振动。

（2）测定摆轮自由振动的特征参量。

（3）观测摆轮在有阻尼下的振动，测定表征摆轮阻尼振动的特征参量。

（4）了解摆轮受迫振动的幅频特性和相频特性，观察共振现象。

（5）了解不同阻尼力对受迫振动的影响。

（6）学习和掌握波尔共振仪的使用，了解频闪法测量位相差的方法。

【实验仪器】

智能型波尔共振实验仪由振动装置与测量主机两部分组成。

波尔共振仪的演示讲解　　　　波尔共振实验项目全过程

1. 振动装置（见图 20-1）

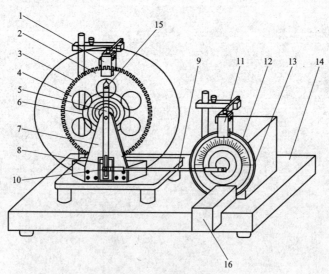

图 20-1　振动装置

1—光电门 H；2—长凹槽 C；3—短凹槽 D；4—铜质摆轮 A；5—摇杆 M；6—蜗卷弹簧 B；7—支承架；
8—阻尼线图 K；9—连杆 E；10—摇杆调节螺丝；11—光电门 I；12—角度盘 G；
13—有机玻璃转盘 F；14—底座；15—弹簧夹持螺钉 L；16—闪光灯

铜质圆形摆轮 A 安装在机架上，弹簧 B 的一端与摆轮 A 的轴相联，另一端可固定在机架支柱上，在弹簧弹性力的作用下，摆轮可绕轴自由往复摆动。在摆轮的外围有一圈矩形缺口（180 个），其中一个长形凹槽 C 长出许多。在机架上对准长型缺口处有一个光电门 H，它与测量主机相连接，用来测量摆轮的振幅（角度值）和摆轮的振动周期。在机架下方有一对带有铁心的线圈 K，摆轮 A 恰巧嵌在铁心的空隙，利用电磁感应原理，当线圈中通过直流电流后，摆轮受到一个电磁阻尼力的作用。改变电流的数值即可使阻尼大小相应变化。为使摆轮 A 作受迫振动。在电动机轴上装有偏心轮，通过连杆机构 E 带动摆轮 A，在电动机轴上装有带刻线的有机玻璃转盘 F，它随电机一起转动。由它可以从角度读数盘 G 读出相位差。调节控制箱上的电机转速调节旋钮，可以精确改变加于电机上的电压，使电机的转速在实验范围内连续可调，由于电路中采用特殊稳速装置，电动机采用惯性很小的特种电机，所以转速极为稳定。电机的有机玻璃转盘 F 上装有两个挡光片。在角度读数盘 G 中央上方也有光电门，并与测量主机相连，以测量强迫力矩的周期。

受迫振动时摆轮与外力矩的相位差利用小型闪光灯来测量。闪光灯受摆轮信号光电门控制，每当摆轮上长型凹槽 C 通过平衡位置时，光电门 H 接受光，引起闪光。闪光灯放置位置如图 20-1 所示，搁置在底座上，切勿拿在手中直接照射刻度盘。在稳定情况时，由闪光灯照射下可以看到有机玻璃指针 F 好像一直"停在"某一刻度处；这一现象称为频闪现象，此数值便是受迫振动时摆轮与外力矩的相位差 φ 值，误差不大于 2°。闪光灯闪光的次数是有限的，为了延长闪光灯的寿命，须当受迫振动稳定后才打开闪光灯开关。

摆轮振幅是利用光电门 H 测出摆轮读数 A 处圈上凹型缺口个数，并在液晶显示器上直接显示出此值，精度为 2°。

2. 测量主机前后面板（见图 20-2、20-3）

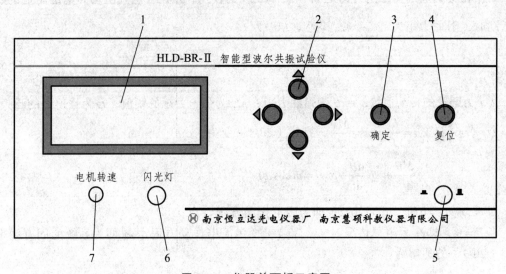

图 20-2　仪器前面板示意图

1—液晶显示屏幕；2—方向控制键；3—确认按键；4—复位按键；
5—电源开关；6—闪光灯开关；7—电机转速控制器

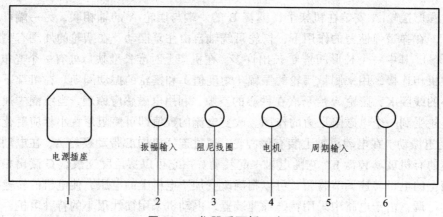

图 20-3　仪器后面板示意图

1—电源插座；2—振幅输入；3—阻尼线圈；4—电机；5—周期输入；6—闪光灯

【实验原理】

物体在周期外力的持续作用下发生的振动称为受迫振动,这种周期性的外力称为强迫力。如果外力是按简谐振动规律变化,那么稳定状态时的受迫振动也是简谐振动,此时,振幅保持恒定,振幅的大小与强迫力的频率和原振动系统无阻尼时的固有振动频率以及阻尼系数有关。在受迫振动状态下,系统除了受到强迫力的作用外,同时还受到回复力和阻尼力的作用。所以在稳定状态时物体的位移、速度变化与强迫力变化不是同相位的,存在一个相位差。当强迫力频率与系统的固有频率相同时产生共振,此时振幅最大,相位差为 90°。

本实验采用摆轮在弹性力矩作用下的自由摆动,在电磁阻尼力矩作用下作受迫振动来研究受迫振动特性,可直观地显示机械振动中的一些物理现象。

当摆轮受到周期性强迫外力矩 $M = M_0 \cos \omega t$ 的作用,并在有空气阻尼和电磁阻尼的媒质中运动时（阻尼力矩为 $-b\dfrac{\mathrm{d}\theta}{\mathrm{d}t}$ ）,其运动方程为

$$J\frac{\mathrm{d}^2\theta}{\mathrm{d}t^2} = -k\theta - b\frac{\mathrm{d}\theta}{\mathrm{d}t} + M_0 \cos \omega t \qquad (20\text{-}1)$$

式中, J 为摆轮的转动惯量； $-k\theta$ 为弹性力矩； M_0 为强迫力矩的幅值； ω 为强迫力的圆频率。

令 $\omega_0^2 = \dfrac{k}{J}$,　$2\beta = \dfrac{b}{J}$,　$m = \dfrac{M_0}{J}$,　则式（20-1）变为

$$\frac{\mathrm{d}^2\theta}{\mathrm{d}t^2} + 2\beta\frac{\mathrm{d}\theta}{\mathrm{d}t} + \omega_0^2\theta = m\cos \omega t \qquad (20\text{-}2)$$

当 $m\cos \omega t = 0$ 时,式（20-2）即为阻尼振动方程。

当 $\beta = 0$,即在无阻尼情况时式（20-2）变为简谐振动方程, ω_0 即为系统的固有频率。方程（20-2）的通解为

$$\theta = \theta_1 \mathrm{e}^{-\beta t}\cos(\omega_f t + \alpha) + \theta_2 \cos(\omega t + \varphi) \qquad (20\text{-}3)$$

由式（20-3）可见,受迫振动可分成两部分：

第一部分, $\theta_1 \mathrm{e}^{-\beta t}\cos(\omega_f t + \alpha)$ 表示阻尼振动,经过一定时间后衰减消失。

第二部分，说明强迫力矩对摆轮作用，向振动体传送能量，最后达到一个稳定的振动状态。

振幅
$$\theta_2 = \frac{m}{\sqrt{(\omega_0^2 - \omega^2)^2 + 4\beta^2\omega^2}}} \qquad (20\text{-}4)$$

它与强迫力矩之间的相位差 φ 为

$$\varphi = \tan^{-1}\frac{2\beta\omega}{\omega_0^2 - \omega^2} = \tan^{-1}\frac{\beta T_0^2 T}{\pi(T^2 - T_0^2)} \qquad (20\text{-}5)$$

由式（20-4）和（20-5）可看出，振幅 θ_2 与相位差 φ 的数值取决于强迫力矩 m、频率 ω、系统的固有频率 ω_0 和阻尼系数 β 四个因素，而与振动起始状态无关。

由 $\frac{\partial}{\partial\omega}[(\omega_0^2 - \omega^2)^2 + 4\beta^2\omega^2] = 0$ 极值条件可得出，当强迫力的圆频率 $\omega = \sqrt{\omega_0^2 - 2\beta^2}$ 时，产生共振，θ 有极大值。若共振时圆频率和振幅分别用 ω_r，θ_r 表示，则

$$\omega_r = \sqrt{\omega_0^2 - 2\beta^2} \qquad (20\text{-}6)$$

$$\theta_r = \frac{m}{2\beta\sqrt{\omega_0^2 - 2\beta^2}} \qquad (20\text{-}7)$$

式（20-6），（20-7）表明，阻尼系数 β 越小，共振时圆频率越接近于系统固有频率，振幅 θ_r 也越大。图 20-4 和图 20-5 表示出在不同 β 时受迫振动的幅频特性和相频特性。

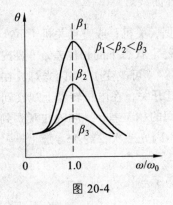

图 20-4

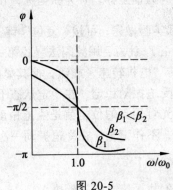

图 20-5

【实验内容及步骤】

（1）根据主机和附件后面的对应插孔连线。

（2）首先熟悉测量主机的使用方法（见附录）。

（3）测定摆轮振幅 θ 不同时与其对应的固有周期 T_0（此实验项目不需要电机转动）。

① 仪器选择"自由振荡"，确认后屏幕显示如图 20-9 所示。

② 用手转动摆轮 θ 度（140°～160°），使摆轮做自由摆动。放开手同时按"◄"键，测量状态由"关"变为"开"（见图 20-10），测量主机开始记录实验数据，测量 20 组数据后，测量自动关闭，测量显示"关"，数据已保存并发送主机，通过"回查"将实验数据逐一记录到表 20-1，并计算系统的固有频率 ω_0。

（4）测定阻尼系数 β（此实验项目不需要电机转动）。

① 仪器选择"阻尼振荡",确定"阻尼 1"状态,(也可选择阻尼 2 状态或 3 状态)确认后屏幕显示如图 20-13 所示。

② 用手转动摆轮 θ 度(140°~160°),使摆轮做自由摆动。放开手同时按"◀"键,测量状态由"关"变为"开"(见图 20-14)测量开始记录实验数据,测量显示关时,此时数据已保存并发送主机,通过"回查"将实验数据逐一记录到表 20-2,并根据公式计算 β 值。(通过测定振动的振幅衰减过程,就可用对数逐差法确定阻尼系数 β 值,阻尼振动时振幅衰减按指数规律变化求 β 的平均值)

(5)幅频特性与相频特性曲线测定(此实验项目需要电机转动,所以要打开电机开关)。

① 仪器选择"受迫振荡"(阻尼系数不变),确认后屏幕显示如图 20-17 所示,打开电机转速开关,将电机转速设定为某一值(电机旋钮刻度到 778 左右),即改变强迫力矩频率,当有机玻璃转盘 F 带动铜质摆轮 A 转动并稳定后,将光标移到测量,按下"◀"键,测量由"关"变为"开"此时摆轮周期和电机周期不断变化,当状态再次变为"关"时摆轮周期和电机周期稳定下来,停止测量,将一组摆轮周期,振幅及电机周期对应记录到表 20-3 中(此时所记录的摆轮、电机周期为 10 次的总和,振幅为实时采集)。

② 改变电机转速,重复步骤①,并记录数据到表 20-3。

③ 由表 20-1 查出与 θ 对应的 T_0 值,计算相位差 φ 和频率比。

④ 以 $\dfrac{\omega}{\omega_0}$ 为横坐标,θ 为纵坐标,作幅频响应特性曲线。

⑤ 以 $\dfrac{\omega}{\omega_0}$ 为横坐标,φ 为纵坐标,作相频响应特性曲线。

⑥ 全部实验做完,可按"复位"键,清除所有数据,关机;或直接关机(下次开机时数据已全部清空)。注意:用频闪法寻找第一个受迫振动稳定状态下的相位差 φ(要按下闪光灯开关):旋转"电机转速"旋钮,使其显示值约为"778"(可改变),将闪光灯放在电机转盘下方,等待受迫振动稳定,在稳定状态下,打开闪光灯开关,在电机转盘上观察到的转动的挡光杆被闪光灯照亮的位置就是受迫振动与策动力之间的相位差 φ(频闪法观察到的 ϕ 值只作位置参考,不作记录,在受迫振动一次测量结束时,闪光一次,约 15 s)。

【注意事项】

(1)波尔共振仪主机应预热 10~15 min;

(2)闪光灯易损坏,尽量少闪光;

(3)实验时不要长时间把阻尼挡位放在"阻尼 3"上,以免线圈长时间通大电流;

(4)光电门如果没有采集数据,请调整光电门。

【实验数据及处理】

表 20-1　自由振荡　　　　　　　　　　　　　　　　　　阻尼挡位　<u>1</u>

振幅/(°)		周期/s		频率/Hz	
θ_1		T_1		ω_1	
...		...		...	
θ_{10}		T_{10}		ω_{10}	
$\bar{\theta}_i =$		$\bar{T} =$		$\bar{\omega}_i =$	

表 20-2　β 计算记录表　　　　　　　　　　　　　　　　　阻尼挡位＿＿＿

振幅/（°）		振幅/（°）		$\ln\dfrac{\theta_i}{\theta_{i+5}}$
θ_0		θ_5		
θ_1		θ_6		
θ_2		θ_7		
θ_3		θ_8		
θ_4		θ_9		
				平均值

$\overline{T} =$ ＿＿＿＿ s ，由 $5\beta T = \ln\dfrac{\theta_i}{\theta_{i+5}}$ 求出 β 值。

表 20-3　幅频特性和相频特性测量记录表　　　　　　阻尼挡位＿＿＿

$10T/s$	$\omega = \dfrac{2\pi}{T}/(\mathrm{s}^{-1})$	$\varphi/（°）$	$\theta/（°）$	$\dfrac{\omega}{\omega_0}$

注：$|\varphi| = \arctan\dfrac{\beta T_0^2 T}{\pi(T^2 - T_0^2)}$。

附录

表 20-4　实验仪器操作说明

序号	介　绍		屏幕显示
	自由振荡		
1	按下电源开关几秒钟后，出现欢迎屏幕		欢迎使用 HLD波尔共振实验仪 图 20-6
2	过几秒钟后，出现按键说明界面		按键说明 ▲▼　→　选择项目 ◀▶　→　改变工作状态 确定　→　功能项确定 图 20-7

序号	介　绍	屏幕显示
	自由振荡	
3	然后显示"实验项目"界面 在此界面下通过"▲"或"▼"键选择实验项目。 开始默认选中项为 自由振荡	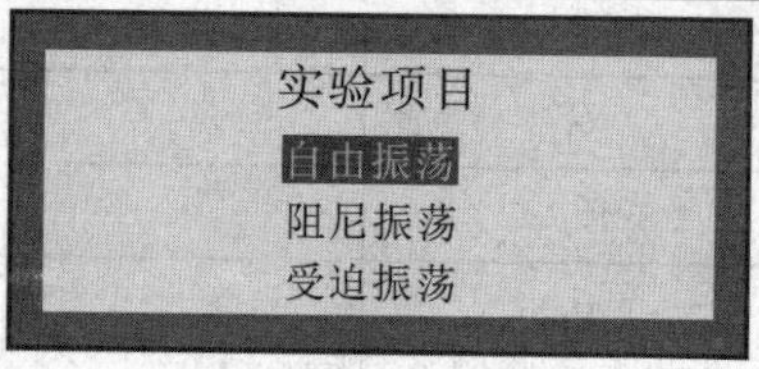 实验项目 自由振荡 阻尼振荡 受迫振荡 图 20-8
4	在图 20-8 选中 自由振荡 状态，按确认键后显示自由振荡测量界面	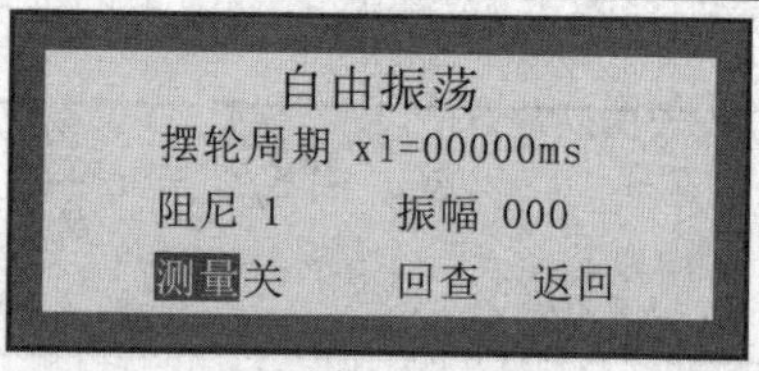 自由振荡 摆轮周期 x1=00000ms 阻尼 1　　振幅 000 测量关　　回查　返回 图 20-9
5	在图 20-9 界面按"◀"键，测量状态由"关"变为"开"，此时可以开始实验	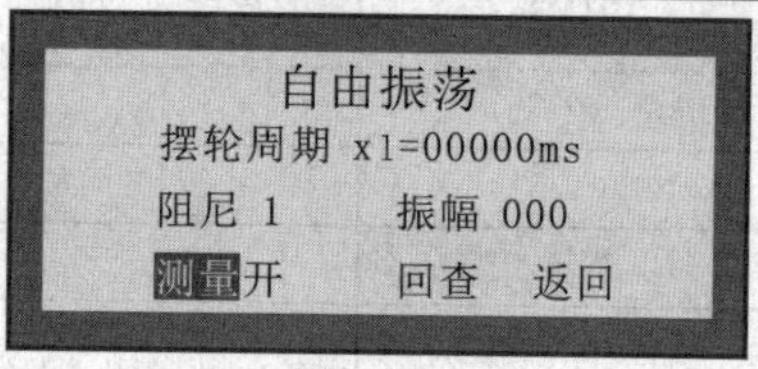 自由振荡 摆轮周期 x1=00000ms 阻尼 1　　振幅 000 测量开　　回查　返回 图 20-10
6	测量状态由"开"变为"关"，实验完成，此时周期和振幅都有数值显示	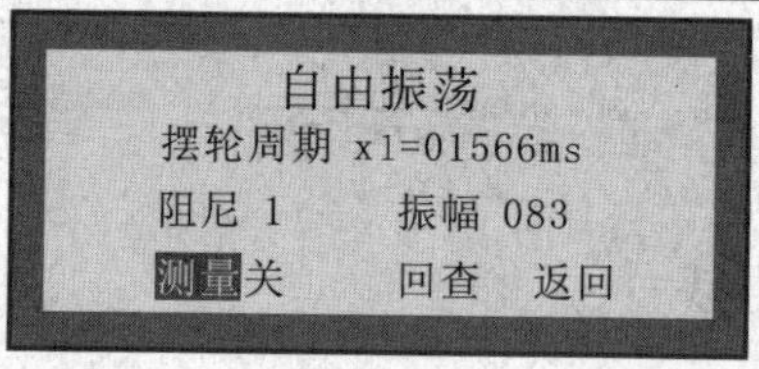 自由振荡 摆轮周期 x1=01566ms 阻尼 1　　振幅 083 测量关　　回查　返回 图 20-11
7	查取实验数据界面： ① 可按"▲"或"▼"键，选中 回查 后再按确认键，到此界面。 查取实验数据，如图 20-12 所示，表示第一次记录的振幅为 152，对应的周期为 1 565 ms。 ② 按"◀"或"▶"键，查看其他数据并逐一记录，这些数据为每次测量振幅和相对应的周期数值。 ③ 回查完毕，按确认键，即可返回到图 20-9 状态。若进行多次测量可重复操作。 ④ 自由振荡完成后，如要进行其他实验，先选中 返回 ，按确认键回到图 20-8 后即可进行其他选项	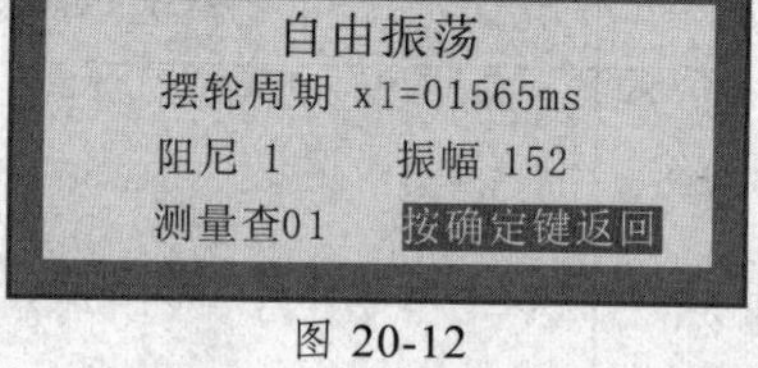 自由振荡 摆轮周期 x1=01565ms 阻尼 1　　振幅 152 测量查01　按确定键返回 图 20-12
	阻尼振荡	
8	在图 20-8 状态下按"▼"键，选中 阻尼振荡 ，按确认键显示如图 20-13 所示。阻尼分 3 个挡，根据自己的实验要求通过"◀""▶"设置阻尼挡。例如，设定 阻尼 1 挡、2 挡或 3 挡。此时阻尼挡默认为 1	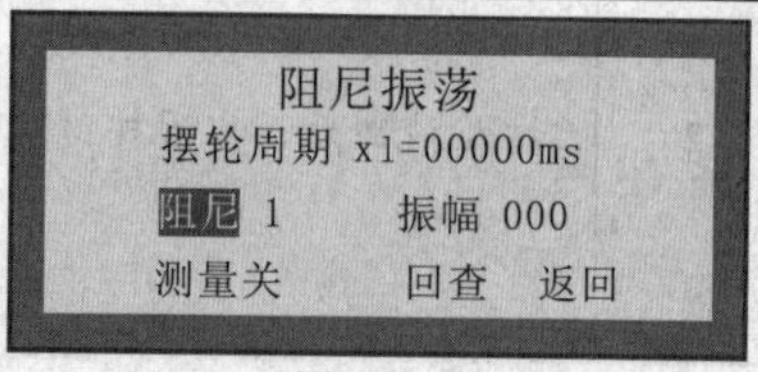 阻尼振荡 摆轮周期 x1=00000ms 阻尼 1　　振幅 000 测量关　　回查　返回 图 20-13

序号	介绍	屏幕显示
		阻尼振荡
9	按"▲""▼"键使光标移到测量上，按"◀"键，测量由"关"变为"开"，开始实验，并记录数据（仪器记录了20组数据后，测量会自动关闭，此时振幅大小还在变化，但仪器已经停止记数）	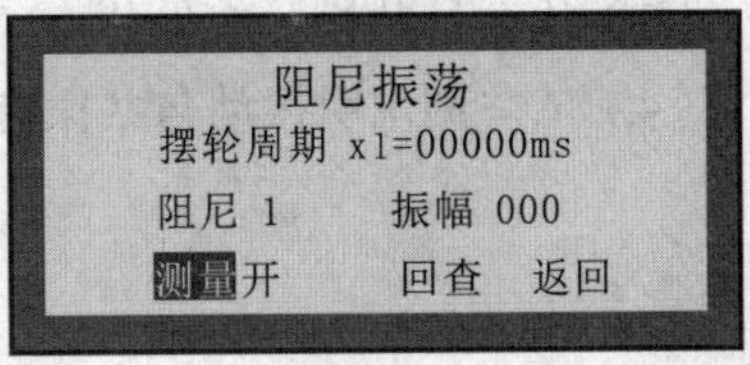 **阻尼振荡** 摆轮周期 x1=00000ms 阻尼 1　　振幅 000 测量开　　回查　返回 图 20-14
10	阻尼振荡回查界面： 　阻尼振荡的回查同自由振荡类似，请参照第7步骤操作	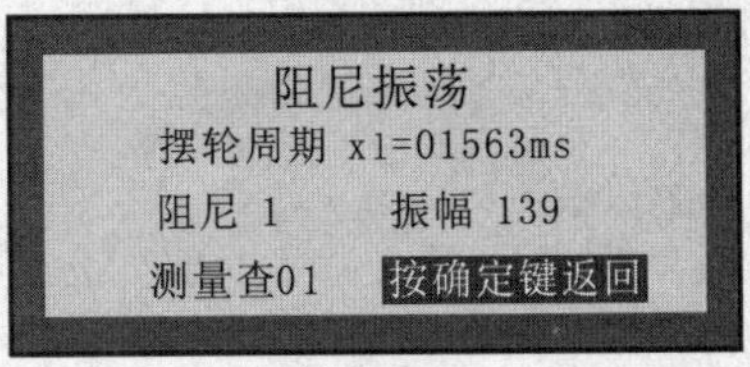 **阻尼振荡** 摆轮周期 x1=01563ms 阻尼 1　　振幅 139 测量查01　按确定键返回 图 20-15
		受迫振荡
11	将实验项目选到受迫振荡状态	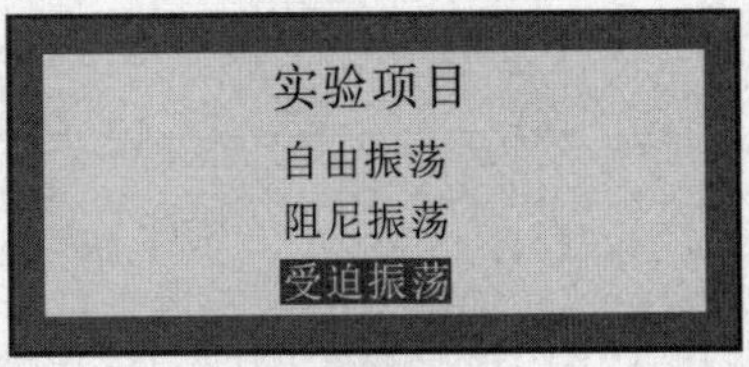 **实验项目** 自由振荡 阻尼振荡 受迫振荡 图 20-16
12	按确定键，进入测量状态，在此界面下可以设置阻尼挡位。当光标在阻尼上时，可利用"◀""▶"键改变阻尼电流挡位为（1、2、3挡）	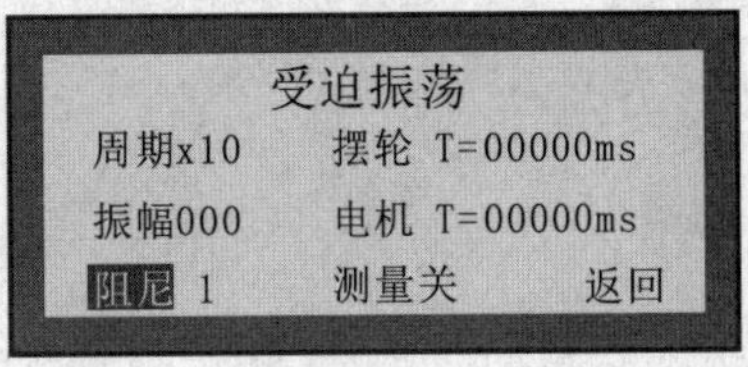 **受迫振荡** 周期x10　摆轮 T=00000ms 振幅000　电机 T=00000ms 阻尼 1　测量关　返回 图 20-17
13	受迫振荡开始实验界面： 　按"▲""▼"键使光标移到测量上，按"◀"键，测量由"关"变为"开"，开始实验，并记录数据	 **受迫振荡** 周期x10　摆轮 T=00000ms 振幅000　电机 T=00000ms 阻尼 1　测量开　返回 图 20-18
14	采集数据完成界面： 　当测量状态再由"开"变为"关"，实验完成，此时可以记录摆轮周期、电机周期以及振幅数值	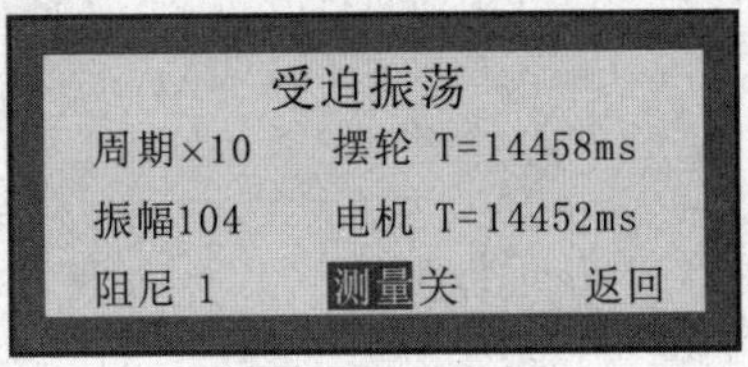 **受迫振荡** 周期×10　摆轮 T=14458ms 振幅104　电机 T=14452ms 阻尼 1　测量关　返回 图 20-19

【思考题】

（1）什么是自由振动、阻尼振动、固有振动？

（2）什么是受迫振动？其振幅和相位差与哪些因素有关？

（3）什么是共振？产生共振的条件及其特征？

（4）试举例说明振动与共振有哪些利与弊？

（张定梅）

实验 21　电表的改装与校准

【实验目的】

（1）了解磁电式电表的基本结构。

（2）掌握电表扩大量程的方法。

（3）掌握电表的校准方法。

【实验仪器】

待改装的表头、毫安表与伏特表（作标准表用）、电阻箱、滑线变阻器、直流稳压电源等。

【实验原理】

电流表（表头）一般只能测量很小的电流和电压，如果要用它来测量较大的电流或电压，就必须进行改装，扩大其量程。

1. 测量电流表内阻

测量内阻 R_g 的常用方法有以下两种：

（1）半电流法（中值法）。

半电流法测量原理如图 21-1 所示。当被测电流表接在电路中时，通过调节限流电阻 R_W 使电流表指针满偏，再用十进制电阻箱与被测电流表并联作为分流电阻，改变分流电阻 R_W 的大小就可以改变分流程度，当被测电流表指针指示中间值，且标准表读数（总电流强度）仍然保持不变（可通过调节电源输出电压和 R_W 大小来实现），显然这时分流电阻值就等于电流表的内阻。

（2）替代法。

替代法的测量原理如图 21-2 所示，当被测电流表接在电路中时，用十进制电阻箱替代它，调节十进制电阻箱阻值，当被测电流表两端电压不变，且电路中的电流（标准电流表读数）亦保持不变时，则此时十进制电阻箱阻值即为被测电流表内阻。

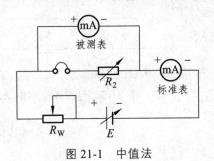

图 21-1　中值法

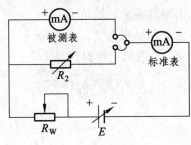

图 21-2　替代法

2. 将电流表改装为安培表

电流表的指针偏转到满刻度时所需要的电流 I_g 称为表头量程。这个电流越小，表头灵敏度越高。表头线圈的电阻 R_g 称为表头内阻。表头能通过的电流很小，要将它改装成能测量大电流的电表，必须扩大它的量程，方法是在表头两端并联一分流电阻 R_S，如图 21-3 所示。这样就能使表头不能承受的那部分电流流经分流电阻 R_S，而表头的电流仍在原来许可的范围之内。

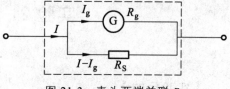

图 21-3　表头两端并联 R_S

设表头改装后的量程为 I，由欧姆定律得

$$(I - I_g)R_S = I_g R_g$$

$$R_S = \frac{I_g R_g}{I - I_g} = \frac{R_g}{\dfrac{I}{I_g} - 1} \tag{21-1}$$

式中，I/I_g 表示改装后电流表扩大量程的倍数，可用 n 表示。则有

$$R_S = \frac{R_g}{n - 1}$$

可见，将表头的量程扩大 n 倍，只要在该表头上并联一个阻值为 $R_g/(n-1)$ 的分流电阻 R_S 即可。

在电流表上并联不同阻值的分流电阻，便可制成多量程的安培表，如图 21-4 所示。

同理可得

$$\begin{cases} (I_1 - I_g)(R_1 + R_2) = I_g R_g \\ (I_2 - I_g)R_1 = I_g(R_g + R_2) \end{cases}$$

则

$$R_1 = \frac{I_g R_g I_1}{I_2(I_1 - I_g)} \qquad R_2 = \frac{I_g R_g(I_2 - I_1)}{I_2(I_1 - I_g)}$$

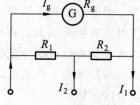

图 21-4　在电流表上并联
不同阻值的分流电阻

3. 将电流表改装为伏特表

电流表本身能测量的电压 V_g 是很低的。为了能测量较高的电压，可在电流表上串联一个扩程电阻 R_p，如图 21-5 所示，这时电流表不能承受的那部分电压将降落在扩程电阻上，而电流表上仍降落原来的量值 V_g。

设电流表的量程为 I_g，内阻为 R_g，改装成伏特表的量程为 V，由欧姆定律得到

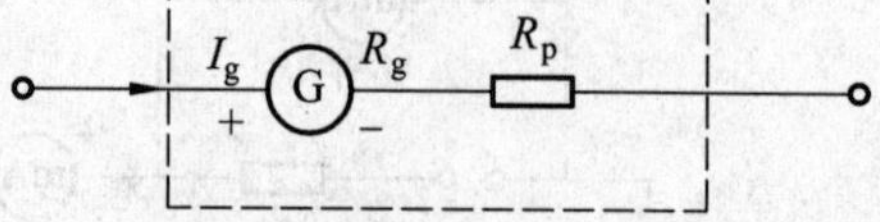

$$I_g(R_g + R_p) = V$$

图 21-5　电流表上串联 R_p

$$R_p = \frac{V}{I_g} - R_g = \left(\frac{V}{V_g} - 1\right)R_g \tag{21-2}$$

式中，V/V_g 表示改装后电压表扩大量程的倍数，可用 m 表示。则有

$$R_p = (m-1)R_g$$

可见，要将表头测量的电压扩大 m 倍时，只要在该表头上串联阻值为 $(m-1)R_g$ 扩程电阻 R_p。

在电流表上串联不同阻值的扩程电阻，便可制成多量程的电压表，如图 21-6 所示。同理可得

$$I_g(R_g + R_1) = V_1$$

$$R_1 = \frac{V_1}{R_g} - R_g$$

$$I_g(R_g + R_1 + R_2) = V_2$$

$$R_2 = \frac{V_2}{I_g} - R_g - R_1$$

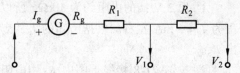

图 21-6　电流表上串联不同阻值的扩程电阻

4. 电表的校准

电表扩程后要经过校准方可使用。方法是将改装表与一个标准表进行比较，当两表通过相同的电流（或电压）时，若待校表的读数为 I_X，标准表的读数为 I_0，则该刻度的修正值为 $\Delta I_X = I_0 - I_X$。将该量程中的各个刻度都校准一遍，可得到一组 I_X、ΔI_X（或 V_X、ΔV_X）值，将相邻两点用直线连接，整个图形呈折线状，即得到 I_X-ΔI_X（或 V_X-ΔV_X）曲线，称为校准曲线，如图 21-7 所示，以后使用这个电表时，就可以根据校准曲线对各读数值进行校准，从而获得较高的准确度。

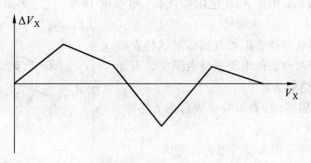

图 21-7　校准曲线

根据电表改装的量程和测量值的最大绝对误差，可以计算改装表的最大相对误差，即

$$最大相对误差 = \frac{最大绝对误差}{量程} \times 100\% \leqslant a\%$$

式中，$\alpha = \pm 0.1$、± 0.2、± 0.5、± 1.0、± 1.5、± 2.5、± 5.0，是电表的等级。所以根据最大相对误差的大小就可以定出电表的等级。

例如，校准某电压表，其量程为 0—30 V，若该表在 12 V 处的误差最大，其值为 0.12 V，试确定该表属于哪一级？

$$最大相对误差 = \frac{最大绝对误差}{量程} \times 100\% = \frac{0.12}{30} \times 100\% = 0.4\% < 0.5\%$$

因为 0.2<0.4<0.5，故该表的等级属于 0.5 级。

【实验内容】

（1）根据半电流法或替代法测量表头内阻 R_g。

（2）把 0—3 V—15 V 电压表（当作待改装的电流表）中的 3 V 挡，改装成 0—45 mA 的毫安表，并校准之。

① 原 3 V 挡的内阻约为 1 kΩ，所以这表头的量程为 $I_g = 3$ mA 左右。根据已知的 I_g，R_g 代入公式算出 R_S。

② 按图 21-8 接线，图中 R_S 用电阻箱代替，电源用 4.5 V，R_1，R_2 分别作为粗调、细调的滑线变阻器。

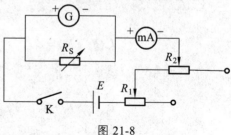

图 21-8

③ 合上 K，移动粗调滑线变阻器 R_1 使标准毫安表接近满度，再移动细调滑线变阻器 R_2 使之满度。检查被改装的电流表是否恰好满度。若不刚好满度就要略为改变 R_S，使其恰好满度。

④ 移动滑线变阻器 R_1，R_2，使被改装电流表每退 6 小格，记下标准毫安表示数。

⑤ 画校准曲线和定出改装后电表的等级。

（3）把 0—3 V—15 V 电压表（当作待改装的电流表）中的 3 V 挡，改装成 0—15 V 的电压表，并校准之。

① 根据已知的 R_g 代入公式算出扩程电阻 R_P 的值。

② 按图 21-9 接线，图中 R_P 用电阻箱代替，电源用 18 V。注意考虑滑线变阻器应选用图中 R_1 还是 R_2。

③ 合上 K，移动滑线变阻器直到标准伏特表指示 15 V 为止。检查被改装的电流表是否满度，否则要略为改变 R_P 使之恰好满度。

④ 移动滑线变阻器，使被改装电表每退 6 小格，记下标准伏特表示数。

⑤ 画校准曲线和定出改装后电表的等级。

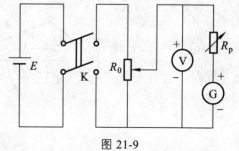

图 21-9

【实验数据记录】

（1）待改装电表编号_____，量程_____，内阻_____，扩大倍数_____，$R_{S理}$_____，$R_{S实}$_____。

表 21-1 实验数据记录表 1

待改装电表格数	6.0	12.0	18.0	24.0	30.0
待改装电表示数 I_X/mA	9.0	18.0	27.0	36.0	45.0
标准表示数 I_0/mA					
$\Delta I_X = I_0 - I_X$/mA					

注：$R_{S理}$ 为计算值，$R_{S实}$ 为改变后的实际值。

（2）电压表扩大倍数_____，$R_{p理}$_____，$R_{p实}$_____。

表 21-2　实验数据记录表 2

待改装电表格数	6.0	12.0	18.0	24.0	30.0
待改装电表示数 V_X/V	3.0	6.0	9.0	12.0	15.0
标准表示数 V_0/V					
$\Delta V_X = V_0 - V_X/V$					

【思考题】

（1）假定表头内阻不知道，能否在改变电压的同时确定表头的内阻？

（2）零点和满度校准好后，之间的各刻度仍然不准，试分析可能产生这一结果的原因。

（3）在图 21-6 中用了两个滑线变阻器 R_1 和 R_2，为什么要用两个？这样做有什么好处？若 $R_1：R_2 = 10：1$，哪个电阻为粗调，哪个电阻为细调？试以实验事实证明之。

（熊泽本　李传新）

实验 22　燃料电池综合特性实验

【实验目的】

（1）了解燃料电池的工作原理。

（2）观察仪器的能量转换过程：

光能→太阳能电池→电能→电解池→氢能（能量储存）→燃料电池→电能。

（3）测量燃料电池输出特性，作出所测燃料电池的伏安特性（极化）曲线，电池输出功率随输出电压的变化曲线。计算燃料电池的最大输出功率及效率。

（4）测量质子交换膜电解池的特性，验证法拉第电解定律。

（5）测量太阳能电池的特性，作出所测太阳能电池的伏安特性曲线，电池输出功率随输出电压的变化曲线。获取太阳能电池的开路电压，短路电流，最大输出功率，填充因子等特性参数。

【实验原理】

1. 历史背景

燃料电池以氢和氧为燃料，通过电化学反应直接产生电力，能量转换效率高于燃烧燃料的热机。燃料电池的反应生成物为水，对环境无污染，单位体积氢的储能密度远高于现有的其他电池。因此，它的应用从最早的宇航等特殊领域，到现在人们积极研究将其应用到电动汽车，手机电池等日常生活的各个方面，各国都投入巨资进行研发。

1839 年，英国人格罗夫（W. R. Grove）发明了燃料电池，历经近两百年，在材料、结构、工艺不断改进之后，进入了实用阶段。按燃料电池使用的电解质或燃料类型，可将现在和近期可行的燃料电池分为碱性燃料电池、质子交换膜燃料电池、直接甲醇燃料电池、磷酸燃料电池、熔融碳酸盐燃料电池、固体氧化物燃料电池 6 种主要类型，本实验研究其中的质子交换膜燃料电池。

直接甲醇
燃料电池

燃料电池的燃料氢（反应所需的氧可从空气中获得）可电解水获得，也可由矿物或生物原料转化制成。本实验包含太阳能电池发电（光能-电能转换）、电解水制取氢气（电能-氢能转换）、燃料电池发电（氢能-电能转换）几个环节，形成了完整的能量转换、储存、使用的链条。实验内含物理内容丰富，实验内容紧密结合科技发展热点与实际应用，实验过程环保清洁。

能源为人类社会发展提供动力，长期依赖矿物能源使我们面临环境污染之害，资源枯竭之困。为了人类社会的持续健康发展，各国都致力于研究开发新型能源。未来的能源系统中，太阳能将作为主要的一次能源替代目前的煤、石油和天然气，而燃料电池将成为取代汽油、柴油和化学电池的清洁能源。

2. 燃料电池

质子交换膜（PEM，Proton Exchange Membrane）燃料电池在常温下工作，具有启动快速，结构紧凑的优点，最适宜作汽车或其他可移动设备的电源，近年来发展很快，其基本结构如图 22-1 所示。

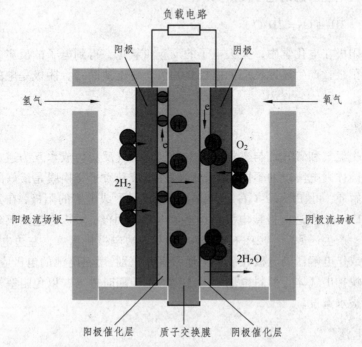

图 22-1　质子交换膜燃料电池结构示意图

目前广泛采用的全氟璜酸质子交换膜为固体聚合物薄膜，厚度为 0.05～0.1 mm，它提供氢离子（质子）从阳极到阴极的通道，而电子或气体不能通过。

催化层是将纳米量级的铂粒子用化学或物理的方法附着在质子交换膜表面，厚度约为 0.03 mm，对阳极氢的氧化和阴极氧的还原起催化作用。

膜两边的阳极和阴极由石墨化的碳纸或碳布做成，厚度为 0.2～0.5 mm，导电性能良好，其上的微孔提供气体进入催化层的通道，又称为扩散层。

商品燃料电池为了提供足够的输出电压和功率，需将若干单体电池串联或并联在一起。流场板一般由导电良好的石墨或金属做成，与单体电池的阳极和阴极形成良好的电接触，称为双极板，其上加工有供气体流通的通道。教学用燃料电池为直观起见，一般采用有机玻璃做流场板。

进入阳极的氢气通过电极上的扩散层到达质子交换膜。氢分子在阳极催化剂的作用下解离为 2 个氢离子，即质子，并释放出 2 个电子。阳极反应为

$$H_2 = 2H^+ + 2e \qquad (22\text{-}1)$$

氢离子以水合质子 $H^+(nH_2O)$ 的形式，在质子交换膜中从一个璜酸基转移到另一个璜酸基，最后到达阴极，实现质子导电。质子的这种转移导致阳极带负电。

在电池的另一端，氧气或空气通过阴极扩散层到达阴极催化层，在阴极催化层的作用下，

氧与氢离子和电子反应生成水。阴极反应为

$$O_2 + 4H^+ + 4e = 2H_2O \qquad (22-2)$$

阴极反应使阴极缺少电子而带正电,结果在阴阳极间产生电压,在阴阳极间接通外电路,就可以向负载输出电能。总的化学反应如下:

$$2H_2 + O_2 = 2H_2O \qquad (22-3)$$

注:阴极与阳极在电化学中,失去电子的反应叫氧化,得到电子的反应叫还原。产生氧化反应的电极是阳极,产生还原反应的电极是阴极。对电池而言,阴极是电的正极,阳极是电的负极。

3. 水的电解

将水电解产生氢气和氧气,与燃料电池中氢气和氧气反应生成水互为逆过程。

水电解装置同样因电解质的不同而各异,碱性溶液和质子交换膜是最好的电解质。若以质子交换膜为电解质,可在图 22-1 右边电极接电源正极形成电解的阳极,在其上产生氧化反应 $2H_2O = O_2 + 4H^+ + 4e$。左边电极接电源负极形成电解的阴极,阳极产生的氢离子通过质子交换膜到达阴极后,产生还原反应 $2H^+ + 2e = H_2$,即在右边电极析出氧,左边电极析出氢。

作燃料电池或作电解器的电极在制造上通常有些差别,燃料电池的电极应利于气体吸纳,而电解器需要尽快排出气体。燃料电池阴极产生的水应随时排出,以免阻塞气体通道,而电解器的阳极必须被水淹没。

4. 太阳能电池

太阳能电池利用半导体 P-N 结受光照射时的光伏效应发电,太阳能电池的基本结构就是一个大面积平面 P-N 结,图 22-2 为 P-N 结示意图。

P 型半导体中有相当数量的空穴,几乎没有自由电子。N 型半导体中有相当数量的自由电子,几乎没有空穴。当两种半导体结合在一起形成 P-N 结时,N 区的电子(带负电)向 P 区扩散,P 区的空穴(带正电)向 N 区扩散,在 P-N 结附近形成空

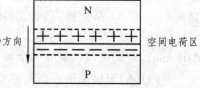

图 22-2　半导体 P-N 结示意图

间电荷区与势垒电场。势垒电场会使载流子向扩散的反方向作漂移运动,最终扩散与漂移达到平衡,使流过 P-N 结的净电流为零。在空间电荷区内,P 区的空穴被来自 N 区的电子复合,N 区的电子被来自 P 区的空穴复合,使该区内几乎没有能导电的载流子,又称为结区或耗尽区。

当光电池受光照射时,部分电子被激发而产生电子 – 空穴对,在结区激发的电子和空穴分别被势垒电场推向 N 区和 P 区,使 N 区有过量的电子而带负电,P 区有过量的空穴而带正电,P-N 结两端形成电压,这就是光伏效应,若将 P-N 结两端接入外电路,就可向负载输出电能。

【实验仪器】

仪器的构成如图 22-3 所示。

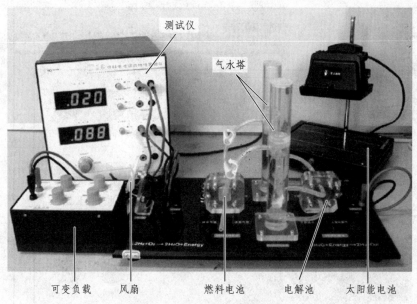

图 22-3 　燃料电池综合实验仪

　　燃料电池、电解池、太阳能电池的原理见实验原理部分。

　　质子交换膜必需含有足够的水分，才能保证质子的传导。但水含量又不能过高，否则电极被水淹没，水阻塞气体通道，燃料不能传导到质子交换膜参与反应。如何保持良好的水平衡关系是燃料电池设计的重要课题。为保持水平衡，我们的电池正常工作时排水口打开，在电解电流不变时，燃料供应量是恒定的。若负载选择不当，电池输出电流太小，未参加反应的气体从排水口泄漏，燃料利用率及效率都低。在适当选择负载时，燃料利用率约为90%。

　　气水塔为电解池提供纯水（二次蒸馏水），可分别储存电解池产生的氢气和氧气，为燃料电池提供燃料气体。每个气水塔都是上下两层结构，上下层之间通过插入下层的连通管连接，下层顶部有一输气管连接到燃料电池。初始时，下层近似充满水，电解池工作时，产生的气体会汇聚在下层顶部，通过输气管输出；若关闭输气管开关，气体产生的压力会使水从下层进入上层，而将气体储存在下层的顶部，通过管壁上的刻度可知储存气体的体积。两个气水塔之间还有一个水连通管，加水时打开使两塔水位平衡，实验时切记关闭该连通管。

　　风扇作为定性观察时的负载，可变负载作为定量测量时的负载。

　　测试仪面板如图 22-4 所示。测试仪可测量电流、电压。若不用太阳能电池作电解池的电源，可从测试仪供电输出端口向电解池供电。实验前需预热 15 min。

　　区域 1 ——电流表部分：作为一个独立的电流表使用。其中：

　　两个挡位：2 A 挡和 200 mA 挡，可通过电流挡位切换开关选择合适的电流挡位测量电流。

　　两个测量通道：电流测量Ⅰ和电流测量Ⅱ。通过电流测量切换键可以同时测量两条通道的电流。

　　区域 2 ——电压表部分：作为一个独立的电压表使用。共有两个挡位：20 V 挡和 2 V 挡，可通过电压挡位切换开关选择合适的电压挡位测量电压。

　　区域 3 ——恒流源部分：为燃料电池的电解池部分提供一个从 0 ~ 350 mA 的可变恒流源。

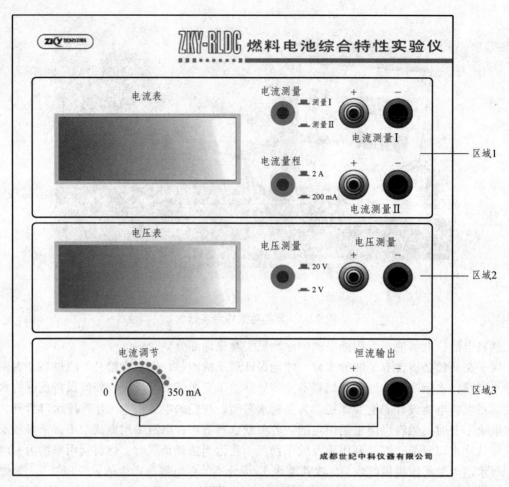

图 22-4　燃料电池测试仪前面板示意图

【实验内容与步骤】

1. 质子交换膜电解池的特性测量

理论分析表明，若不考虑电解器的能量损失，在电解器上加 1.48 V 电压就可使水分解为氢气和氧气。实际由于各种损失，输入电压高于 1.6 V 电解器才开始工作。

电解器的效率为

$$\eta_{电解} = \frac{1.48}{U_{输入}} \times 100\% \qquad (22\text{-}4)$$

输入电压较低时虽然能量利用率较高，但电流小，电解的速率低，通常使电解器输入电压在 2 V 左右。

根据法拉第电解定律，电解生成物的量与输入电量成正比。在标准状态下（温度为 0 °C，电解器产生的氢气保持在一个大气压），设电解电流为 I，经过时间 t 生产的氢气体积（氧气体积为氢气体积的一半）的理论值为

$$V_{氢气} = \frac{It}{2F} \times 22.4 \quad (L) \tag{22-5}$$

式中，$F = eN = 9.65 \times 10^4$ C/mol 为法拉第常数；$e = 1.602 \times 10^{-19}$ 库仑为电子电量；$N = 6.022 \times 10^{23}$ 为阿伏伽德罗常数；$It/2F$ 为产生的氢分子的摩尔（克分子）数；22.4L 为标准状态下气体的摩尔体积。

若实验时的摄氏温度为 T，所在地区气压为 P，根据理想气体状态方程，可对式（22-5）作修正：

$$V_{氢气} = \frac{273.16 + T}{273.16} \cdot \frac{P_0}{P} \cdot \frac{It}{2F} \times 22.4 \quad (L) \tag{22-6}$$

式中，P_0 为标准大气压。自然环境中，大气压受各种因素的影响，如温度和海拔高度等，其中海拔对大气压的影响最为明显。由国家标准 GB4797.2—2005 可查到，海拔每升高 1 000 m，大气压下降约 10%。

由于水的分子量为 18，且每克水的体积为 1 cm^3，故电解池消耗的水的体积为

$$V_{水} = \frac{It}{2F} \times 18 = 9.33 It \times 10^{-5} \quad (cm^3) \tag{22-7}$$

应当指出，式（22-6）、（22-7）的计算对燃料电池同样适用，只是其中的 I 代表燃料电池输出电流，$V_{氢气}$ 代表燃料消耗量，$V_{水}$ 代表电池中水的生成量。

确认气水塔水位在水位上限与下限之间。

将测试仪的电压源输出端串联电流表后接入电解池，将电压表并联到电解池两端。

将气水塔输气管止水夹关闭，调节恒流源输出到最大（旋钮顺时针旋转到底），让电解池迅速的产生气体。当气水塔下层的气体低于最低刻度线的时候，打开气水塔输气管止水夹，排出气水塔下层的空气。如此反复 2 ~ 3 次后，气水塔下层的空气基本排尽，剩下的就是纯净的氢气和氧气了。根据表 22-1 中的电解池输入电流大小，调节恒流源的输出电流，待电解池输出气体稳定后（约 1 min），关闭气水塔输气管。测量输入电流，电压及产生一定体积的气体的时间，记入表 22-1 中。

表 22-1　电解池的特性测量

输入电流 I/A	输入电压/V	时间 t/s	电量 It/C	氢气产生量测量值/L	氢气产生量理论值/L
0.10					
0.20					
0.30					

由式（22-6）计算氢气产生量的理论值,与氢气产生量的测量值比较。若不管输入电压与电流大小，氢气产生量只与电量成正比，且测量值与理论值接近，即验证了法拉第定律。

2. 燃料电池输出特性的测量

在一定的温度与气体压力下，改变负载电阻的大小，测量燃料电池的输出电压与输出电流之间的关系，如图 22-5 所示。电化学家将其称为极化特性曲线，习惯用电压作纵坐标，电

流作横坐标。

理论分析表明，如果燃料的所有能量都被转换成电能，则理想电动势为 1.48 V。实际燃料的能量不可能全部转换成电能，例如，总有一部分能量转换成热能，少量的燃料分子或电子穿过质子交换膜形成内部短路电流等，故燃料电池的开路电压低于理想电动势。

随着电流从零增大，输出电压有一段下降较快，主要是因为电极表面的反应速度有限，

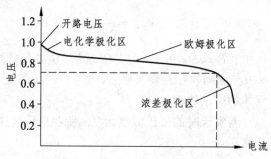

图 22-5　燃料电池的极化特性曲线

有电流输出时，电极表面的带电状态改变，驱动电子输出阳极或输入阴极时，产生的部分电压会被损耗掉，这一段被称为电化学极化区。

输出电压的线性下降区的电压降，主要是电子通过电极材料及各种连接部件，离子通过电解质的阻力引起的，这种电压降与电流成比例，所以被称为欧姆极化区。

输出电流过大时，燃料供应不足，电极表面的反应物浓度下降，使输出电压迅速降低，而输出电流基本不再增加，这一段被称为浓差极化区。

综合考虑燃料的利用率（恒流供应燃料时可表示为燃料电池电流与电解电流之比）及输出电压与理想电动势的差异，燃料电池的效率为

$$\eta_{电池}=\frac{I_{电池}}{I_{电解}}\cdot\frac{U_{输出}}{1.48}\times100\%=\frac{P_{输出}}{1.48\times I_{电解}}\times100\% \tag{22-8}$$

某一输出电流时燃料电池的输出功率相当于图 22-5 中虚线围出的矩形区，在使用燃料电池时，应根据伏安特性曲线，选择适当的负载匹配，使效率与输出功率达到最大。

实验时让电解池输入电流保持在 300 mA，关闭风扇。

将电压测量端口接到燃料电池输出端。打开燃料电池与气水塔之间的氢气、氧气连接开关，等待约 10 min，让电池中的燃料浓度达到平衡值，电压稳定后记录开路电压值。

将电流量程按钮切换到 200 mA。可变负载调至最大，电流测量端口与可变负载串联后接入燃料电池输出端，改变负载电阻的大小，使输出电压值如表 22-2 所示（输出电压值可能无法精确到表中所示数值，只需相近即可），稳定后记录电压电流值。

表 22-2　燃料电池输出特性的测量　　　　　　电解电流 =＿＿＿mA

输出电压 U/V		0.90	0.85	0.80	0.75	0.70			
输出电流 I/mA	0								
功率 $P=U\times I$/mW	0								

负载电阻猛然调得很低时，电流会猛然升到很高，甚至超过电解电流值，这种情况是不稳定的，重新恢复稳定需较长时间。为避免出现这种情况，输出电流高于 210 mA 后，每次调节减小电阻 0.5 Ω，输出电流高于 240 mA 后，每次调节减小电阻 0.2 Ω，每测量一点的平衡时间稍长一些（约需 5 min）。稳定后记录电压电流值。

作出所测燃料电池的极化曲线。

作出该电池输出功率随输出电压的变化曲线。

该燃料电池最大输出功率是多少？最大输出功率时对应的效率是多少？试求出。

实验完毕，关闭燃料电池与气水塔之间的氢气氧气连接开关，切断电解池输入电源。

3. 太阳能电池的特性测量

在一定的光照条件下，改变太阳能电池负载电阻的大小，测量输出电压与输出电流之间的关系，如图 22-6 所示。

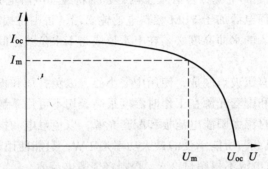

图 22-6 太阳能电池的伏安特性曲线

U_{oc} 代表开路电压，I_{sc} 代表短路电流，图 22-6 中虚线围出的面积为太阳能电池的输出功率。与最大功率对应的电压称为最大工作电压 U_m，对应的电流称为最大工作电流 I_m。

表征太阳能电池特性的基本参数还包括光谱响应特性、光电转换效率、填充因子等。

填充因子 FF 定义为

$$FF = \frac{U_m I_m}{U_{oc} I_{sc}} \tag{22-9}$$

它是评价太阳能电池输出特性好坏的一个重要参数，它的值越高，表明太阳能电池输出特性越趋近于矩形，电池的光电转换效率越高。

将电流测量端口与可变负载串联后接入太阳能电池的输出端，将电压表并联到太阳能电池两端。

保持光照条件不变，改变太阳能电池负载电阻的大小，测量输出电压电流值，并计算输出功率，记入表 22-3 中。

表 22-3 太阳能电池输出特性的测量

输出电压 U/V									
输出电流 I/mA									
功率 $P = U \times I/mW$									

作出所测太阳能电池的伏安特性曲线。

作出该电池输出功率随输出电压的变化曲线。

该太阳能电池的开路电压 U_{oc}，短路电流 I_{sc} 是多少？最大输出功率 p_m 是多少？最大工作电压 U_m，最大工作电流 I_m 是多少？填充因子 FF 是多少？试求出。

【注意事项】

（1）使用前应首先详细阅读说明书。

（2）该实验系统必须使用去离子水或二次蒸馏水，容器必须清洁干净，否则将损坏系统。

（3）PEM 电解池的最高工作电压为 6 V，最大输入电流为 1 000 mA，否则将极大地伤害 PEM 电解池。

（4）PEM 电解池所加的电源极性必须正确，否则将毁坏电解池并有起火燃烧的可能。

（5）绝不允许将任何电源加于 PEM 燃料电池输出端，否则将损坏燃料电池。

（6）气水塔中所加入的水面高度必须在上水位线与下水位线之间，以保证 PEM 燃料电池正常工作。

（7）该系统主体系有机玻璃制成，使用中需小心，以免打坏和损伤。

（8）太阳能电池板和配套光源在工作时温度很高，切不可用手触摸，以免被烫伤。

（9）绝不允许用水打湿太阳能电池板和配套光源，以免触电和损坏该部件。

（10）配套"可变负载"所能承受的最大功率是 1 W，只能使用于该实验系统中。

（11）电流表的输入电流不得超过 2 A，否则将烧毁电流表。

（12）电压表的最高输入电压不得超过 25 V，否则将烧毁电压表。

（13）实验时必须关闭两个气水塔之间的连通管。

（蒋再富）

实验 23　可见光波分复用（WDM）实验

通信业务的爆炸式增长，使得通信网络对传输容量的要求急剧提高。如何利用现有的光缆系统最大限度地扩大传输容量呢？传统的扩容方法是采用时分复用（TDM）方式，即把电信号在时间轴上按一定的时间间隔复用起来传输。但是随着现代电信网对传输容量要求的急剧提高，利用 TDM 方式已日益接近硅和砷化镓技术的容量极限，而且传输设备的价格也很高，光纤色散的影响也日益严重。因此，人们越来越多的把兴趣从电时分复用方式转移到光波分复用，即从光域上用波长复用的方式来改进传输效率，提高传输容量。WDM（Wavelength Division Multiplexing）技术是增加系统容量的有效方法之一，它能适应快速增长的数据通信业务的需求，可以大大提高光纤网络的容量和灵活性。

波分复用（WDM）技术就是利用光纤低损耗区的巨大带宽，以不同的波长作为传输光信号的信道，将多个信道的光信号在发送端通过复用器（合波器）合并起来，成为一束光耦合进一根光纤进行传输。在接收端，再由解复用器（分波器）将这些不同波长信道的光信号分开来，经过进一步处理后，恢复出原信号后送入不同的终端。

【实验目的】

（1）学习 WDM 的基本工作原理，理解干涉膜型复用器和光栅型解复用器的工作原理。

（2）学习激光内调制和利用声光调制器对激光进行外调制的基本原理和实现方法。

（3）学习光纤通信中的 WDM 技术，建立对 WDM 复用的感性认识。

【实验原理】

WDM 是以一定的频率（或波长）间隔将光纤的低损耗窗口划分为若干个信道，每个波长信道占用一段光纤的带宽，传输一个用户的信息。这样，通过增加工作波长的数量，可以达到增加传输容量的目的。

在发送端，利用光波作为载波，同步传送来自不同用户的光信号，用波分复用器将承载不同信号的不同波长的光载波合并起来送入一根光纤进行传输。在接收端，由解复用器将不同波长的光载波分开来分别接收。由于不同波长的光载波相互独立（不考虑光纤的非线性效应时），从而在一根光纤中可以实现多路光信号的复用传输。图 23-1 给出了 WDM 系统的组成原理图。

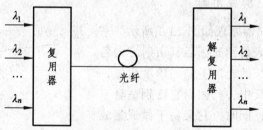

图 23-1　WDM 原理图

波分复用也被称为光频分复用。通常将波长间隔较大的称为波分复用，而将波长间隔在 1 nm 以下（或者说频率间隔大于 100 GHz）的称为频分复用或密集波分复用（DWDM）。

在 WDM 系统中，光波分复用器和波分解复用器起着关键作用，其性能对系统的传输质量有决定性的影响。将承载不同用户信息的波长信号复合在一起的器件称为复用器；反之，将同一传输光纤送来的这些多波长信号分解为各个波长分别输出的器件称为解复用器。复用器和解复用器的基本原理是相同的，根据光路可逆性质，只要将复用器的输出端和输入端反过来使用，就是解复用器。

根据分光原理的不同，已形成的基本波分复用器可分为干涉膜型、衍射光栅型、光纤光栅型、阵列波导型、熔融型等几种。本实验中采用干涉膜型复用器和光栅型解复用器。下面分别简要介绍它们的基本工作原理，同时简单阐述一下声光调制原理。

1. 干涉膜型波分复用器

干涉膜型波分复用器又称介质膜型波分复用器，这是目前实现 WDM 最常用的器件。它利用薄膜滤光片对不同波长有不同的透射率特性（大约在 0～90%范围内变化），把光分为透射光和反射光，从而达到合波和分波的作用。膜层结构如图 23-2 所示。其中 H, L 分别是光学厚度为 1/4 波长的高、低折射率膜层。

由图 23-2 可见，中间层 $2L$ 为 1/2 波长 λ_0 的光学厚度，对波长为 λ_0 的光不起作用，可以略去不计，剩下的中间层为 $2H$，同样可以略去不计，依次类推，可以看出整个膜系对波长 λ_0 的光有同基底一样的透射率，而对波长偏离 λ_0 的光因为中间层不满足半波长的条件，因而透射率迅速下降，每通过一层就要下降一次，最后被滤掉而不能通过，因而最后只有指定的波长 λ_0 的光透过，达到了滤波的目的。改变膜厚，即可以滤出不同波长的光。

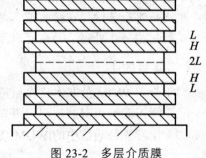

图 23-2　多层介质膜

由于一对 HH 或 LL 膜层构成一个腔，我们称这种膜滤波器是一种多膜带通滤波器，其通带特性与腔的数目直接相关，我们可以看到随着腔数目的增加，谱线的半高宽没有很大的变化，但波长分布范围变窄。实际滤波器的膜层数目可以多达数十层。将多个多层介质膜滤波器级连可用作波分复用器，达到多波长分离的目的。

这种波分复用器的温度特性很好，通带较平坦，且与极化无关，因而获得了广泛的商用，但是它存在插损随复用通路数增多而加大的缺点。

2. 衍射光栅型波分解复用器

衍射光栅型波长分路器原理如图 23-3 所示。它主要利用不同波长的光入射到光栅后其衍射方向各不相同，从而将不同波长的光以不同的角度出射，并定向地耦合到各根光纤中去。因而它特别适合于复用波长数较多的情况；同时，它又易于做成集成光波导型器件。

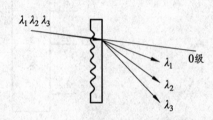

图 23-3　衍射光栅型波分解复用器原理图

3. 声光调制

在光通信中，根据调制方式的不同将光信号的调制分为内调制和外调制两种。内调制比较简单，它是通过把需要调制的信号加到激光器的驱动电源上，使激光器发出的光随驱动电源输出的驱动信号而变化，实质为随外加信号变化。外调制需要通过一个外调制器来实现。将需要调制的信号加到调制器的驱动电路上，这样调制器的输出特性就随外加信号变化，激光器发出的光通过调制器后，激光也就变成了加载了需要传输的光信号。

在本实验中使用声光调制器来实现外调制。声光调制器的原理如下：

声光调制器是由声光介质、电声换能器、吸声（或反射）装置及驱动电源等组成。调制电信号通过电声换能器（利用某些晶体或者半导体的反压电效应，在外加电场的作用下产生机械振动而形成超声波）转换成超声波，然后加到声光晶体上。超声波使声光介质的折射率沿声波的传输方向随时间交替变化。受超声波作用的声光介质相当于一个衍射光栅，光栅的条纹间隔等于声波波长。当一束平行光通过它时，由于声光效应产生衍射，其出射光束就具有随时间变化的光程差，结果构成了各级闪烁变化的衍射光。衍射光的强度、频率、方向等都随超声场的变化而变化。可以取某一级衍射光作为输出，用光栏将其他级衍射光阻拦，从光栏孔出射的就是一个周期性变化的调制光。其原理如图 23-4 所示。

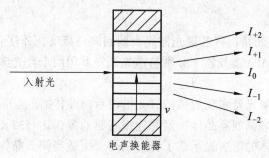

图 23-4　声光衍射原理图

在实际光纤通信中所用的光是不可见波段的红外光，为了更直观地演示 WDM 系统的工作原理，我们采用可见光来代替红外光进行模拟实验。

本实验采用三路信号，以不同波长的光作为载波，利用多模光纤作为介质来传输光信号。

在发射端：音源（收音机或 MP3 播放器）发出的音频信号（音乐）通过内调制方式来调制波长 650 nm（红光）的半导体激光，该内调制器发出的激光便携带了音频信号；另外一个音源（收音机或 MP3 播放器）发出的音频信号（音乐）通过声光调制器来调制波长 532 nm（绿光）激光器；473 nm（蓝光）的激光器发出的光通过斩波器得到类似脉冲波信号。利用反射镜和分光分色片 A，B（干涉膜型波分复用器）将三路信号光改变方向，复合成一路，然后再利用显微物镜耦合进多模光纤传输。

在接收端：利用光栅型解复用器将三路信号光分开来，利用光电探测器依次接收，将探测到的各路光信号转变为电信号，利用扬声器来输出音频信号，利用示波器显示脉冲信号。

整个过程就完成了光信号的波分复用和解复用。

【实验仪器】

650 nm（红光）半导体激光器、532 nm（绿光）激光器、473 nm（蓝光）激光器、声光调制器、多模光纤耦合器、光栅解复用器、反射镜、半反镜、斩波器、音频信号发生器、扬声器等。

【实验内容】

实验光路如图 23-5 所示。

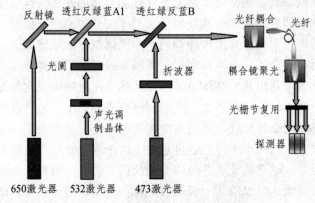

图 23-5　WDM 实验基本光路图

【实验步骤】

（1）按图 23-5 布置光路，将各激光器光束调到同一高度，并使光束与工作台平行。

（2）将三个音源（MP3 播放器）分别与声光调制器和两个红光激光内调制器接通，斩波器将蓝光进行斩波调制。

（3）安装 650 红光激光器和反射镜使红光沿图示向前传播。

（4）用棱镜架将声光调制器晶体夹紧并连接好驱动源，让 532 nm 激光器的光束通过光孔。透过声光调制器晶体的衍射光承载了音频信号，可适当调节晶体的角度和入射位置，使出射的多个衍射光斑里的一级最强。将该一级光斑通过光阑取出，将其他光点遮挡住。

（5）调节反射镜和分光分色片 A1，使红、绿合束。

（6）调节蓝光激光器和分光分色片 B，使三种颜色光合成一束，耦合镜将三路光耦合进光纤之后传输，经过多模光纤传输一段距离后再出射并准直收拢，再经过一个光栅解复用器完成分路，由光电接收器分别对各路信号进行接收。

【实验注意事项】

（1）532 nm 的绿激光比较刺眼，建议操作者在搭建光路的时候佩戴相应波长的激光防护镜。

（2）声光调制器晶体和驱动源部分一定要先连接，后通电，并且轻拿轻放保护其不受损。

【思考题】

（1）复用器和解分复用器能否交换使用？

（2）简述声光调制的原理。

（3）WDM 与 TDM 相比，有哪些优点？

（熊泽本）

实验 24　可见光分插复用（OADM）实验

随着点到点的 WDM 系统及相关技术的日趋完善，人们不再仅仅满足于简单的扩大传输容量，而是着眼于通信网络的全光化，即全光网。在全光网中，信号的传输、复用、放大、选路和交换等都在光域上进行，克服了电子瓶颈，提高了传输容量和速率。全光网的发展由低到高大致可分为三个阶段：点到点的 WDM 链路系统，具有波长上下（OADM, Optical Add & Drop Multiplexer）能力的多点网络，具有复杂光交叉互连功能（OXC, Optical Cross-Connect）的全光网络。第一阶段发展已相当成熟，要实现真正意义的全光网，必须解决 OADM 和 OXC 等核心技术。但就目前的技术水平来看，具有灵活管理带宽能力的 OADM 是最先可能实用化的设备，因此，对 OADM 技术和设备的研究与开发已逐渐成为热点。

【实验目的】

（1）掌握 OADM 的基本原理和实现方法。

（2）了解 OADM 在光网络中的重要性。

（3）了解激光信号的外调制和内调制的基本原理和方法。

（4）了解薄膜介质复用器和光栅型解复用器的原理和特性。

（5）了解光通信系统光电转换的基本方法。

（6）了解自由空间光通信和光纤通信的工作原理。

【实验原理】

1. OADM 的定义

OADM（Optical Add&Drop Multiplexer）是组建全光网的关键技术之一，它的基本功能是从 WDM 传输线路上选择性地上路、下路某些光通道，而不影响其他光通道的透明传输。如果选择某个或某些固定的波长通道进行分插复用，在节点处上/下固定的波长，则称为固定波长 OADM；如果分插复用的波长通道是可选择的，即能灵活控制 OADM 节点上/下话路的波长，则称为可配置 OADM；如果是前两种情况的综合，称为半可配置 OADM。OADM 的结构可以归纳成以下几种：耦合单元＋滤波单元＋合波器；分波器＋空间交换单元＋合波器；基于声光可调谐滤波器（AOTF）的结构；基于阵列波导光栅器（AWG）的结构等。

2. OADM 的分插复用原理

光通信系统中的 OADM 原理如图 24-1 所示。

一般的 OADM 节点可以用四端口模型来表示，基本功能包括 3 种：将需要的波长信道取下来；将本地信号送入信道传输；使其他波长信道尽量不受影响地通过。OADM 具体的工作过程如下：传输过来的包含 N 个波长信道的 WDM 信号进入 OADM 的输入端（Main input），根据业务需求,有选择性地从下路端口(Drop)输出所需的波长信道,相应地从上路端口(Add)输入本地的波长信道。其他的波长信道直接通过 OADM,和上路波长复用在一起,从 OADM 的线路输出端(Main output)输出。下面举例进一步详细说明 OADM 的工作过程。

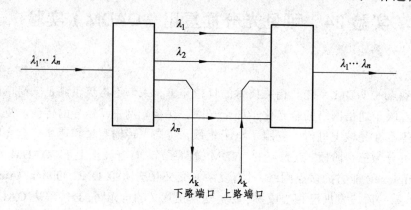

图 24-1   OADM 原理图

选择在三个波长上传输三路信号:用户 1、2、3,如图 24-2 所示。用户 1、2、3 的信号分别由波长 λ_1,λ_2,λ_3 携带,经合路器合路在一根光纤上传输一段距离以后,用户 3 需要下路,这时经分路器将 λ_1,λ_2,λ_3 分开,然后将 λ_3 取出,使用户 3 信号下路到本地,同时本地用户 4 的信号上路到波长 λ_3,经合路器合路后与信号 1、2 一起在一根光纤上传输。

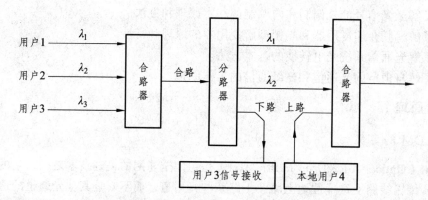

图 24-2   OADM 的工作原理图

3. OADM 节点模型

目前 OADM 的实现方案有很多种,下面只介绍其中的 4 种。

(1)分波器 + 空间交换单元 + 合波器。

这种方案的优点是结构简单,分插复用控制方便,器件成熟。如分波器和合波器都可以采用普通的薄膜滤波器型或阵列波导光栅(AWG)型的解复用器和复用器,空间交换单元一般采用光开关或光开关阵列。此种结构的分插复用单元的串扰主要来自解复用器和复用器,但如果复用器也采用滤波器型器件,会大大减小系统的串扰。这是目前较为流行的分插复用方案,如图 24-3 所示。

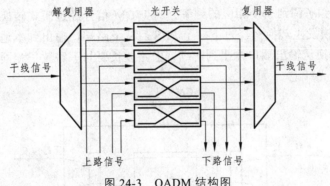

图 24-3 OADM 结构图

（2）耦合单元 + 滤波单元 + 合波器。

这种类型的 OADM 结构简单，所用的器件方便可得，在这种结构中，耦合单元一般为普通的耦合器（Coupler）或者光环形器（Optical Circulator），滤波单元为光纤光栅（FBG）、法-珀腔（F-P）等滤波器，合波器为普通的耦合器或复用器。图 24-4 是两种较常用的滤波单元：法-珀腔（F-P）和光纤光栅（FBG）。

第一个是用法-珀腔（F-P）实现的 OADM 方案，图 24-4（a）所示。在这种方案中输入的 WDM 信号经 F-P 腔滤波以后，让需要下路的波长到本地节点，其他波长被反射后继续向前传输。本地节点上路的信号使用和下路相同的波长，这个方案的突出优点是 F-P 腔的输出波长连续可调，可以根据需要选择上下路波长，它的不足之处是由于 F-P 腔对温度敏感，温度变化会影响其滤波性能。

另一个是用光纤光栅实现的 OADM 方案，如图 24-4（b）所示。光纤光栅的功能是能够反射某一个特定波长的光信号。在这种方案中输入的 WDM 信号经过开关选路，送入光纤光栅，每个光栅反射一个波长，被反射的波长经环形器下路到本地，其他波长通过光栅与本地节点的上路信号波长由环形器合波，继续向前传输。这种方案的缺点是在利用开关选路的时候存在延时和损耗。

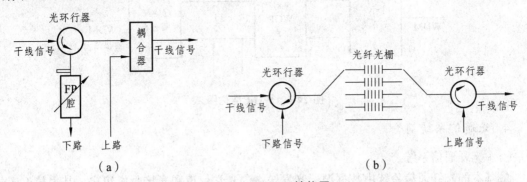

图 24-4 OADM 结构图

（3）基于声光可调谐滤波器（AOTF）的 OADM。

声光可调谐滤波器（AOTF）是现在研究的热点之一，它本身具有良好的可调滤波性能，包括调谐范围、调谐速度以及隔离度等。如图 24-5 所示，上路波长光信号和输入的 WDM 光信号中偏振方向垂直，它们进入 AOTF 以后，WDM 信号经偏振分束器（PBS）分成 TM 模和 TE 模，然后进入声波波段选频 f 控制的模式转换单元，选频 f 针对不同的下路波长进行调谐。如下路 λ_1，选频 f 调到一个相应的频率，当 WDM 信号经过模式转换单元时，波长 λ_1 的光的 TE 模和 TM 模发生转换，经过下一个 PBS 后从下路端口输出到本地，其他的 WDM 波长没有发生模式转换从输出端口输出到光纤，上路波长要与下路波长相同，经模式转换后也从输出端口输出到光纤上。

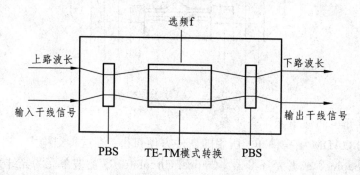

图 24-5　AOTF 结构图

（4）基于波长光栅路由器（WGR，Wavelenth Grating Router）的 OADM。

WGR 是一种光栅型的波长路由器，具有双向性，即一个方向输入为解复用方式，另一个方向输入为复用方式。

如图 24-6，以 $N \times N$ 的 WGR 为例，它的输出端口的解复用下来的波长次序与输入端口有关，一般是这样的：假设 WDM 信号有对应于 WGR 的 N 个波长，输入和输出端口排序分别为 $1 \sim N$，当 WDM 信号从输入端口 1 进入时，输出端口 $1 \sim N$ 解复用的波长依次为 $\lambda_1 \sim \lambda_N$，当从输入端 2 进入时，输出端口 $1 \sim N$ 的解复用波长依次为 λ_N，$\lambda_1 \sim \lambda_{N-1}$，依次类推，因此在 WGR 的输入端用光开关来选择 WDM 信号的不同输入口，由此来决定下路的波长，实现 OADM 的可调谐性。

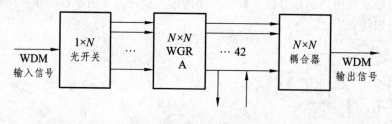

图 24-6　WGR 结构图

4. 光通信系统简介

（1）光纤通信系统。

最基本的光纤通信系统由数据源、光发送端、光学信道和光接收机组成。其中数据源包括所有的信号源，它们是话音、图像、数据等业务经过信源编码所得到的信号。光发送机和调制器则负责将信号转变成适合于在光纤上传输的光信号，先后用过的光波窗口有 0.85 μm、1.31 μm 和 1.55 μm。光学信道包括最基本的光纤和中继放大器 EDFA 等。光接收机接收光信号，并从中提取信息，然后转变成电信号，最后得到对应的话音、图像、数据等信息。图 24-7 是光纤通信系统图。

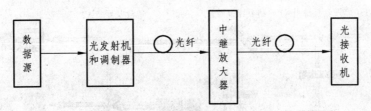

图 24-7　光纤通信系统结构简图

（2）自由空间光通信系统。

作为提供本地宽带接入的媒介，除了大家熟知的 DSL（Digital Service Line，数字用户线）、电缆调制解调器和无线接入以外，最近又出现一种新的传输手段，即利用大气激光传输原理的自由空间光通信（FSO）系统，也称无线光网（WON）系统。FSO 用激光或光脉冲在太赫兹（THz）光谱范围内传送分组数据，传送媒介是空气，而不是光纤。

FSO 系统是一种小巧的设备，采用了先进的激光器、放大器和接收器，它可以安置在普通住宅房顶上、办公室的窗户上，或是其他任何合适地点。工作时以点到点方式透过自由空间便能安全有效地传送话音、数据和视频业务。可用在一些受地理环境或成本因素影响而不能铺设光纤网的地区，如大城市区域或是校园环境中。FSO 系统中光链路两端具有对准（捕获）和保持（跟踪）功能。为了保证光链路的性能，两端对准是必须的；对准以后，在风力和其他因素的作用下，建筑物实际上是会有些移动和摇摆的，所以激光器节点必须具备自动跟踪的能力，以保持收、发两端始终对准。大多数点到点 FSO 系统的提供商使用来复观测装置做捕获工作，要求安装者人工地对准目标接收器，并监测信号强度，还要求对端安装者向第一个安装者反馈信息。

目前，许多企业和机构都不具备光纤线路，但它们需要很高的宽带接入速率。FSO 可以取代固定无线接入，其可提供的带宽高达 1 Gbps 以上。FSO 技术既能提供类似光纤的速率，又不需在频谱这样的稀有资源方面有很大的初始投资（因为无需许可证）。FSO 已经在企业和多住户单元市场得到使用。

5. 实验原理

实验光路如图 24-8 所示。该实验是把 3 路信号分别加载到 3 个不同的波长上。将音频信号 1 直接调制到波长为 650 nm 的红光激光内调制器上；通过声光调制器将音频信号 2 调制到 532 nm 的绿激光上；473 nm 的蓝光通过斩波器进行调制。信号调制完毕，红光经过反射镜后转向进入分光分色片 A1（透红反蓝绿），分光分色片 A1 成 45°角放置时，对绿光反射，对红光透射，因此绿光和红光经过 A 合路后继续向前传输。分光分色片 B（透红绿反蓝）45°角放置时对蓝光反射，对绿光、红光透射。因此经过分光分色片 B 后三路波长光达到了合路的目的。

合路后的三路波长经过分光分色片 A2，A2 对红光透射，对绿光、蓝光反射，加载音频信号的红光经过 A2 之后完成下路。同时，另一路加载音频信号的红光经过分光分色片 A3 上路，与绿光、蓝光合路后一起传输。合路后的光经过光纤耦合器耦合到多模光纤中，在光纤中传输一段距离以后出射并准直收拢。然后，用一个光栅解复用器完成分路，并对各路信号进行接收。

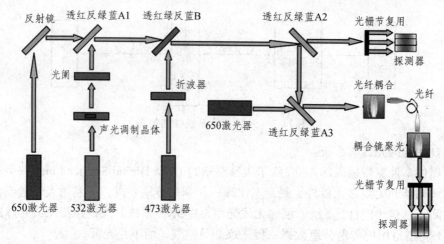

图 24-8　实验光路图

【实验内容与步骤】

（1）按图 24-8 布置光路，将各激光器光束调到同一高度，并使光束与工作台平行。

（2）将 3 个音源（MP3 播放器）分别与声光调制器和两个红光激光内调制器接通，斩波器将蓝光进行斩波调制。

（3）安装 650 nm 红光激光器和反射镜使红光沿图示向前传播。

（4）用棱镜架将声光调制器晶体夹紧并连接好驱动源，让 532 nm 激光器的光束通过光孔。透过声光调制器晶体的衍射光承载了音频信号，然后适当调节晶体的角度和入射位置，使出射的多个衍射光斑里的一级最强，将该一级光斑通过光阑取出，其他光点遮挡住。

（5）调节反射镜和分光分色片 A1，使红、绿合束。

（6）安装蓝光激光器和分束分色镜 B，调节分束镜 B 使 3 种不同颜色的光合成一束。合路的光经过滤波片 A2 时，532 nm 和 473 nm 的光被反射，红光透射，由接收模块接收后转变为音频信号，从扬声器放出，完成下路过程。因蓝光和绿光较强，A2 不能完全滤除，下路信号中会有蓝光和绿光引起的串扰，这时，可以插入一个光栅将蓝光和绿光与有用的红光分开。

（7）加载音频信号的红光经过分光分色片 A3 时被透射，与反射的 532 nm 和 473 nm 光合路，通过显微物镜耦合到多模光纤内传输。

（8）三路光经过多模光纤传输一段距离后再出射并准直收拢，经过一个光栅解复用器完成分路，由光电接收器分别对各路信号进行接收。

附录

声光调制器的原理和使用

声光调制是利用声光效应将信息载入光频载波的一种物理过程。所谓声光效应是指声波在介质中传播时，会引起介质密度（折射率）周期性的变化，可将此声波视为一种条纹光栅，光栅的栅距等于声波的波长，当光波入射于声光栅时，即发生光的衍射。声光效应有两种形式：正常声光效应和反常声光效应。正常声光效应是指声光介质各向同性，介质的折射率与光的入射方向和偏振状态无关。这样，入射光的折射率和偏振状态与衍射光的折射率和偏振状态相同。因此，可以从各向同性介质光波动方程出发，利用介质应变和折射率变化的关系来描述声光效应，可以用声光栅来说明光在介质中的衍射。反常声光效应是指声光介质各向异性，介质的折射率与光的入射方向、偏振状态有关，所以入射光的折射率和偏振状态与衍射光的不同，不能用声光栅来描述光在介质中的衍射。通常声光器件采用正常声光效应来制作的。下面用声光栅简要分析一下声光调制的原理。

在超声场中，由于介质密度周期性的疏密分布而形成声光栅，栅距等于 1 个超声波的波长。如果有一束光以 θ_i 角入射于声光栅，则出射光即是衍射光。衍射分为两种情况：喇曼-奈斯衍射和布拉格衍射。

喇曼-奈斯衍射时，掠射角 $\theta_i = 0$，即入射光平行于声光栅的栅线入射，声光栅所产生的衍射光图案和普通光学光栅所产生的衍射光图案类似，也是在零级条纹两侧对称地分布着各级衍射光的条纹，而且衍射光强逐级减弱。理论分析指出，衍射角满足公式

$$\sin \theta_d = N \frac{K}{k} = N \frac{\lambda}{\Lambda}$$

式中，θ_d 为衍射角，它是衍射光线与超声波波面之间的夹角；Λ 和 K 分别为超声波的波长和波数（$K = 2\pi/\Lambda$）；λ 和 k 分别为入射光波的波长和波数（$k = 2\pi/\lambda$）；N 为衍射光的级数。衍射光强和超声波的强度成正比。可以利用这一原理对入射光进行调制。调制信号如果是非电信号，首先要把它变为电信号，然后作用到超声波发生器上，使声光介质产生的声光栅与调制信号相对应。这时入射激光的衍射光强正比于调制信号的强度。这就是声光调制器的原理。

实现喇曼-奈斯衍射的条件是

$$L \ll \Lambda^2/2\pi\lambda$$

式中，L 称为声光相互作用长度。喇曼-奈斯衍射效率（衍射光强与入射光强之比）较低，一般在 30%左右。

当 L 较大时，衍射称为布拉格衍射，此时掠射角 $\theta_i \neq 0$。一般情况下，衍射光都很弱，只有满足条件 $\theta_i = \theta_r = K/2k$ 时，衍射光最强。上式称为布拉格衍射条件。此时的衍射光是不对称的，只有正一级或负一级，衍射效率可接近 100%。多数声光调制器都采用布拉格衍射。

声光器件由声光介质和压电换能器构成。常用的声光介质有钼酸铅晶体（PM）、氧化碲晶体，换能器一般为铌酸锂晶体。换能器相当于超声波发生器，它是利用压电晶体使电压信号变为超声波，并向声光介质中发射的一种能量变换器。声光调制的信息以电信号的形式出现，电信号作用于压电换能器上转化为以电信号形式变化的超声场，超声场与光波相互作用使之受到调制，把信息加载到光波上。

本实验中使用的声光调制器由声光介质（钼酸铅晶体）、压电换能器（铌酸锂晶体）、阻抗匹配网络和驱动电源构成。驱动电源产生 150 MHz 的射频功率信号，加入声光调制器。压电换能器将射频功率转换为超声信号，当激光束以布拉格角度通过时，由于声效应，激光束发生衍射（见图 24-9）。衍射光的强弱可根据需要调节驱动电源"控制"电位器而改变，

外加信号以 TTL 电平输入驱动电源的调制接口"输入"端，衍射信号光强随此信号变化，从而达到调制激光输出的目的。

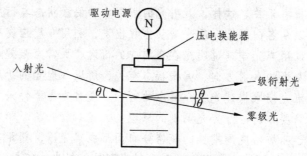

图 24-9　声光调制器的原理图

外加信号由驱动电源的"输入"端输入，工作电压为直流 24 V，衍射效率大小由"控制"电位器调节，"输出"端输出驱动功率，用高频电缆与声光器件相连。使用时应注意调整声光器件在光路中的位置和光的入射角度，并调节驱动电源"控制"电位器，使一级衍射光达到最佳状态。另外，驱动电源不得空载，在加上 24 V 的直流工作电压前，先将驱动电源"输出"端与声光器件或其他 50 Ω 负载相连。声光调制器在使用过程中应小心轻放，避免损坏晶体。

【思考题】

（1）各种类型的 OADM 优、缺点是什么？

（2）图 24-8 中红、绿、蓝三路激光位置是否可以更改？若可以更改，要注意什么？

（3）斩波器的作用是什么？

（熊泽本）

实验 25　测定固体导热系数

【实验目的】

（1）掌握固体导热系数公式的推导及其物理内涵。

（2）用稳态法测定橡胶的导热系数，并与理论值进行比较。

（3）用稳态法测定金属良导热体的导热系数，并与理论值进行比较。

非良导体导热系数的测定　　　　不良导体导热系数的测定操作

【实验原理】

导热系数是表征物质热传导性质的物理量。材料结构的变化与所含杂质等因素都会对导热系数产生明显的影响，因此，材料的导热系数常常需要通过实验来具体测定。测量导热系数的方法比较多，但可以归并为两类基本方法：一类是稳态法；另一类为动态法。用稳态法时，先用热源对测试样品进行加热，并在样品内部形成稳定的温度分布，然后进行测量，在动态法中，待测样品中的温度分布是随时间变化的，如按周期性变化等。本实验采用稳态法进行测量。

根据傅立叶导热方程式，在物体内部，取两个垂直于热传导方向、彼此间相距为 h、温度分别为 θ_1、θ_2 的平行平面（设 $\theta_1 > \theta_2$），若平面面积均为 S，在 δt 时间内通过面积 S 的热量 δQ 满足下述表达式：

$$\frac{\delta Q}{\delta t} = \lambda S \frac{\theta_1 - \theta_2}{h} \tag{25-1}$$

式中，$\dfrac{\delta Q}{\delta t}$ 为热流量；λ 即为该物质的热导率（又称作导热系数）。λ 在数值上等于相距单位长度的两平面的温度相差 1 个单位时，单位时间内通过单位面积的热量，其单位是 W/（m·K）。本实验仪器如图 25-1 所示。

在支架 D 上先放置散热盘 P，在散热盘 P 的上面放上待测样品 B（圆盘形的不良导体），再把带发热器的圆铜盘 A 放在 B 上，发热器通电后，热量从 A 盘传到 B 盘，再传到 P 盘，由于 A、P 盘都是良导体，其温度可以代表 B 盘上、下表面的温度 θ_1，θ_2，θ_1，θ_2 分别由插入 A、P 盘边缘小孔热电偶 E 来测量。热电偶的冷端则浸在杜瓦瓶中的冰水混合物中，通过双刀双掷开关 G，切换 A、P 盘中的热电偶与数字电压表 F 的连接回路。由式（25-1）可以知道，单位时间内通过待测样品 B 任一圆截面的热流量为

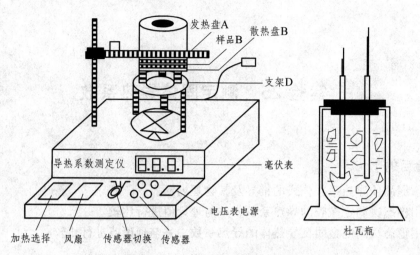

图 25-1　固体导热系数测定仪

$$\frac{\delta Q}{\delta t} = \lambda \frac{\theta_1 - \theta_2}{h_B} \pi R_B^2 \tag{25-2}$$

式中，R_B 为样品的半径；h_B 为样品的厚度。当热传导达到稳定状态时，θ_1 和 θ_2 的值不变，于是通过 B 盘上表面的热流量与由铜盘 P 向周围散热的速率相等，因此，可通过铜盘 P 在稳定温度 θ_2 时的散热速率来求出热流量 $\frac{\delta Q}{\delta t}$。实验中，在读得稳定时的 θ_1，θ_2 后，即可将 B 盘移去，而使 A 盘的底面与铜盘 P 直接接触。当铜盘 P 的温度上升到高于稳定时的值 θ_2 若干摄氏度后，再将圆盘 A 移开，让铜盘 P 自然冷却。观察其温度 θ 随时间 t 的变化情况，然后由此求出铜盘在 θ_2 的冷却速率 $\left.\frac{\delta\theta}{\delta t}\right|_{\theta=\theta_2}$，而 $mc\left.\frac{\delta\theta}{\delta t}\right|_{\theta=\theta_2} = \frac{\delta Q}{\delta t}$（$m$ 为铜盘 P 的质量，c 为铜材的比热容），就是铜盘 P 在温度为 θ_2 时的散热速率。但要注意，这样求出的 $\frac{\delta\theta}{\delta t}$ 是铜盘的全部表面暴露于空气中的冷却速率，其散热表面积为（$(2\pi R^2 + 2\pi R_P h_P)$）（其中 R_P 与 h_P 分别为铜盘的半径与厚度）。然而，在观察测试样品的稳态传热时，P 盘的上表面（面积为 πR_P^2）是被样品覆盖着的。考虑到物体的冷却速率与它的表面积成正比，则稳态时铜盘散热速率的表达式应作如下修正：

$$\frac{\delta Q}{\delta t} = mc\frac{\delta\theta}{\delta t}\cdot\frac{(\pi R_P^2 + 2\pi R_P h_P)}{(2\pi R_P^2 + 2\pi R_P h_P)} \tag{25-3}$$

将式（25-3）代入式（25-2），得

$$\lambda = mc\frac{\delta\theta}{\delta t}\cdot\frac{(R_P + 2h_P)h_B}{(2R_P + 2h_P)(\theta_1 - \theta_2)}\cdot\frac{1}{\pi R_B^2} \tag{25-4}$$

【实验仪器】

导热系数测定仪、杜瓦瓶、游标卡尺、时钟等。

【实验内容】

1. 测量不良导热体（硅橡胶材料）的导热系数

（1）把硅橡胶盘放入加热盘 A 和散热盘 P 之间，调节散热盘 P 下方的三颗螺丝，使得硅橡胶盘 B 与加热盘 A 和散热盘 P 紧密接触，必要时涂上导热硅胶以保证接触良好。

（2）在杜瓦瓶中放入冰水混合物，将热电偶的冷端插入杜瓦瓶中，热端分别插入加热盘 A 和散热盘 P 侧面的小孔中，并分别将热电偶的接线连接到导热系数测定仪的传感器 I、II 上。

（3）接通电源，将加热开关置于高挡，当传感器 I 的温度 θ_1 约为 4.2 mV 时，再将加热开关置于低挡，约 40 min。

（4）待达到稳态时（ θ_1 与 θ_2 的数值在 10 min 内的变化小于 0.03 mV），再每隔 2 min 记录 θ_1 和 θ_2 的值。

（5）测量散热盘 P 在稳态值 θ_2 附近的散热速率 $\dfrac{\delta\theta}{\delta t}$：移开加热盘 A，取下硅橡胶盘，并使加热盘 A 与散热盘 P 直接接触，当散热盘 P 的温度上升到高于稳态 θ_2 的值约为 0.2 mV 时，再将加热盘 A 移开，让散热盘 P 自然冷却，每隔 30 s 记录此时的 θ_2 值。

（6）用游标卡尺测量硅橡胶盘的直径和厚度，各 5 次。

（7）记录散热盘 P 的直径、厚度、质量。

注：由于热电偶冷端温度为 0 ℃，所以当温度变化范围不太大时，其温差电势值与待测温度值的比是一个常数，因此在用公式（25-4）计算 λ 值时，可直接用温差电势的数值取代温度值。

2. 测量金属良导热体的导热系数

（1）先将两块树脂圆环套在金属圆筒两端，并在金属圆筒两端涂上导热硅胶，然后置于加热盘 A 和散热盘 P 之间，调节散热盘 P 下方的 3 颗螺丝，使金属圆筒与加热盘 A 及散热盘 P 紧密接触。

（2）在杜瓦瓶中放入冰水混合物，将热电偶的冷端插入杜瓦瓶中，热端分别插入金属圆筒侧面上、下的小孔中，并分别将热电偶的接线连接到导热系数测定仪的传感器 I、II 上。

（3）接通电源，将加热开关置于高挡，当传感器 I 的温度 θ_1 约为 3.5 mV 时，再将加热开关置于低挡，约 40 min。

（4）待达到稳态时（ θ_1 与 θ_2 的数值在 10 min 内的变化小于 0.03 mV），每隔 2 min 记录 θ_1 和 θ_2 的值。

（5）测量散热盘 P 在稳态值 θ_2 附近的散热速率 $\dfrac{\delta\theta}{\delta t}$：移开加热盘 A，先将两测温热端取下，再将 θ_2 的测温热端插入散热盘 P 的侧面小孔，取下金属圆筒，并使加热盘 A 与散热盘 P 直接接触，当散热盘 P 的温度上升到高于稳态 θ_2 的值约为 0.2 mV 时，再将加热盘 A 移开，让散热盘 P 自然冷却，每隔 30 s 记录此时的 θ_2 值。

（6）用游标卡尺测量金属圆筒的直径和厚度，各 5 次。

（7）记录散热盘 P 的直径、厚度、质量。

【数据结果】

（1）实验数据记录[铜材的比热 $c = 0.091\,97$ cal/（g·℃），1 cal≈4.1858 5 J]。

① 硅橡胶材料的导热系数测量数据记录（见表 25-1 ~ 25-4）。

表 25-1　实验数据记录表 1

散热盘 P：$m =$ ___（g），___ $\bar{R}_P =$ ___（cm），　$\bar{h}_p =$ ___（cm）

序　次	1	2	3	4	5
D_P/cm					
h_P/cm					

表 25-2　实验数据记录表 2

硅橡胶盘：$\bar{R}_B =$ _____（cm）　$\bar{h}_B =$ _____（cm）

序　次	1	2	3	4	5
D_B/cm					
h_B/cm					

表 25-3　实验数据记录表 3（稳态时）

序　次	1	2	3	4	5	平均值
θ_1/mV						
θ_2/mV						

表 25-4　实验数据记录表 4

散热速率：$\dfrac{\partial \bar{\theta}}{\partial t} =$ _____（mV/s）

时间/s	30	60	90	120	150	180	210	240
θ_2/mV								

② 金属圆筒导热系数测量数据记录（表格自拟）。

（2）根据实验结果计算出硅橡胶不良导热体与金属圆筒良导热体的导热系数最佳值[导热系数单位换算：1cal/（cm·s·℃）= 418.68 W/（m·K）]，[硅橡胶的导热系数由于材料的特性不同，范围为 0.072 ~ 0.165 W/（m·K），金属铝的导热系数为 285.25 W/（m·K）]，检验数据结果是否正确。

【思考题】

（1）散热盘下方的轴流式风机起什么作用？若它不工作时实验能否进行？

（2）本实验中产生系统误差的主要原因来自哪几方面？可采取何种措施使之减小或消除？

（蒋再富）

实验 26　液晶电光效应综合实验

液晶是介于液体与晶体之间的一种物质状态。一般的液体内部分子排列是无序的，而液晶既具有液体的流动性，其分子又按一定规律有序排列，使它呈现晶体的各向异性。当光通过液晶时，会产生偏振面旋转、双折射等效应。液晶分子是含有极性基团的极性分子，在电场作用下，偶极子会按电场方向取向，导致分子原有的排列方式发生变化，从而液晶的光学性质也随之发生改变，这种因外电场引起的液晶光学性质的改变称为液晶的电光效应。近期有关液晶学科的更多的基础与应用基础研究转向了应用这个奇妙的软物质态于平面显示器件等光学领域以外的其他领域的应用探索，这就形成了近期液晶科学研究中的"非显示"热，他囊括了从生物、化学到物理、材料甚至工程等多个学科的诸多领域。

1888 年，奥地利植物学家 Reinitzer 在做有机物溶解实验时，在一定的温度范围内观察到液晶。1961 年，美国 RCA 公司的 Heimeier 发现了液晶的一系列电光效应，并制成了显示器件。从 70 年代开始，日本公司将液晶与集成电路技术结合，制成了一系列的液晶显示器件，并至今在这一领域保持领先地位。液晶显示器件由于具有驱动电压低（一般为几伏）、功耗极小、体积小、寿命长、环保无辐射等优点，在当今各种显示器件的竞争中有独领风骚之势。

【实验目的】

（1）在掌握液晶光开关的基本工作原理的基础上，测量液晶光开关的电光特性曲线，并由电光特性曲线得到液晶的阈值电压和关断电压。

（2）测量驱动电压周期变化时，液晶光开关的时间响应曲线，并由时间响应曲线得到液晶的上升时间和下降时间。

（3）测量由液晶光开关矩阵所构成的液晶显示器的视角特性以及在不同视角下的对比度，了解液晶光开关的工作条件。

（4）了解液晶光开关构成图像矩阵的方法，学习和掌握这种矩阵所组成的液晶显示器构成文字和图形的显示模式，从而了解一般液晶显示器件的工作原理。

【实验原理】

1. 液晶光开关的工作原理

液晶的种类很多，仅以常用的 TN（扭曲向列）型液晶为例，说明其工作原理。

TN 型光开关的结构如图 26-1 所示。在两块玻璃板之间夹有正性向列相液晶，液晶分子的形状如同火柴一样，为棍状。棍的长度在十几 Å（$1\text{ Å} = 10^{-10}\text{ m}$），直径为 $4 \sim 6$ Å，液晶层厚度一般为 $5 \sim 8$ μm。玻璃板的内表面涂有透明电极，电极的表面预先作了定向处理（可用软绒布朝一个方向摩擦，也可在电极表面涂取向剂），这样，液晶分子在透明电极表面就会躺倒在摩擦所形成的微沟槽里；电极表面的液晶分子按一定方向排列，且上下电极上的定向方向相互垂直。上下电极之间的那些液晶分子因范德瓦尔斯力的作用，趋向于平行排列。然而由于上下电极上液晶的定向方向相互垂直，所以从俯视方向看，液晶分子的排列从上电极的沿 - 45°方向排列逐步地、均匀地扭曲到下电极的沿 + 45°方向排列，整个扭曲了 90°。如图 26-1（a）所示。

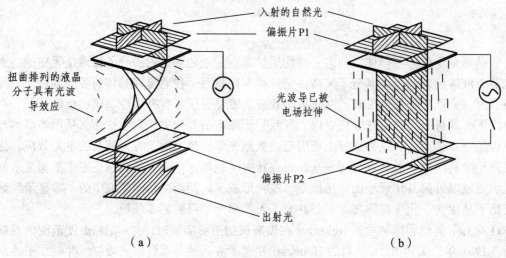

图 26-1　液晶光开关的工作原理

理论和实验都证明，上述均匀扭曲排列起来的结构具有光波导的性质，即偏振光从上电极表面透过扭曲排列起来的液晶传播到下电极表面时，偏振方向会旋转 90°。

取两张偏振片贴在玻璃的两面，P1 的透光轴与上电极的定向方向相同，P2 的透光轴与下电极的定向方向相同，于是 P1 和 P2 的透光轴相互正交。

在未加驱动电压的情况下，来自光源的自然光经过偏振片 P1 后只剩下平行于透光轴的线偏振光，该线偏振光到达输出面时，其偏振面旋转了 90°。这时光的偏振面与 P2 的透光轴平行，因而有光通过。

在施加足够电压情况下（一般为 1~2 V），在静电场的作用下，除了基片附近的液晶分子被基片"锚定"以外，其他液晶分子趋于平行于电场方向排列。于是原来的扭曲结构被破坏，成了均匀结构，如图 26-1（b）所示。从 P1 透射出来的偏振光的偏振方向在液晶中传播时不再旋转，保持原来的偏振方向到达下电极。这时光的偏振方向与 P2 正交，因而光被关断。

由于上述光开关在没有电场的情况下让光透过，加上电场的时候光被关断，因此叫作常通型光开关，又叫作常白模式。若 P1 和 P2 的透光轴相互平行，则构成常黑模式。

液晶可分为热致液晶与溶致液晶。热致液晶在一定的温度范围内呈现液晶的光学各向异性，溶致液晶是溶质溶于溶剂中形成的液晶。目前用于显示器件的都是热致液晶，它的特性随温度的改变而有一定变化。

2. 液晶光开关的电光特性

图 26-2 为光线垂直液晶面入射时本实验所用液晶相对透射率（以不加电场时的透射率为100%）与外加电压的关系。

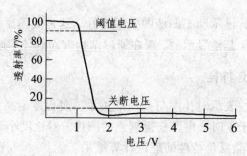

图 26-2　液晶光开关的电光特性曲线

由图 26-2 可见，对于常白模式的液晶，其透射率随外加电压的升高而逐渐降低，在一定电压下达到最低点，此后略有变化。可以根据此电光特性曲线图得出液晶的阈值电压和关断电压。

阈值电压：透过率为 90%时的驱动电压；

关断电压：透过率为 10%时的驱动电压。

液晶的电光特性曲线越陡，即阈值电压与关断电压的差值越小，由液晶开关单元构成的显示器件允许的驱动路数就越多。TN 型液晶最多允许 16 路驱动，故常用于数码显示。在电脑，电视等需要高分辨率的显示器件中，常采用 STN（超扭曲向列）型液晶，以改善电光特性曲线的陡度，增加驱动路数。

3. 液晶光开关的时间响应特性

加上（或去掉）驱动电压能使液晶的开关状态发生改变，是因为液晶的分子排序发生了改变，这种重新排序需要一定时间，反映在时间响应曲线上，用上升时间 τ_r 和下降时间 τ_d 描述。给液晶开关加上一个如图 26-3 上图所示的周期性变化的电压，就可以得到液晶的时间响应曲线，上升时间和下降时间，如图 26-3 下图所示。

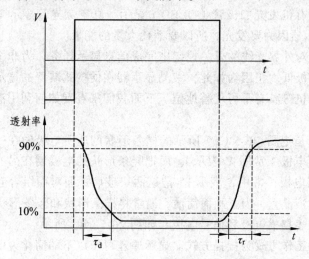

图 26-3　液晶驱动电压和时间响应图

上升时间：透过率由 10%升到 90%所需时间；

下降时间：透过率由 90%降到 10%所需时间。

液晶的响应时间越短，显示动态图像的效果越好，这是液晶显示器的重要指标。早期的液晶显示器在这方面逊色于其他显示器，现在通过结构方面的技术改进，已达到很好的效果。

4. 液晶光开关的视角特性

液晶光开关的视角特性表示对比度与视角的关系。对比度定义为光开关打开和关断时透射光强度之比，对比度大于 5 时，可以获得满意的图像，对比度小于 2，图像就模糊不清了。

图 26-4 表示了某种液晶视角特性的理论计算结果。图中，用与原点的距离表示垂直视角（入射光线方向与液晶屏法线方向的夹角）的大小。

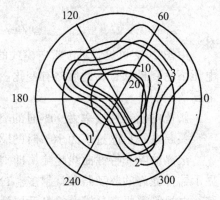

图中 3 个同心圆分别表示垂直视角为 30°、60°和90°。90°同心圆外面标注的数字表示水平视角（入射光线在液晶屏上的投影与 0°方向之间的夹角）的大小。图26-3 中的闭合曲线为不同对比度时的等对比度曲线。

由图 26-4 可以看出，液晶的对比度与垂直与水平视角都有关，而且具有非对称性。若我们把具有图 26-4 所示视角特性的液晶开关逆时针旋转，以 220°方向向下，并由多个显示开关组成液晶显示屏。则该液晶显示屏的

图 26-4　液晶的视角特性

左右视角特性对称，在左，右和俯视 3 个方向，垂直视角接近 60°时对比度为 5，观看效果较好。在仰视方向对比度随着垂直视角的加大迅速降低，观看效果差。

5. 液晶光开关构成图像显示矩阵的方法

除了液晶显示器以外，其他显示器靠自身发光来实现信息显示功能。这些显示器主要有以下一些：阴极射线管显示（CRT）、等离子体显示（PDP）、电致发光显示（ELD）、发光二极管（LED）显示、有机发光二极管（OLED）显示、真空荧光管显示（VFD）及场发射显示（FED）。这些显示器因为要发光，所以要消耗大量的能量。

液晶显示器通过对外界光线的开关控制来完成信息显示任务，为非主动发光型显示，其最大的优点在于能耗极低。正因为如此，液晶显示器在便携式装置的显示方面，如电子表、万用表、手机、传呼机等具有不可代替地位。下面我们来看看如何利用液晶光开关来实现图形和图像显示任务。

矩阵显示方式，是把图 26-5（a）所示的横条形状的透明电极做在一块玻璃片上，叫作行驱动电极，简称行电极（常用 X_i 表示），而把竖条形状的电极制在另一块玻璃片上，叫做列驱动电极，简称列电极（常用 S_i 表示）。把这两块玻璃片面对面组合起来，把液晶灌注在这两片玻璃之间构成液晶盒。为了画面简洁，通常将横条形状和竖条形状的 ITO 电极抽象为横线和竖线，分别代表扫描电极和信号电极，如图 26-5（b）所示。

矩阵型显示器的工作方式为扫描方式。显示原理可依以下的简化说明作一介绍。

欲显示图 26-5（b）的那些有方块的像素，首先在第 A 行加上高电平，其余行加上低电平，同时在列电极的对应电极 c、d 上加上低电平，于是 A 行的那些带有方块的像素就被显示出来了。然后第 B 行加上高电平，其余行加上低电平，同时在列电极的对应电极 b、e 上加上低电平，因而 B 行的那些带有方块的像素被显示出来了。然后是第 C 行、第 D 行……，

以此类推，最后显示出一整场的图像。这种工作方式称为扫描方式。

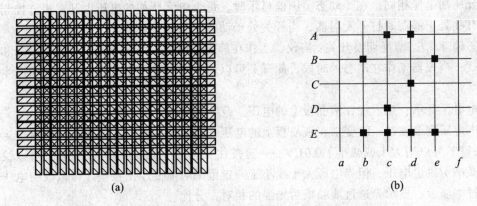

(a)   (b)

图 26-5　液晶光开关组成的矩阵式图形显示器

这种分时间扫描每一行的方式是平板显示器的共同的寻址方式，依这种方式，可以让每一个液晶光开关按照其上的电压的幅值让外界光关断或通过，从而显示出任意文字、图形和图像。

【实验仪器】

本实验所用仪器为液晶光开关电光特性综合实验仪，其外部结构如图 26-6 所示。下面简单介绍仪器各个按钮的功能。

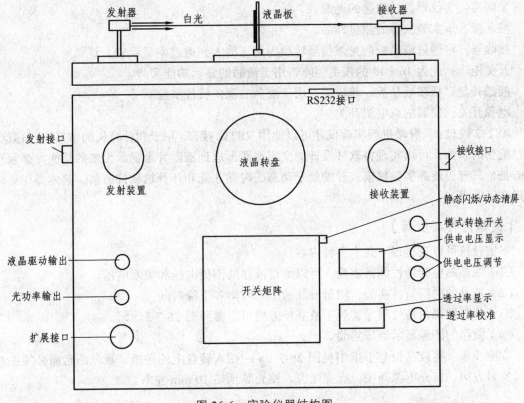

图 26-6　实验仪器结构图

模式转换开关：切换液晶的静态和动态（图像显示）两种工作模式。在静态时，所有的液晶单元所加电压相同，在（动态）图像显示时，每个单元所加的电压由开关矩阵控制。同时，当开关处于静态时打开发射器，当开关处于动态时关闭发射器。

静态闪烁/动态清屏切换开关：当仪器工作在静态的时候，此开关可以切换到闪烁和静止两种方式；当仪器工作在动态的时候，此开关可以清除液晶屏幕因按动开关矩阵而产生的斑点。

供电电压显示：显示加在液晶板上的电压，范围在 0.00 ~ 7.60 V。

供电电压调节按键：改变加在液晶板上的电压，调节范围在 0 ~ 7.6 V。其中单击 + 按键（或 – 按键）可以增大（或减小）0.01 V。一直按住 + 按键（或 – 按键）2 s 以上可以快速增大（或减小）供电电压，但当电压大于或小于一定范围时需要单击按键才可以改变电压。

透过率显示：显示光透过液晶板后光强的相对百分比。

透过率校准按键：在接收器处于最大接收状态的时候（即供电电压为 0 V 时），如果显示值大于"250"，则按住该键 3 s 可以将透过率校准为 100%；如果供电电压不为 0，或显示小于"250"，则该按键无效，不能校准透过率。

液晶驱动输出：接存储示波器，显示液晶的驱动电压。

光功率输出：接存储示波器，显示液晶的时间响应曲线，可以根据此曲线来得到液晶响应时间的上升时间和下降时间。

扩展接口：连接 LCDEO 信号适配器的接口，通过信号适配器可以使用普通示波器观测液晶光开关特性的响应时间曲线。

发射器：为仪器提供较强的光源。

液晶板：本实验仪器的测量样品。

接收器：将透过液晶板的光强信号转换为电压输入到透过率显示表。

开关矩阵：此为 16 × 16 的按键矩阵，用于液晶的显示功能实验。

液晶转盘：承载液晶板一起转动，用于液晶的视角特性实验。

电源开关：仪器的总电源开关。

RS232 接口：只有微机型实验仪才可以使用 RS232 接口。用于和计算机的串口进行通信，通过配套的软件，可以实现将软件设计的文字或图形送到液晶片上显示出来的功能。必须注意的是，只有当液晶实验仪模式开关处于动态的时候才能和计算机软件通信。具体操作见软件操作说明书。

【实验内容与步骤】

本实验仪可以进行以下几个实验内容：

（1）液晶的电光特性测量实验。可以测得液晶的阈值电压和关断电压。

（2）液晶的时间特性实验，测量液晶的上升时间和下降时间。

（3）液晶的视角特性测量实验（液晶板方向可以参照图 26-7 所示）。

（4）液晶的图像显示原理实验。

实验步骤：将液晶板金手指 1[见图 26-7（a）]插入转盘上的插槽，液晶凸起面必须正对光源发射方向。打开电源开关，点亮光源，使光源预热 10 min 左右。

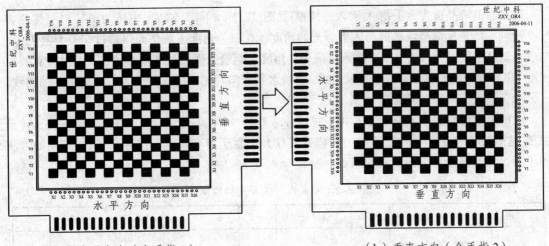

（a）水平方向（金手指1）　　　　　　　（b）垂直方向（金手指2）

图 26-7　液晶板方向（视角为正视液晶屏凸起面）

在正式进行实验前，首先需要检查仪器的初始状态，看发射器光线是否垂直入射到接收器；在静态 0 V 供电电压条件下，透过率显示经校准后是否为"100%"。如果显示正确，则可以开始实验，如果不正确，指导教师可以根据附录的调节方法将仪器调整好再让学生进行实验。

1. 液晶光开关电光特性测量

将模式转换开关置于静态模式，将透过率显示校准为100%，按表26-1的数据改变电压，使得电压值从 0 ~ 6 V 变化，记录相应电压下的透射率数值。重复 3 次并计算相应电压下透射率的平均值，依据实验数据绘制电光特性曲线，可以得出阈值电压和关断电压。

表 26-1　液晶光开关电光特性测量

电压/V		0	0.5	0.8	1.0	1.2	1.3	1.4	1.5	1.6	1.7	2.0	3.0	4.0	5.0	6.0
透射率/%	1															
	2															
	3															
	平均															

2. 液晶的时间响应的测量

将模式转换开关置于静态模式，透过率显示调到 100，然后将液晶供电电压调到 2.00V，在液晶静态闪烁状态下，用存储示波器观察此光开关时间响应特性曲线，可以根据此曲线得到液晶的上升时间 τ_r 和下降时间 τ_d。

3. 液晶光开关视角特性的测量

（1）水平方向视角特性的测量。

将模式转换开关置于静态模式。首先将透过率显示调到100%，然后再进行实验。

确定当前液晶板为金手指 1 插入的插槽[见图 26-7（a）]。在供电电压为 0 V 时，按照表 26-2 所列举的角度调节液晶屏与入射激光的角度，在每一角度下测量光强透过率最大值 T_{max}。然后将供电电压设置为 2 V，再次调节液晶屏角度，测量光强透过率最小值 T_{min}，并计算其对比度。以角度为横坐标，对比度为纵坐标，绘制水平方向对比度随入射光入射角而变化的曲线。

（2）垂直方向视角特性的测量。

关断总电源后，取下液晶显示屏，将液晶板旋转 90°，将金手指 2（垂直方向）插入转盘插槽[见图 26-7（b）]。重新通电，将模式转换开关置于静态模式。按照与（1）相同的方法和步骤，可测量垂直方向的视角特性，并记录入表 26-2 中。

表 26-2　液晶光开关视角特性测量

角度（度）		-75	-70	$\cdots$	-10	-5	0	5	10	$\cdots$	70	75
水平方向视角特性	$T_{max}/\%$											
	$T_{min}/\%$											
	T_{max}/T_{min}											
垂直方向视角特性	$T_{max}/\%$											
	$T_{min}/\%$											
	T_{max}/T_{min}											

4. 液晶显示器显示原理

将模式转换开关置于动态（图像显示）模式。液晶供电电压调到 5 V 左右。

此时矩阵开关板上的每个按键位置对应一个液晶光开关像素。初始时各像素都处于开通状态，按 1 次矩阵开光板上的某一按键，可改变相应液晶像素的通断状态，所以可以利用点阵输入关断（或点亮）对应的像素，使暗像素（或点亮像素）组合成一个字符或文字。以此让学生体会液晶显示器件组成图像和文字的工作原理。矩阵开关板右上角的按键为清屏键，用以清除已输入在显示屏上的图形。

实验完成后，关闭电源开关，取下液晶板妥善保存。

【注意事项】

（1）禁止用光束照射他人眼睛或直视光束本身，以防伤害眼睛！

（2）在进行液晶视角特性实验中，更换液晶板方向时，务必断开总电源后，再进行插取，否则将会损坏液晶板。

（3）液晶板凸起面必须要朝向光源发射方向，否则实验记录的数据为错误数据。

（4）在调节透过率 100%时，如果透过率显示不稳定，则可能是光源预热时间不够，或光路没有对准，需要仔细检查，调节好光路。

（5）在校准透过率 100%前，必须将液晶供电电压显示调到 0.00 V 或显示大于"250"，否则无法校准透过率为 100%。在实验中，电压为 0.00 V 时，不要长时间按住"透过率校准"按钮，否则透过率显示将进入非工作状态，本组测试的数据为错误数据，需要重新进行本组实验数据记录。

附录

1. 液晶电光效应实验仪实验报告格式

实验时间：____月____日上午；

实验条件：室温___℃；

实验目的：测量液晶的几种特性参数，并熟悉液晶的显示原理；

实验仪器：液晶电光效应实验仪1台，液晶片1块。

（1）液晶的电光特性。

将模式转换开关置于静态模式，将透过率显示校准为100%，改变电压，使得电压值从0~6 V变化，记录相应电压下的透射率数值并填入表26-3。

表26-3 液晶的电光特性

次数		电 压														
		0	0.5	0.8	0.9	1.0	1.1	1.2	1.3	1.4	1.5	1.6	1.7	2.0	3.0	4.0	5.0
透过率/%	1																
	2																
	3																
	平均																

① 由表26-3画出电光特性曲线。

② 由曲线图可以得出液晶的阈值电压和关断电压。

（2）时间响应特性实验。

将模式转换开关置于静态模式，透过率显示调到100%，然后将液晶供电电压调到2.00 V，在液晶静态闪烁状态下，用存储示波器或用信号适配器接模拟示波器可以得出液晶的开关时间响应曲线。记录下不同时间的透过率，填入表26-4。

表26-4 时间响应数值表

时间/s															
透过率/%															

① 根据表26-4，画出时间响应曲线。

② 由表26-4和时间响应曲线图可以得到液晶的响应时间。

（3）液晶的视角特性实验。

将模式置于静态模式，将透过率显示调到100%，以水平方向插入液晶板，在供电电压为0 V时，调节液晶屏与入射激光的角度，在每一角度下测量光强透过率最大值 T_{max}。然后将供电电压设为2 V，再次调节液晶屏角度，测量光强透过率最小值 T_{min}，将数据记入表26-5，并计算其对比度。

表 26-5　水平方向视角特性

角　度		0	5	10	15	20	25	30	35	40	45	50	55	60	65	70	75
正角度	T_{max}（0 V）																
	T_{min}（2 V）																
	T_{max}/T_{min}																
负角度	T_{max}（0 V）																
	T_{min}（2 V）																
	T_{max}/T_{min}																

① 由表 26-5 数据可以找出比较好的水平视角显示范围。

② 将液晶板以垂直方向插入插槽，按照与测量水平方向视角特性相同的方法，测量垂直方向视角特性，并将数据记入表 26-6。

表 26-6　垂直方向视角特性

角　度		0	5	10	15	20	25	30	35	40	45	50	55	60	65	70	75
正角度	T_{max}（0 V）																
	T_{min}（2 V）																
	T_{max}/T_{min}																
负角度	T_{max}（0 V）																
	T_{min}（2 V）																
	T_{max}/T_{min}																

③ 由表 26-6 数据可以找出比较好的垂直视角显示范围。

（4）实验结论。

① 由表 26-3 和所作电光特性曲线可以观察透过率变化情况和响应曲线情况，还可以得到液晶的阈值电压和关断电压。

② 由表 26-4 和所作的开关时间响应特性曲线可以得到液晶上升时间和下降时间。

③ 由表 26-5 和表 26-6 的对比可以观察到液晶的视角特性。

2. 液晶电光效应实验操作手册

（1）准备工作。

① 将液晶板插入转盘上的插槽，凸起面正对光源发射方向。打开电源，点亮光源，让光源预热 10～20 min。（若光源未亮，检查模式转换开关。只有当模式转换开关处于静态时，光源才会被点亮。）

② 检查仪器初始状态：发射器光线必须垂直入射到接收器（当没有安装液晶板时，透过率显示为 "999" 的情况下，我们就认为光线垂直入射到了接收器上）；在静态、0°、0 V 供电电压条件下，透过率显示大于 "250" 时，按住透过率校准按键 3 s 以上，透过率可校准为 100%（若供电电压不为 0，或显示小于 "250"，则该按键无效，不能校准透过率）。若不为

此状态，需增加光源预热时间，再重新调整仪器光路，直到达到上述条件为止。

（2）液晶电光特性测量。

① 将模式转换开关置于静态模式，液晶转盘的转角置于 0°，保持当前转盘状态。在供电电压为 0 V，透过率显示大于 250 时，按住"透过率校准"按键 3 s 以上，将透过率校准为 100%。

② 调节"供电电压调节"按键，按照表 26-3 中的数据逐步增大供电电压，记录下每个电压值下对应的透过率值。

③ 将供电电压重新调回 0 V（此时若透过率不为 100%，则需重新校准）。重复步骤②，完成 3 次测量。

（3）液晶的时间响应的测量。

① 将液晶实验仪上的"液晶驱动输出"和"光功率输出"与数字示波器的通道 1 和通道 2 用 Q9 线连接起来。

② 打开实验仪和示波器。将实验仪"模式转换开关"置于静态模式，液晶盘转角置于 0°，透过率显示校准到 100，供电电压调到 2.00 V。

③ 按动"静态闪烁/动态清屏"按键，使液晶处于静态闪烁状态。

④ 调节示波器，使通道 1 和通道 2 均以直流方式耦合；调节电压和周期按钮，直到出现合适的波形为止（调节时可以从屏幕下方看到对应的电压值和周期值的变化）。

⑤ 用示波器观察此光开关时间响应特性曲线；由示波器上的曲线可读出不同时间下的透过率值。选定测试项目为上升时间和下降时间，可以直接测出液晶光开关的响应时间。

（4）液晶光开关视角特性的测量。

① 确认液晶板以水平方向插入插槽。

② 将模式转换开关置于静态模式，在转角为 0°、供电电压为 0 V、透过率显示大于"250"时，按住"透过率校准"按键 3 s 以上，将透过率校准为 100%。

③ 将供电电压置于 0 V，按照表 26-4 所列举的角度调节液晶屏与入射激光的角度，记录下在每一角度时的光强透过率值 T_{max}。

④ 将液晶转盘保持在 0°位置，调节供电电压为 2 V。在该电压下，再次调节液晶屏角度，记录下在每一角度时的光强透过率值 T_{min}。

⑤ 切断电源，取下液晶显示屏，将液晶板旋转 90°，以垂直方向插入转盘。（注：在更换液晶板方向时，一定要切断电源。）

⑥ 打开电源，按照步骤②③④，可测得垂直方向时在不同供电电压，不同角度时的透过率值。

（5）液晶显示器显示原理。

① 将模式转换开关置于动态模式，液晶转盘转角逆时针转到 80°，供电电压调到 5 V 左右。

② 按动矩阵开关面板上的按键，改变相应液晶像素的通断状态，观察由暗像素（或亮像素）组合成的字符或图像，体会液晶显示器件的成像原理。

③ 组成一个字符或文字后，可由"静态闪烁/动态清屏"按键清除显示屏上的图像。

④ 如果是微机型，在实验仪处于动态模式下，还可以通过对应的软件在 PC 机上设计文字或图像，然后将其发送到液晶屏上显示。显示的文字或图像可以是静止不动的，也可以是动态循环的播放。

⑤ 完成实验后，关闭电源，取下液晶板妥善保存。

【思考题】

（1）为什么说液晶的响应时间越短，显示动态图像的效果越好？

（2）液晶的阈值电压、关断电压是如何定义的？

（3）简述液晶显示器与显像管显示器有哪些不同。

（4）液晶光开关的水平视角特性与垂直视角特性有何异同？

（熊泽本）

附　录

附录 A　国际单位制

表 A1　国际单位制（SI）的基本单位

量的名称	单位名称	单位符号
长　度	米	m
质　量	千克	kg
时　间	秒	s
电　流	安培	A
热力学温度	开尔文	K
物质的量	摩尔	mol
发光强度	坎德拉	cd

表 A2　包括 SI 辅助单位在内具有专门名称的 SI 导出单位

量的名称	SI 导出单位		
	名　称	符　号	基本单位和导出单位
平面角	弧度	rad	$rad = m/m = 1$
立体角	球面度	sr	$sr = m^2/m^2 = 1$
频　率	赫兹	Hz	$Hz = s^{-1}$
力，重力	牛	N	$N = kg \cdot m/s^2$
压力，压强，应力	帕	Pa	$Pa = N/m^2 = m^{-1} \cdot kg \cdot s^{-2}$
能量，功，热量	焦耳	J	$J = N \cdot m = m^2 \cdot kg \cdot s^{-2}$
功率，辐射能	瓦特	W	$W = J/s = m^2 \cdot kg \cdot s^{-3}$
电荷量	库仑	C	$C = A \cdot s$
电压，电动势，电势	伏特	V	$V = W/A = m^2 \cdot kg \cdot s^{-3} \cdot A^{-1}$
电　容	法拉	F	$F = C/V = m^{-2} \cdot kg^{-1} \cdot s^4 \cdot A^2$
电　阻	欧姆	Ω	$\Omega = V/A = m^2 \cdot kg \cdot s^{-3} \cdot A^{-2}$
电　导	西门子	S	$S = \Omega^{-1} = m^{-2} \cdot kg^{-10} \cdot s^3 \cdot A^2$
磁通量	韦伯	Wb	$Wb = V \cdot s = m^2 \cdot kg \cdot s^{-2} \cdot A^{-1}$
磁通量密度	特斯拉	T	$T = Wb/m^2 = kg \cdot s^{-2} \cdot A^{-1}$
电　感	亨利	H	$H = Wb/A = m^2 \cdot kg \cdot s^{-2} \cdot A^{-2}$
摄氏温度	摄氏度	℃	$℃ = K - 273.15$
光通量	流明	lm	$lm = cd \cdot sr$
光照度	勒克斯	lx	$lx = lm/m^2 = m^{-2} \cdot cd \cdot sr$

表 A3　因人类健康安全防护上的需要而确定的具有专门名称的 SI 导出单位

量 的 名 称	SI 导 出 单 位		
	名　称	符　号	基本单位和导出单位
放射性活度	贝可勒尔	Bq	$Bq = s^{-1}$
吸收剂量 比授予能 比释动能	戈　瑞	Gy	$Gy = J/kg = m^2 \cdot s^{-2}$
剂量当量	希沃特	Sv	$Sv = J/kg = m^2 \cdot s^{-2}$

表 A4　SI 词头

因　数	词头名称		符　号	因　数	词头名称		符　号
	原文[法]	中　文			原文[法]	中　文	
10^{24}	yotta	尧它	Y	10^{-1}	deci	分	d
10^{21}	zetta	泽它	Z	10^{-2}	centi	厘	c
10^{18}	exa	艾可萨	E	10^{-3}	milli	毫	m
10^{15}	peta	拍它	P	10^{-6}	micro	微	μ
10^{12}	tera	太拉	T	10^{-9}	nano	纳诺	n
10^{9}	giga	吉咖	G	10^{-12}	pico	皮可	p
10^{6}	mega	兆	M	10^{-15}	femto	飞母托	f
10^{3}	kilo	千	k	10^{-18}	atto	阿托	a
10^{2}	hecto	百	h	10^{-21}	zepto	仄普托	z
10^{1}	deca	十	da	10^{-24}	yocto	幺科托	y

表 A5　部分与国际单位制并用的单位

量 的 名 称	单位名称	用 SI 基本单位表示的值
分	min	1 min = 60 s
小　时	h	1 h = 60 min = 3 600 s
日	d	1 d = 24 h = 86 400 s
度	°	$1° = (\pi/180)rad$
分	′	$1' = (1/60)° = (\pi/10\ 800)rad$
秒	″	$1'' = (1/60)' = (\pi/648\ 000)rad$
升	L，l	$1\ L = 1\ dm^3 = 10^{-3}\ m^3$
吨	t	$1\ t = 10^3\ kg$

附录 B 常用物理常数

表 B1 基本和重要的物理常数

名 称	符 号	数 值	单位符号
真空中的光速	c	$2.997\ 924\ 58 \times 10^8$	$m \cdot s^{-1}$
基本电荷	e	$1.602\ 177\ 33(49) \times 10^{-19}$	C
电子的静止质量	m_e	$9.109\ 389\ 7(54) \times 10^{-31}$	kg
中子质量	m_n	$1.672\ 492\ 86(10) \times 10^{-27}$	kg
质子质量	m_p	$1.672\ 623\ 1(10) \times 10^{-27}$	kg
原子质量单位	u	$1.660\ 540(10) \times 10^{-27}$	kg
普朗克常量	h	$6.626\ 075\ 5(40) \times 10^{-34}$	$J \cdot s$
阿伏伽德罗常量	N_A	$6.022\ 136\ 7(36) \times 10^{23}$	mol^{-1}
摩尔气体常量	R	$8.314\ 4$	$J \cdot mol^{-1} \cdot K^{-1}$
玻尔兹曼常量	k	$1.380\ 658(12) \times 10^{-23}$	$J \cdot K^{-1}$
万有引力常量	G	$6.672\ 59(85) \times 10^{-11}$	$N \cdot m^2 \cdot kg^{-2}$
法拉第常量	**F**	$9.648\ 530\ 9(29) \times 10^4$	$C \cdot mol^{-1}$
热功当量	J	4.186	$J \cdot cal^{-1}$
里德伯常量	R_∞	$1.097\ 373\ 153\ 4(13) \times 10^7$	m^{-1}
洛斯密特常量	n	$2.686\ 763(23) \times 10^{25}$	m^{-3}
质子荷质比	e/m_e	$-1.758\ 819\ 62(53) \times 10^{11}$	$C \cdot kg^2$
标准大气压	P_a	$1.013\ 25 \times 10^5$	Pa
冰点绝对温度	T_0	273.15	K
标准状态下声音在空气中的速度	$\eta_卅$	331.46	$m \cdot s^{-1}$
标准状态下干燥空气的密度	$\rho_{空气}$	1.293	$kg \cdot m^{-3}$
标准状态下水银的密度	$\rho_{水银}$	$1\ 3595.04$	$kg \cdot m^{-3}$
标准状态下理想气体的摩尔体积	V_m	$22.413\ 83 \times 10^{-3}$	$m^3 \cdot mol^{-1}$
真空介电常数（电容率）	ε_0	$8.854\ 187\ 817 \times 10^{-12}$	$F \cdot m^{-1}$
真空磁导率	η_0	$12.563\ 706\ 14 \times 10^{-7}$	$H \cdot m^{-1}$
钠光谱中黄线波长	D	589.3×10^{-9}	m
在 15 ℃, 101 325 Pa 时镉光谱中红线波长	λ_{od}	$643.846\ 96 \times 10^{-9}$	m

表 B2 在 20 ℃ 时常用固体和液体的密度

物　质	密度 ρ (kg · m^{-3})	物　质	密度 ρ (kg · m^{-3})
铝	2 698.9	水晶玻璃	2 900～3 000
铜	8 960	窗玻璃	2 400～2 700
铁	7 874	冰（0 ℃）	880～920
银	10 500	甲　醇	792
金	19 320	乙　醇	789.4
钨	19 300	乙　醚	714
铂	21 450	汽车用汽油	710～720
铅	11 350	氟利昂-12	1 329
锡	7 298	(氟氯烷-12)	
水银	13 546.2	变压器油	840～890
钢	7 600～7 900	甘　油	1 260
石英	2 500～2 800	蜂　蜜	1 435

表 B3 水在不同温度下的密度

温度 t/℃	密度 ρ (kg · m^{-3})	温度 t/℃	密度 ρ (kg · m^{-3})	温度 t/℃	密度 ρ (kg · m^{-3})
0	999.841	17	998.744	34	994.371
1	999.900	18	998.595	35	994.031
2	999.941	19	998.405	36	993.68
3	999.965	20	998.203	37	993.33
4	999.973	21	997.992	38	992.96
5	999.965	22	997.770	39	992.59
6	999.941	23	997.538	40	992.21
7	999.902	24	997.296	41	991.83
8	999.849	25	997.044	42	981.44
9	999.781	26	996.783	50	988.04
10	999.700	27	996.512	60	983.21
11	999.605	28	996.232	70	977.78
12	999.498	29	995.944	80	971.80
13	999.377	30	995.646	90	965.31
14	999.244	31	995.340	100	958.35
15	999.099	32	995.025		
16	998.943	33	994.702		

表 B4　在海平面上不同纬度处的重力加速度

纬度 $\psi/°$	$g/(m \cdot s^{-2})$	纬度 $\psi/°$	$g/(m \cdot s^{-2})$
0	9.780 49	50	9.810 79
5	9.780 88	55	9.815 15
10	9.782 04	60	9.819 24
15	9.783 94	65	9.822 94
20	9.786 52	70	9.826 14
25	9.789 69	75	9.828 73
30	9.793 38	80	9.830 65
35	9.797 46	85	9.831 82
40	9.801 80	90	9.832 21
45	9.806 29		

表 B5　固体的线膨胀系数

物　质	温度或温度范围/°C	$a/(\times 10^{-6}°C^{-1})$
铝	0～100	23.8
铜	0～100	17.1
铁	0～100	12.2
金	0～100	14.3
银	0～100	19.6
钢（碳 0.05%）	0～100	12.0
康　铜	0～100	15.2
铅	0～100	29.2
锌	0～100	32
铂	0～100	9.1
钨	0～100	4.5
石英玻璃	20～200	0.56
窗玻璃	20～200	9.5
花岗石	20	6～9
瓷　器	20～700	3.4～4.1

表 B6　20 ℃ 时某些金属的弹性模量

金　属	杨氏弹性模量 E	
	GPa	Pa(N·m^{-2})
铝	70.00～71.00	$(7.000～7.100)×10^{10}$
钨	415.0	$4.150×10^{11}$
铁	190.0～210.0	$(1.900～2.100)×10^{11}$
铜	105.0～130.0	$(1.050～1.300)×10^{11}$
金	79.00	$7.900×10^{10}$
银	70.00～82.00	$(7.000～8.200)×10^{10}$
锌	800.0	$8.000×10^{11}$
镍	205.0	$2.050×10^{11}$
铬	240.0～250.0	$(2.400～2.500)×10^{11}$
合金钢	210.0～220.0	$(2.100～2.200)×10^{11}$
碳钢	200.0～220.0	$(2.000～2.100)×10^{11}$
康铜	163.0	$1.630×10^{11}$

表 B7　在 20 ℃ 时与空气接触的液体的表面张力系数

液　体	$\sigma/(10^{-3}·m^{-1})$	液　体	$\sigma/(10^{-3}·m^{-1})$
航空汽油（在 10 ℃ 时）	21	甘　油	63
石　油	30	水　银	513
煤　油	24	甲　醇	22.6
松节油	28.8	甲醇（在 0 ℃ 时）	24.5
水	72.75	乙　醇	22.0
肥皂溶液	40	甲醇（在 60 ℃）	18.4
氟利昂-12	9.0	甲醇（在 0 ℃ 时）	24.1
蓖麻油	36.4		

表 B8　在不同温度下与空气接触的水的表面张力系数

温度 $t/℃$	$\sigma/(10^{-3}·m^{-1})$	温度 $t/℃$	$\sigma/(10^{-3}·m^{-1})$	温度 $t/℃$	$\sigma/(10^{-3}·m^{-1})$
0	75.62	16	73.34	30	71.15
5	74.90	17	73.20	40	69.55
6	74.76	18	73.05	50	67.90
8	74.48	19	72.89	60	66.17
10	74.20	20	72.75	70	64.41
11	74.07	21	72.60	80	62.60
12	73.92	22	72.44	90	60.74
13	73.78	23	72.28	100	58.84
14	73.64	24	72.12		
15	73.48	25	71.96		

表 B9　不同温度时水的黏滞系数

温度 t/°C	黏度 η/($\times 10^{-6}$ N·m^{-2}·s)	温度 t/°C	黏度 η/($\times 10^{-6}$ N·m^{-2}·s)
0	1 787.8	60	469.7
10	1 305.3	70	406.0
20	1 004.2	80	355.0
30	801.2	90	314.8
40	653.1	100	282.5
50	549.2		

表 B10　液体的黏滞系数

液　体	温度/°C	η/(μPa·s)	液　体	温度/°C	η/(μPa·s)
汽　油	0	1 788	甘　油	−20	1.34×10^8
	18	530		0	1.21×10^7
乙　醇	−20	2 780		20	1.499×10^6
	0	1 780		100	12 945
	20	1 190	蜂　蜜	20	6.50×10^6
甲　醇	0	717		80	1.00×10^{10}
	20	584	鱼肝油	20	45 600
乙　醚	0	296		80	4 600
	20	243	水　银	−20	1 855
变压器油	20	19 800		0	1 685
蓖麻油	10	2.42×10^6		20	1 554
葵花籽油	20	5 000		100	1 224

表 B12　固体的比热容

物　质	温度/°C	比热容	
		kcal/(kg·K)	kJ/(kg·K)
铝	20	0.214	0.895
黄　铜	20	0.091 7	0.380
铜	20	0.092	0.385
铂	20	0.032	0.134
生　铁	0~100	0.13	0.54
铁	20	0.115	0.481
铅	20	0.030 6	0.130
镍	20	0.115	0.481
银	20	0.056	0.234
钢	20	0.107	0.447
锌	20	0.093	0.389
玻璃		0.14~0.22	0.585~0.920
冰	−40~0	0.43	1.797
水		0.999	4.176

表 B12　液体的比热容

物　质	温度/°C	比热容	
		kJ/(kg · K)	kcal/(kg · K)
乙　醇	0	2.30	0.55
	20	2.47	0.59
甲　醇	0	2.43	0.58
	20	2.47	0.59
乙　醚	20	2.34	0.56
水	0	4.220	1.009
	20	4.182	0.999
氟利昂-12	20	0.84	0.20
变压器	0～100	1.88	0.45
汽　油	10	1.42	0.34
	50	2.09	0.50
水　银	0	0.146 5	0.035 0
	20	0.139 0	0.033 2
甘　油	18		0.58

表 B13　某些金属和合金的电阻率及其温度系数

金属或合金	电阻率/($\mu\Omega \cdot m$)	温度系数/($°C^{-1}$)	金属或合金	电阻率/($\mu\Omega \cdot m$)	温度系数/($°C^{-1}$)
铝	0.028	42×10^{-4}	锌	0.059	42×10^{-4}
铜	0.017 2	43×10^{-4}	锡	0.12	44×10^{-4}
银	0.016	40×10^{-4}	水　银	0.958	10×10^{-4}
金	0.024	40×10^{-4}	伍德合金	0.52	37×10^{-4}
铁	0.098	60×10^{-4}	钢（0.10%～0.15%铁）	0.10～0.14	6×10^{-3}
铅	0.205	37×10^{-4}	康铜	0.47～0.51	$(-0.04～+0.01) \times 10^{-3}$
铂	0.105	39×10^{-4}	铜锰镍合金	0.34～1.00	$(-0.03～+0.02) \times 10^{-3}$
钨	0.055	48×10^{-4}	镍铬合金	0.98～1.10	$(0.03～0.4) \times 10^{-3}$

表 B14 标准化热电偶的特性

名 称	国 际	分度号	旧分度号	测量范围 /°C	100°C 时的电动势 /mV
铂铑 10 -铂	GB 3772—1983	S	LB-3	0 ~ 1 600	0.645
铂铑 30 -铂铑 6	GB 2902—1982	B	LL-2	0 ~ 1 800	0.033
铂铑 13 -铂	GB 1598—1986	R	FDB-2	0 ~ 1 600	0.647
镍铬-镍硅	GB 2614—1985	K	EU-2	− 200 ~ 1 300	4.095
镍铬-考铜			EA-2	0 ~ 800	6.985
镍铬-康铜	GB 4993—1985	E		− 200 ~ 900	5.268
铜-康铜	GB 2903—1989	T	CK	− 200 ~ 350	4.277
铁-康铜	GB 4994 1985	J		− 40 ~ 750	6.317

表 B15 在常温下某些物质相对于空气的光的折射率

物质	H_α线（656.3 nm）	D 线（589.3 nm）	H_β线（486.1 nm）
水（18 °C）	1.331 4	1.333 2	1.337 3
乙醇（18 °C）	1.360 9	1.362 5	1.366 5
二硫化碳（18 °C）	1.619 9	1.629 1	1.654 1
冕玻璃（轻）	1.512 7	1.515 3	1.524 1
冕玻璃（重）	1.612 6	1.615 2	1.621 3
燧石玻璃（轻）	1.603 8	1.608 5	1.620 0
燧石玻璃（重）	1.743 8	1.751 5	1.772 3
方解石（寻常光）	1.654 5	1.658 5	1.667 9
方解石（非常光）	1.484 6	1.486 4	1.490 8
石晶（寻常光）	1.541 8	1.544 2	1.549 6
石晶（非常光）	1.550 9	1.553 3	1.558 9

表 B16 常用光源的谱线波长 （单位：nm）

一、H（氢）	447.15 蓝	589.592(D_1) 黄
656.28 红	402.62 蓝紫	588.995(D_2) 黄
486.13 绿蓝	388.87 蓝紫	五、Hg（汞）
434.05 蓝	三、Ne（氖）	623.44 橙
410.17 蓝紫	650.65 红	579.07 黄
397.01 蓝紫	640.23 橙	576.96 黄
二、He（氦）	639.30 橙	646.07 绿
706.52 红	626.65 橙	491.60 绿蓝
667.82 红	621.73 橙	435.83 蓝
587.56(D_2) 黄	614.31 橙	407.68 蓝紫
501.57 绿	588.19 黄	404.66 蓝紫
492.19 绿蓝	585.25 黄	六、He-Ne 激光
471.31 蓝	四、Na（钠）	632.8 橙

温度/°C	0	1	2	3	4	5	6	7	8	9
60	366.05	366.60	367.14	367.69	368.24	368.78	369.33	369.87	370.42	370.96
50	360.51	361.07	361.62	362.18	362.74	363.29	363.84	364.39	364.95	365.50
40	354.89	355.46	356.02	356.58	357.15	357.71	358.27	358.83	359.39	359.95
30	349.18	349.75	350.33	350.90	351.47	352.04	352.62	353.19	353.75	354.32
20	343.37	343.95	344.54	345.12	345.70	346.29	346.87	347.44	348.02	348.60
10	337.46	338.06	338.65	339.25	339.84	340.43	341.02	341.61	342.20	348.58
0	331.45	332.06	332.66	333.27	333.87	334.47	335.07	335.67	336.27	336.87
−10	325.33	324.71	324.09	323.47	322.84	322.22	321.60	320.97	320.34	319.52
−20	319.09	318.45	317.82	317.19	316.55	315.92	315.28	314.64	314.00	313.36
−30	312.72	312.08	311.43	310.78	310.14	309.49	308.84	308.19	307.53	306.88
−40	306.22	305.56	304.91	304.25	303.58	302.92	302.26	301.59	300.92	300.25
−50	299.58	298.91	298.24	397.56	296.89	296.21	295.53	294.85	294.16	293.48
−60	292.79	292.11	291.42	290.73	290.03	289.34	288.64	287.95	287.25	286.55
−70	285.84	285.14	284.43	283.73	283.02	282.30	281.59	280.88	280.16	279.44
−80	278.72	278.00	277.27	276.55	275.82	275.09	274.36	273.62	272.89	272.15
−90	271.41	270.67	269.92	269.18	268.43	267.68	266.93	266.17	265.42	264.66

表 B18　固体导热系数 λ

物　质	温度/K	$\lambda/(\times 10^2 \mathrm{W/m \cdot K})$	物　质	温度/K	$\lambda/(\times 10^2 \mathrm{W/m \cdot K})$
银	273	4.18	康铜	273	0.22
铝	273	2.38	不锈钢	273	0.14
金	273	3.11	镍铬合金	273	0.11
铜	273	4.0	软木	273	0.3×10^{-3}
铁	273	0.82	橡胶	298	1.6×10^{-3}
黄铜	273	1.2	玻璃纤维	323	0.4×10^{-3}

表 B19　不同温度时水的比热容

温度/°C	0	5	10	15	20	25	30	40	50	60	70	80	90	99
比热容/$(\mathrm{J \cdot kg^{-1} \cdot K^{-1}})$	4 217	4 202	4 192	4 186	4 182	4 179	4 178	4 178	4 180	4 184	4 189	4 196	4 205	4 215

表 B20　不同金属或合金与铂（化学纯）构成热电偶的热电动势
（热端在 100 ℃，冷端在 0 ℃ 时）[1]

金属或合金	热电动势/mV	连续使用温度/℃	短时使用最高温度/℃
95%Ni + 5%(Al,Si,Mn)	− 1.38	1 000	1250
钨	+ 0.79	2 000	2500
手工制造的铁	+ 1.87	600	800
康铜(60%Cu + 40%Ni)	− 3.5	600	800
56%Cu + 44%Ni	− 4.0	600	800
制导线用铜	+ 0.75	350	500
镍	− 1.5	1 000	1 100
80%Ni + 20%Cr	+ 2.5	1 000	1 100
90%Ni + 10%Cr	+ 2.71	1 000	1 250
90%Pt + 10%Ir	+ 1.3	1 000	1 200
90%Pt + 10%Rh	+ 0.64	1 300	1 600
银	+ 0.72[2]	600	700

注：[1] 表中的"+"或"−"表示该电极与铂组成热电偶时，其热电动势是正或负。当热电动势为正时，
在处于 0℃ 的热电偶一端电流由金属（或合金）流向铂。

[2] 为了确定用表中所列任何两种材料构成的热电偶的热电动势，应当取这两种材料的热电动势的差
值。例如，铜-康铜热电偶的热电动势等于 + 0.75 − (− 3.5) = 4.25(mV)。

表 B21　几种标准温差电偶

名　称	分度号	100 ℃ 时的电动势 /mV	使用温度范围 / ℃
铜-康铜（Cu55Ni45）	CK	4.26	− 200 ~ 300
镍铬（Cr9 ~ 10Si0.4Ni90）-康铜（Cu56 ~ 57Ni43 ~ 44）	EA-2	6.95	− 200 ~ 800
镍铬（Cr9 ~ 10Si0.4Ni90）-镍硅（Si2.5 ~ 3Co<0.6Ni97）	EV-2	4.10	1 200
铂铑（Pt90Rh10）-铂	LB-3	0.643	1 600
铂铑（Pt70Rh30）-铂铑（Pt94Rh6）	LL-2	0.034	1 800

表 B22　几种标准温差电偶铜-康铜热电偶的温差电动势（自由端温度 0 ℃）　（单位：mV）

康铜的温度	铜的温度/℃										
	0	10	20	30	40	50	60	70	80	90	100
0	0.000	0.389	0.787	1.194	1.610	2.035	2.468	2.909	3.357	3.813	4.277
100	4.227	4.749	5.227	5.712	6.204	6.702	7.207	17.719	8.236	8.759	9.288
200	9.288	9.823	10.363	10.909	11.459	12.014	12.575	13.140	13.710	14.285	14.864
300	14.864	15.448	16.035	16.627	17.222	17.821	18.424	19.031	19.642	20.256	20.873

附录 C 常用电气测量指示仪表和附件的符号

表 C1 测量单位及功率因数的符号

名　称	符　号	名　称	符　号
千安	kA	兆欧	MΩ
安培	A	千欧	kΩ
毫安	mA	欧姆	Ω
微安	μA	毫欧	mΩ
千伏	kV	微欧	μΩ
伏特	V	相位角	φ
毫伏	mV	功率因数	$\cos\varphi$
微伏	μV	无功功率因数	$\sin\varphi$
兆瓦	MW	库仑	C
千瓦	kW	毫韦伯	mWb
瓦特	W	毫特斯拉	mT
兆乏	Mvar	微法	μF
千乏	kvar	皮法	pF
乏	var	亨利	H
兆赫	MHz	毫亨	mH
千赫	kHz	微亨	μH
赫兹	Hz	摄氏度	℃
太欧	TΩ		

表 C2 仪表工作原理的图形符号

名　称	符　号	名　称	符　号
磁电系仪表		电动系比率表	
磁电系比率表		铁磁电动系仪表	
电磁系仪表		铁磁电动系比率表	
电磁系比率表		感应系仪表	
电动系仪表		静电系仪表	

整流系仪表（带半导体整流器和磁电系测量机构）	(符号)	**表 C6　绝缘强度的符号**	
		名　称	符　号
热电系仪表（带接触式热变换器和磁电系测量机构）	(符号)	不进行绝缘强度试验	(五角星内0)
		绝缘强度试验电压为 2 kV	(五角星内2)

表 C3　电流种类的符号		**表 C7　端钮、调零器的符号**	
名　称	符　号	名　称	符　号
直流	——	负端钮	——
交流（单相）	∼	正端钮	＋
直流和交流	≈	公共端钮（多量限仪表和复用电表）	✕
具有单元件的三相平衡负载交流	≋	接地用的端钮（螺钉或螺杆）	(接地符号)

表 C4　准确度等级的符号		与外壳相连接的端钮	(符号)
名　称	符　号	与屏蔽相连接的端钮	(虚线圆)
以标度尺量限百分数表示的准确度等级，如 1.5 级	1.5	调零器	(箭头符号)

以标度尺长度百分数表示的准确度等级，如 1.5 级	＼1.5／	**表 C8　按外界条件分组的符号**	
		名　称	符　号
以指示值的百分数表示的准确度等级，如 1.5 级	(圆内15)	Ⅰ级防外磁场（如磁电系）	(符号)

表 C5　工作位置的符号		Ⅰ级防外磁场（如静电系）	(符号)
名　称	符　号		
标度尺位置为垂直的	⊥	Ⅱ级防外磁场及电场	Ⅱ　Ⅱ
标度尺位置为水平的	⊓	Ⅲ级防外磁场及电场	Ⅲ　Ⅲ
标度尺位置与水平面倾斜成一角度，如 60°	∠60°	Ⅳ级防外磁场及电场	Ⅳ　Ⅳ

参考文献

[1] 朱鹤年. 新概念基础物理实验讲义[M]. 北京：清华大学出版社，2013.

[2] 吕斯骅，段家忯，张朝晖. 新编基础物理实验[M]. 2 版. 北京：高等教育出版社，2013.

[3] 沈元华，陆申龙. 基础物理实验教程[M]. 北京：高等教育出版社，2014.

[4] 谢行恕，康士秀，霍剑青. 大学物理实验[M]. 2 版. 北京：高等教育出版社，2016.

[5] 马黎君. 普通物理实验[M]. 北京：清华大学出版社，2015.

[6] 丁慎训，张连芳. 物理实验教程[M]. 2 版. 北京：清华大学出版社，2010.

[7] 杨述武，赵立竹，沈国土. 普通物理学实验 1：力学、热学部分[M]. 4 版. 北京：高等教育出版社，2007.

[8] 杨述武，赵立竹，沈国土. 普通物理学实验 2：电磁学部分[M]. 4 版. 北京：高等教育出版社，2007.

[9] 杨述武，赵立竹，沈国土. 普通物理学实验 3：光学部分[M]. 4 版. 北京：高等教育出版社，2007.

[10] 杨述武，赵立竹，沈国土. 普通物理学实验 4：综合及设计部分[M]. 4 版. 北京：高等教育出版社，2007.

[11] 马文蔚. 物理学（下册）[M]. 5 版. 北京：高等教育出版社. 2006.

[12] 冯登勇，王昆林. 声速测定实验不确定度、误差之比较研究[J]. 大学物理实验，2014，27（1）：88-91.

[13] 张庆. 声速测定中换能器接收信号探析[J]. 韶关学院学报，2006，27（3）：45-47.

[14] 钱锋，潘人培. 大学物理实验[M]. 修订版. 北京：高等教育出版社，2005.

[15] 汪胜辉，刘长青，蔡新华. 大学物理实验[M]. 北京：北京邮电大学出版社，2014.

[16] 杜旭日. 大学物理实验教程[M]. 厦门：厦门大学出版社，2017.

[17] 刘书华，宋建民. 物理实验教程[M]. 2 版. 北京：清华大学出版社，2014.

[18] 剪知渐. 大学物理实验教程[M]. 长沙：湖南大学出版社，2016.

[19] 吴平. 大学物理实验教程[M]. 2 版. 北京：机械工业出版社，2015.

[20] 陈世涛，王秀芳. 大学物理实验教程[M]. 2 版. 成都：西南交通大学出版社，2014.

[21] 姜向东，邱春蓉，黄整. 大学物理实验双语教程[M]. 成都：西南交通大学出版社，2010.

[22] 马文蔚，周雨青，解希顺. 物理学教程（下册）[M]. 3 版. 北京：高等教育出版社，2016.

[23] 马文蔚. 物理学（上册）[M]. 5 版. 北京：高等教育出版社，2006.

[24] 张昆. 替代法测电阻[J]. 大学物理，2002，21（1）：44-45.

[25] 赵明屏. 伏安法和惠斯通电桥法测电阻的比较[J]. 河北能源职业技术学院学报，2010，（1）：69-71.

[26] 黄永超，吴伟. 伏安法测电阻实验在 matlab 中的数据处理[J]. 内江科技，2017（1）：122-123.

[27] 张琨英. 双踪示波器的使用技巧[J]. 仪器仪表用户，2008，15（5）：129-130.

[28] 陈卫武. 教学过程中示波器的使用技巧与学习要点[J]. 百家纵横，2011（1）：78-79.

[29] 朱晓欣. 电子仿真软件 MulitSIM 9 中虚拟示波器的使用方法[J]. 无线电，2007（536）：31-33.

[30] 郑元，戴赛萍，叶新年."示波器的使用"实验教学中的两个常见问题[J]. 大学物理实验，2006，19（2）：36-40.

[31] 马文蔚. 物理学教程（上册）[M]. 2 版. 北京：高等教育出版社，2006.

[32] 刘长青. 大学物理实验[M]. 北京：北京邮电大学出版社，2017.

[33] 张艳亮. 刚体转动惯量实验中阻力距与角度关系的研究[J]. 大学物理实验，2012，25（5）：51-53.

[34] 马文蔚. 物理学（上册）[M]. 2 版. 北京：高等教育出版社，2015.

[35] [美]卡塔洛颇罗斯. 密集波分复用技术导论[M]. 高启祥，译. 北京：人民邮电出版社，2001.

[36] 韩一石. 现代光纤通信技术[M]. 北京：科学出版社，2005.

[37] 胡庆，刘鸿，张德民等. 光纤通信系统与网络[M]. 北京：电子工业出版社，2006.

[38] 顾畹仪. WDM 超长距离光传输技术[M]. 北京：北京邮电大学出版社，2006.

[39] 张劲松，陶智勇，韵湘. 光波分复用技术[M]. 北京：北京邮电大学出版社，2002.

[40] 武文彦. 光波分复用系统与维护[M]. 北京：电子工业出版社，2010.

[41] 国脉科技股份有限公司. 密集波分复用系统与组网技术[M]. 上海：同济大学出版社，2011.

[42] 黄永清. 光纤通信基础[M]. 北京：国防工业出版社，1999.

[43] 王庆凯，吴杏华，王殿元等. 扭曲向列相液晶电光效应的研究[J]. 物理实验，2007，27（12）：37-39.

[44] 袁顺东，王世燕，王殿生. 液晶电光效应的实验研究[J]. 物理实验，2014（4）：1-4.

[45] 祁建霞. 扭曲向列相型液晶电光效应的实验研究[J]. 北京联合大学学报，2009，23（1）：61-62.

[46] 于天池，高伟光，邹滨雁. 液晶电光效应的应用研究[J]. 大连交通大学学报，2007，28（1）：8-10.